EVカー/ドローン/小型ロボ/
パワー・アシスト装置

STマイコンで始める ブラシレス・モータ制御

本書サポート・ページのご案内

読者からの質問 / 回答や，筆者からの補足情報をアップしていく予定です．

https://interface.cqpub.co.jp/motor01/

はじめに

DCブラシレス・モータの制御技術は，マイコンの性能とともに発展してきました．1970年にベクトル制御の草案が出てから50年がたちました．当初，ベクトル制御はアナログ回路がシステムの大半を占めていましたが，マイコンの性能向上とともにディジタル化が進み，ソフトウェア開発の重要度が増しています．現時点ではソフトウェアの良し悪しでDCブラシレス・モータ制御の良し悪しが決まると言っても過言ではありません．皆さんの腕の見せどころですね．

2020年8月 大黒 昭宜

これだけは! マイコン基板を壊さないために

●パソコンとマイコン基板とをUSBで接続する場合

- マイコン基板のJP5はU5V側に（USBから5V供給）
- モータ・ドライバ基板のJ9は必ずオープン

上記の状態であればモータ・ドライバ基板の+VINにDC8～48Vを供給できます．ただし，モータ電流2.8A以上は一瞬でも流さないでください．推奨連続モータ電流の上限は1.4Aです．

●マイコン基板をパソコンと接続しない場合

- マイコン基板のJP5はE5V側に
- モータ・ドライバ基板のJ9はクローズ

モータ駆動用の電源（ACアダプタまたは安定化電源からモータ・ドライバ基板の+VINに供給する）に12V以上の電圧を加えるのは絶対にやめてください．マイコン基板上の電圧レギュレータが破損します．

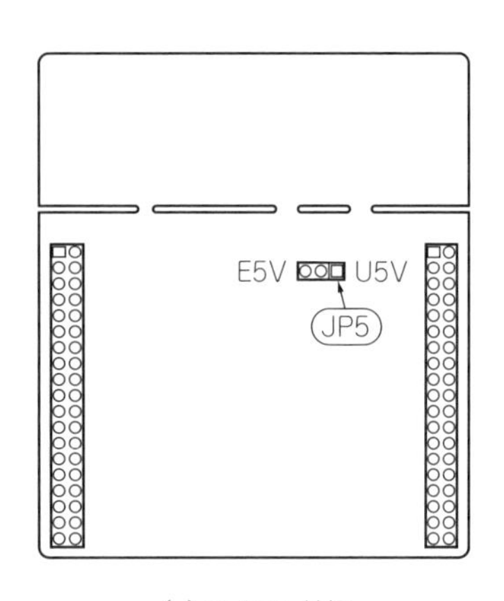

(a) マイコン基板

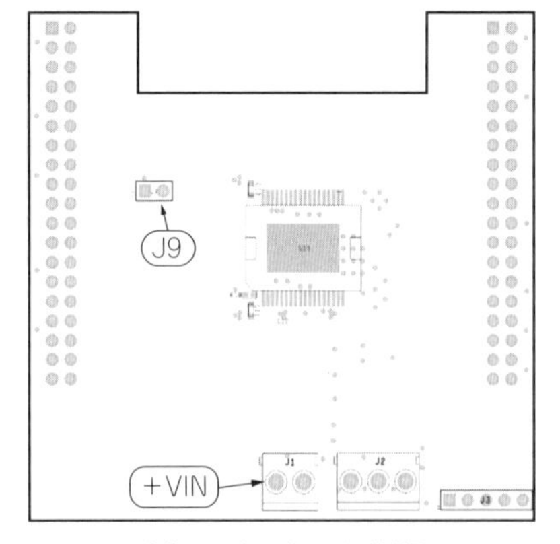

(b) モータ・ドライバ基板

図1　マイコン基板とモータ・ドライバ基板のジャンパ・ピンの位置

目　次

第1部　モータ&モータ駆動の基礎知識

第5部　ステップ3…ベクトル制御

本書は月刊誌Interface 2017年5月号～2019年3月号に掲載した連載「小型でなめらか今どきモータ「DCブラシレス」3大制御制覇！」を加筆・修正したものです．

第1章
モータの種類

モータとは

● 基本構造

モータは電力（電気エネルギー）を動力（機械エネルギー）に変換する装置です．

モータは「固定子」と「回転子」で構成されます（図1）．

固定子は電動機や発電機の動かない部分の総称です．ステータ（Stator）とも呼ばれます．

回転子は固定子に対して，「回転し，電気エネルギーを機械エネルギーに変え，トルク（力）を発生」します．ロータ（Roter）とも呼ばれます．

● 種類

モータは用途別に多様性があります．用途やコストに応じてモータの種類を選びます．モータの種類と主な用途を表1に示します．

例えばブラシ付きDCモータは直流電源をつなげるだけで回転します．従って，回るだけでよい用途ならブラシ付きDCモータを使います．

モータの回転方向や回転速度を制御するためには直流電源の他に，モータ駆動回路（ドライバ）や制御回路（コントローラ），センサが必要になります．ブラシ付きDCモータは上記をそろえると，ある程度高度な制御ができます．

しかし，滑らか/静音/高精度といった要求がある場合，制御方式とモータの種類を慎重に選ばなければなりません．

● 制御の方法

モータを制御するための基本構成を図2に示します．

制御の負荷に応じて8～32ビットCPUのマイコンを選択します．各社からモータ制御向けのマイコンが発売されています．

モータ・ドライバは，回転，移動させる負荷に応じた電流を流せる物を選択します．

電源は交流と直流があります．使用する電源によって制御全般が大きく変わります．

センサは高精度，高分解能の高価ものから低分解能で低価格のものまで，さまざまな種類があります．制御方式とコストによって最適なものを選択します．

直流モータ

● DCブラシ付きモータ

DCブラシ付きモータが回転する様子を図3で説明します．

ブラシに電圧を掛けると巻き線に電流が流れます．右ねじの法則によって磁界が生じ，この磁極と固定子の磁石の吸引および反発によってCW（時計回り）またはCCW（反時計回り）にモータが回ります．整流子

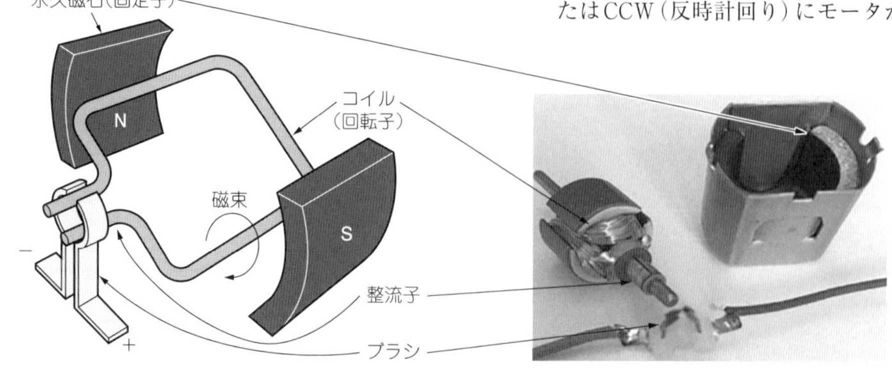

図1
モータの基本構造

　重要：固定子はステータ，回転子はロータと呼ばれることもある．

表1　磁気を利用したモータの種類

分　類				用途/特徴
電磁モータ	直流モータ	永久磁石直流モータ	DCブラシ付きモータ	電動玩具，車載電装品，電動工具
			DCブラシレス・モータ	小型家電全般，ドローン
	交流・直流両用モータ	交流整流子モータ	ユニバーサル・モータ	洗濯機，電動工具，ジューサ，コーヒー・ミル
	交流モータ	同期モータ	永久磁石同期モータ	EV全般，洗濯機，エアコン，コンプレッサ/静音重視
			シンクロナス・リラクタンス・モータ	EV全般，洗濯機，掃除機/コスト重視
			スイッチト・リラクタンス・モータ	EV全般，洗濯機，掃除機/コスト重視
		非同期モータ	単相誘導モータ	洗濯機，送風器，掃除機，ポンプ/コスト重視
			3相誘導モータ	クレーン，ベルトコンベアなどの産業機械
	ステッピング・モータ	可変リラクタンス型(VR型)		プリンタ，デジタル・カメラ，スロット・マシン，天体望遠鏡，エアコン・ルーバ
		永久磁石型(PM型)		
		ハイブリッド型(HB型)		
非電磁モータ	超音波モータ			カメラ(焦点合わせ)，パワー・ウィンドウ，時計
	静電モータ			ロボット，MEMS

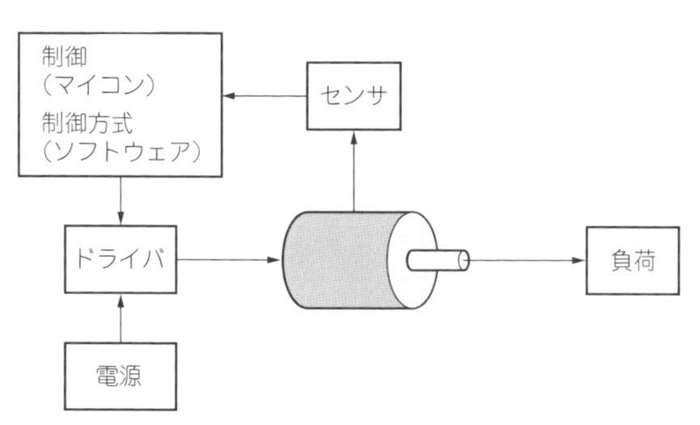

図2　モータを制御するための基本構成

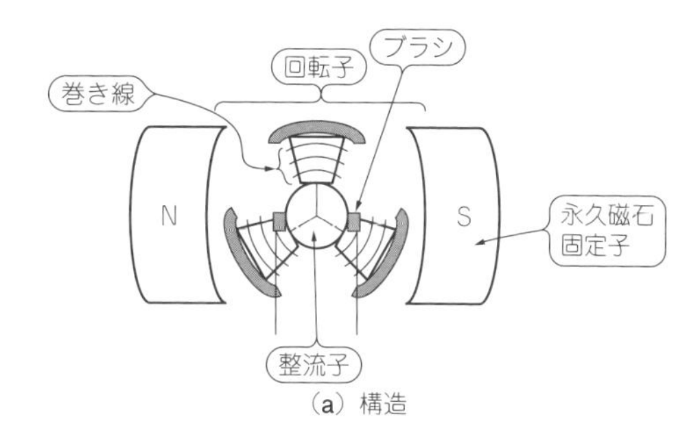

(a) 構造

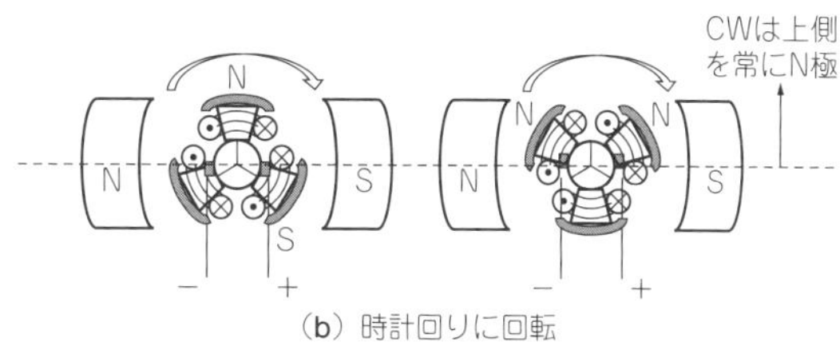

(b) 時計回りに回転

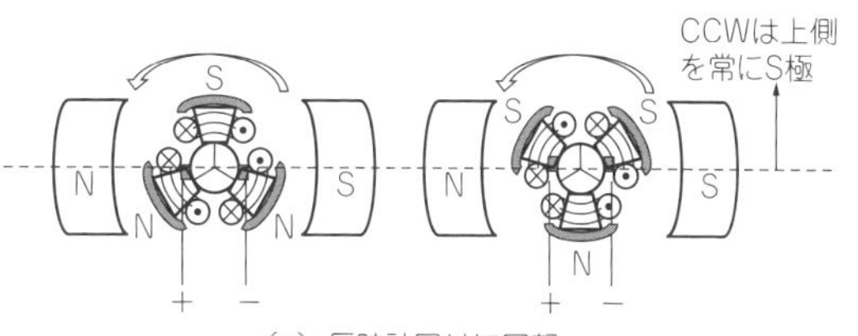

(c) 反時計回りに回転

図3　DCブラシ付きモータが回転する様子
⊙は紙面の裏側から表側へ，⊗は紙面の表側から裏側へ電流が流れることを示している

も一緒に回転し60°回転すると電流方向が切り替わり，回転子の上側に常にN極またはS極ができてモータは回り続けます．

交流/直流両用モータ

● 交流整流子モータ

▶ユニバーサル・モータ

DCブラシ付きモータの永久磁石をコイルによる電磁石に置き換えたものがユニバーサル・モータです(**図4**)．

コイルによる電磁石の極性を変えずにDCモータのブラシへの印加電圧の極性を変えると，当然，モータは逆転します[**図4(b)**]．

図4(b)の状態で，コイルによる電磁石の極性を変えると，**図4(a)**と同じ回転方向になります[**図4(c)**]．このことは直流電源や交流電源でも回転を制御できる特徴があります．

ユニバーサル・モータには，次の利点があります．

- 家庭用AC100Vで動作可能
- 誘導モータよりも高速回転が可能
- 負荷が増えると回転速度が下がり，トルクが増加する
- 起動トルクが大きい

このような特性から，家庭電気製品のような軽量で

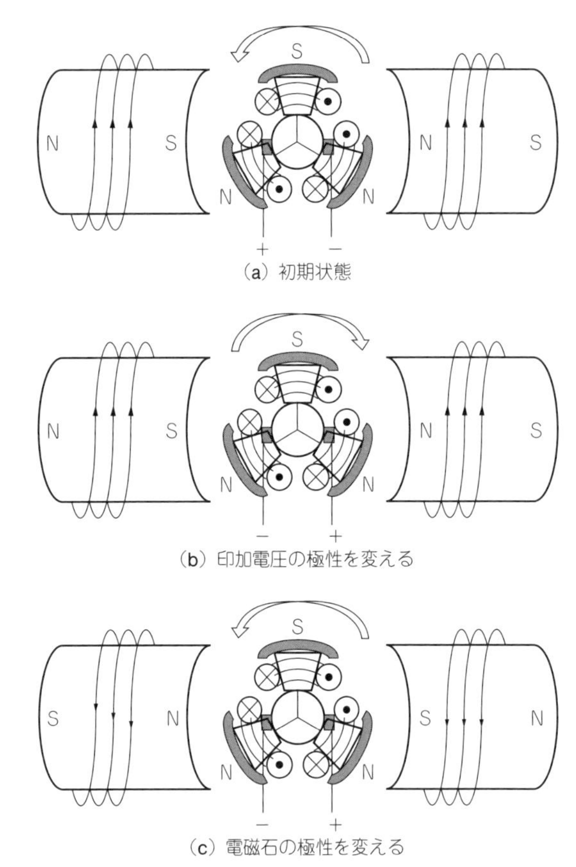

図4　ユニバーサル・モータが回転する様子

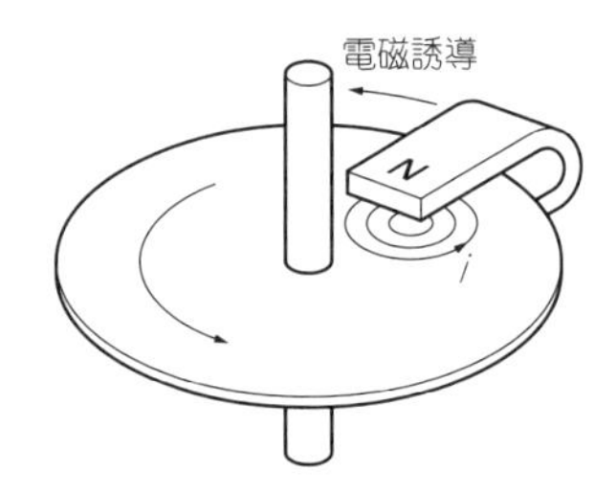

図5　誘導モータの原理…アラゴーの円盤の回転原理

磁石で挟まれた円盤は，磁石を近づけると磁界により円盤に渦電流が発生する．この渦電流によって円板には磁石の移動方向に動こうとする力が発生する

大出力かつ高速が必要とされるコーヒー・ミル，ミキサ，ジューサ，掃除機，電気ドリルのような工具に使われます．

一方，ユニバーサル・モータには，次のような欠点があります．

- ノイズが出る
- ブラシの寿命のため常時運転には向かない

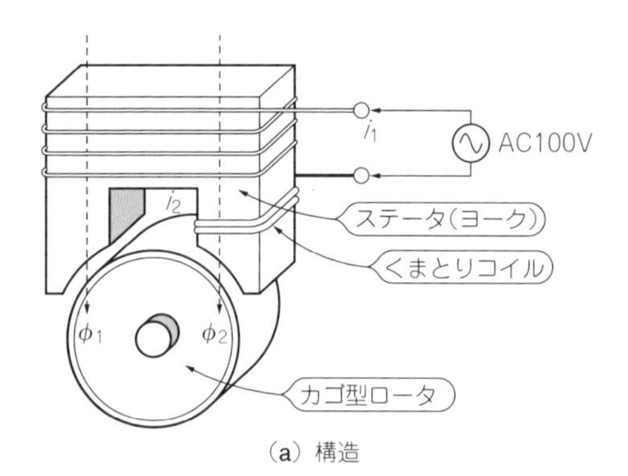

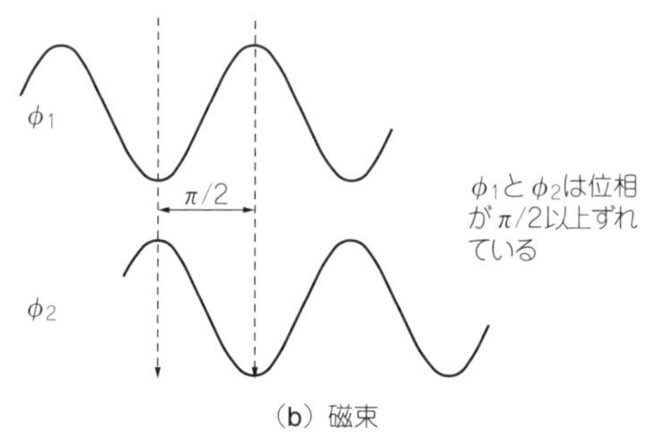

図6　単相誘導モータの例…くまとりモータ

交流モータ

● 誘導モータ

誘導モータ(Induction Motor)は，アラゴーの円盤の回転原理を元にしています．**図5**のように磁石で挟まれた円盤は，磁石を近づけると磁界により円盤に渦電流が発生します．この渦電流によって円板には，磁石の移動方向に動こうとする力が発生します．そして磁石の動きと同じ回転方向に，遅れを持って回り始めます．この遅れは「すべり」と言います．この原理を利用したのが誘導モータです

▶単相誘導モータ

単相誘導モータの1つ「くまとりモータ」を**図6**に示します．くまとりコイルと呼ばれる短絡コイルを設けて，商用AC100Vに電位相差を付けて回転させます．

構造が簡単で，頑強，低コストです．小型でさほど精密な回転速度の調整が必要ない，扇風機や換気扇などに利用されます．

▶3相誘導モータ(かご型誘導モータ)

3相誘導モータの構造を**図7**に示します．磁石の代わりに固定子の界磁コイルに対して3相交流電流を流し，回転磁界を発生させます．アラゴー円盤に相当する回転子としてロータ・バーを用意し，積層された鉄心の外側に装着します．このような固定子をかご型ロータと呼びます．

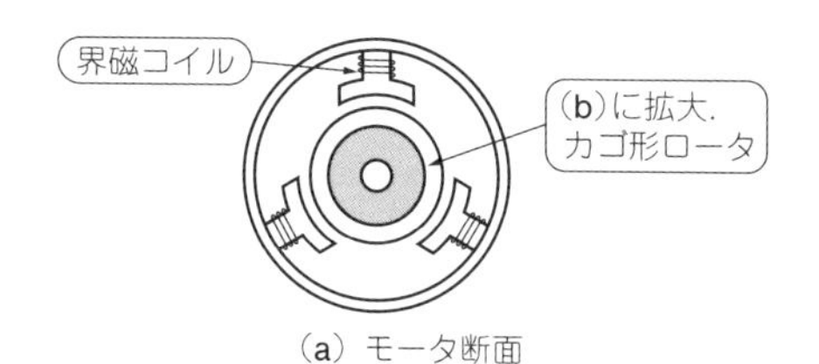

(a) モータ断面

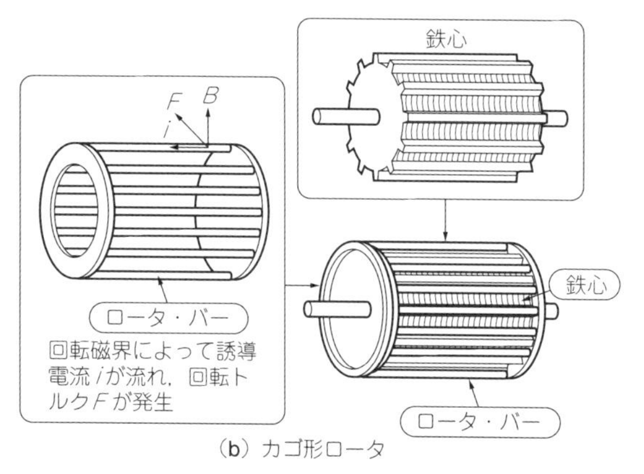

(b) カゴ形ロータ

図7　3相誘導モータの構造

3相交流電流(回転磁界)による磁束Bによってロータ・バーに電流iが流れ，ロータにトルクFがかかり回ります．ロータの回転数は回転磁界と同期しません．ロータは回転磁界の回転数よりもすべりのため遅い回転数です．

回転磁界N_0とロータ回転数NとのすべりSの関係は，

$$S=\frac{N_0-N}{N_0} \quad \cdots\cdots(1)$$

になります．従って誘導モータの回転数N[rpm]は，

$$N=\frac{120f}{P}(1-S) \quad \cdots\cdots(2)$$

になります．ただし，fは商用電源周波数[Hz]，Pは極数[個]です．

このすべりで効率は悪いですが，商用電源を直接利用できること，制御が簡単であることから，効率をあまり気にしないで安価に済ませたい機器に広く利用されています．

● 同期モータ(本書で制御する)

永久磁石同期モータは，回転子は永久磁石，固定子は電機子コイルに交流電流を流す同期モータです．電機子コイルに流す電流が正弦波のものを永久磁石同期モータと呼び，矩形波のものをDCブラシレス・モータと呼びます．

DCブラシレス・モータと永久磁石同期モータのハードウェアは同じものですが，モータに対する制御方式(ソフトウェア)が異なるため，呼び方を変えています．

▶永久磁石同期モータ

永久磁石同期モータの構造を**図8**に示します．大きくインナ・ロータ型とアウタ・ロータ型に分かれます．次にロータが，表面磁石型(SPM：Surface Permanent Magnet)と埋め込み磁石型(IPM：Interior Permanent Magnet)に分かれます．

・表面磁石型

図9(a)の表面磁石型は鉄心の表面に一様に永久磁石が張り付けられています．N極の中心軸をd軸，d軸から電気角90°の軸をq軸と定義すると，一様なインタグダンスとなるので，d軸電流を0とし，q軸電流だけで制御できます．これをマグネット・トルクといいます．

・埋め込み磁石型

図9(b)の埋め込み磁石型は，q軸方向には永久磁石がなく鉄心だけとなり磁束が通りやすくなります．従ってq軸方向のインタグダンスは大きく，d軸方向のインタグダンスは小さくなります．この違いを突極性があるといいます．この突極のため埋め込み型の場合，全トルクはマグネット・トルクに加え，鉄心特有のマクスウェル応力のリラクタンス・トルクを加えたものになります．なお，表面磁石型はマグネット・トルクだけです．

▶シンクロナス・リラクタンス・モータ

シンクロナス・リラクタンス・モータは，ロータに鉄心だけを使ったモータです(**図10**)．

回転子は，突極形状の巻き線のない鉄心です．回転磁界と考えると，磁束は固定子のN極から回転子の突極に向かい反対側の突極回転磁界のS極に向かいます．このとき磁束は，ねじ曲がります．回転磁束はエントロピーの少ない真っすぐの本来の回転磁束に戻ろうとする力が働きます．これをマクスウェルの応力といいます．これが突極により発生するリラクタンス・トルクです．

突極の中心を通る軸をd軸，インダクタンスLが最も小さい方向をq軸と定義します．この定義により3相インバータで正弦波回転磁界を発生し駆動します．

正弦波回転磁界と同期させますのでシンクロナス・リラクタンス・モータといいます．

▶スイッチト・リラクタンス・モータ

スイッチト・リラクタンス・モータ(Switched Reluctance Motor)は，シンクロナス・リラクタンス・モータと類似の回転子を持ち，突極性にてトルクを発生します(**図11**)．

固定子も突極構造で，この突極に直接コイルを巻いています．回転磁界は利用せず固定子の突極に巻かれたコイルのON/OFFで回転子を駆動します．高回転，高トルクを出せるモータですが，スイッチング・ノイ

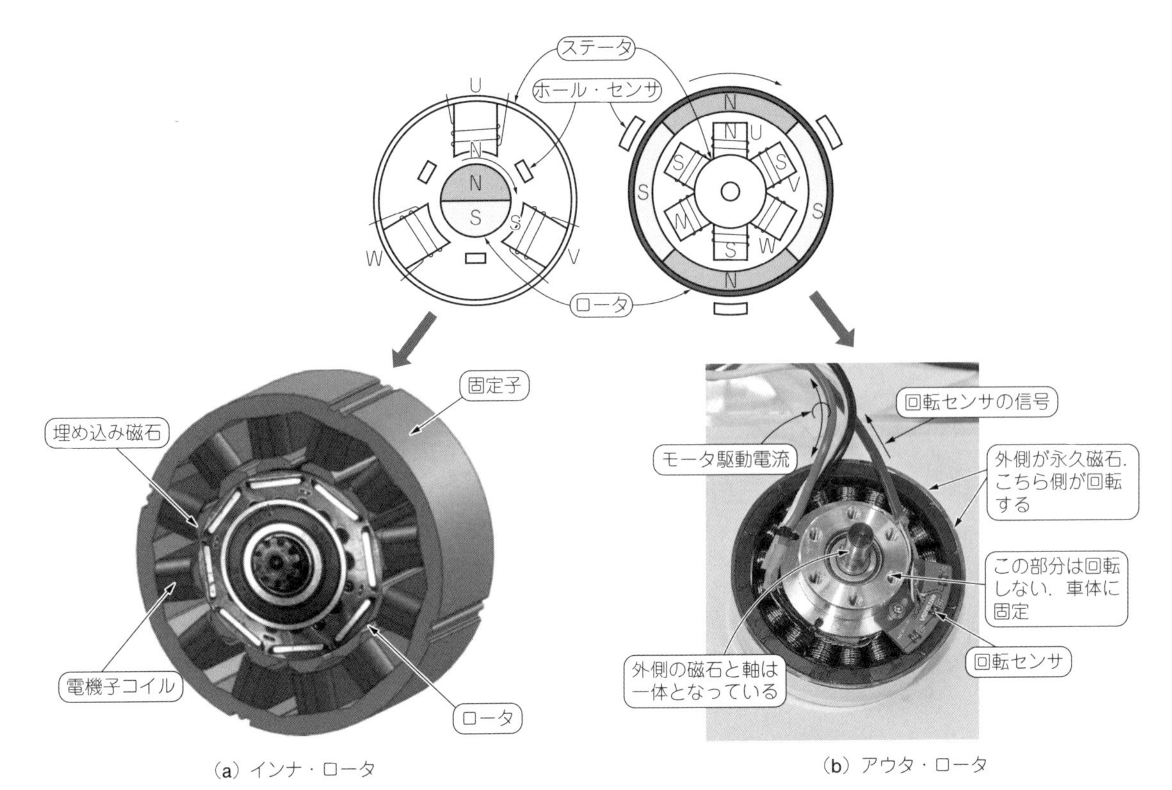

（a）インナ・ロータ

（b）アウタ・ロータ

図8　永久磁石同期モータの構造

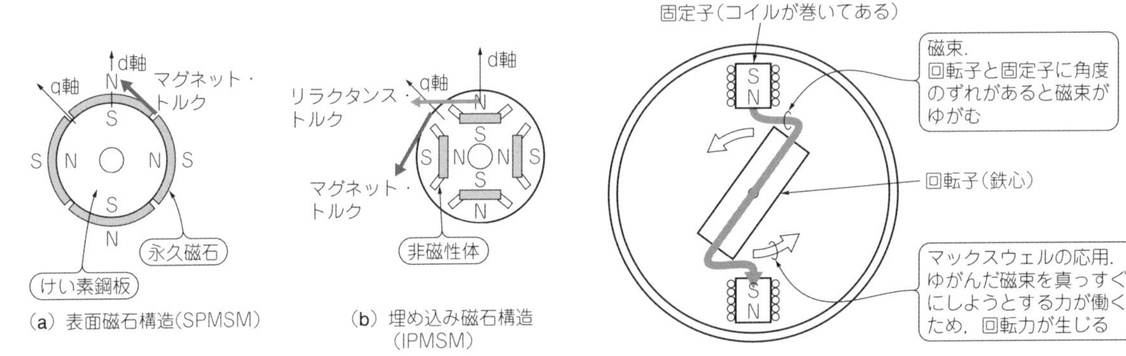

（a）表面磁石構造（SPMSM）

（b）埋め込み磁石構造（IPMSM）

図9　永久磁石同期モータのインナ・ロータにも2タイプある

図10　シンクロナス・リラクタンス・モータの構造

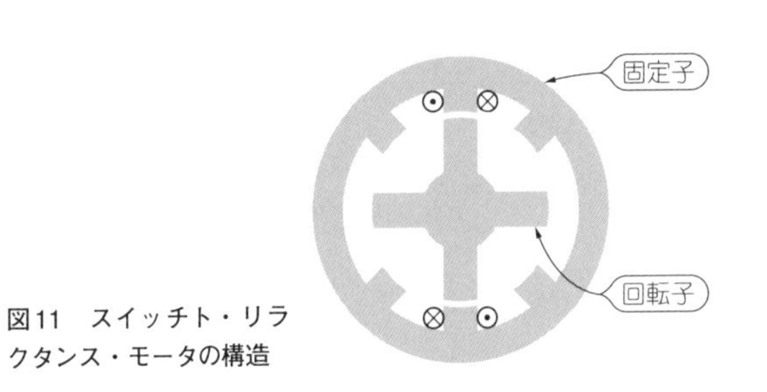

図11　スイッチト・リラクタンス・モータの構造

ズによる音が出ます．まだまだこれからの新しいモータ技術です．

ステッピング・モータ

ステッピング・モータは，決められたステップ角とパルスで駆動しますので，パルス・モータとも呼ばれています．センサなしのオープンループで正確な位置決めと正確な速度が得られます．プリンタの紙送りや工作機械などに使われています．

特徴として以下が挙げられます．

- ブラシがなくメンテナンス・フリー
- 始動/停止の反応が早く制御が簡単
- 安価

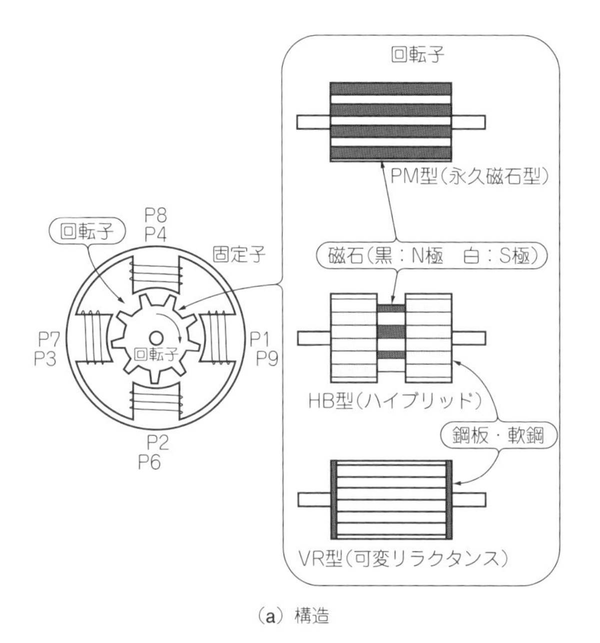

(a) 構造

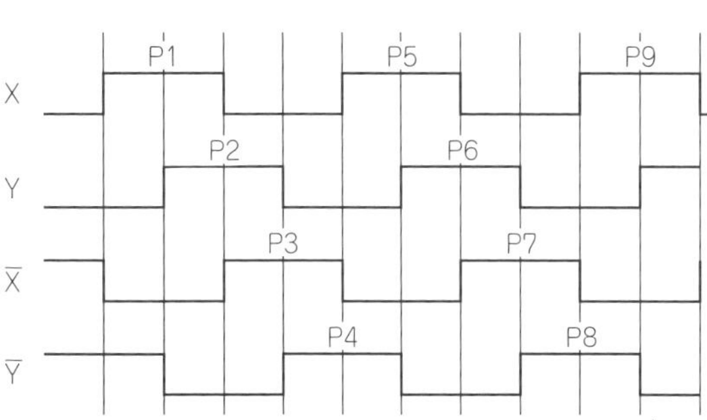

(b) 動作

図12　ステッピング・モータの構造

- 高速回転利用では高トルクでの同期ズレ(脱調)が起こりやすい
- パルス制御のため効率面で劣る

磁気構造により以下のように分類されます(**図12**).

- ロータに永久磁石を利用しているもの:PM型
- 鋼板・軟鋼を用いているもの:VR型
- 永久磁石と鋼板・軟鋼の両方を用いているもの:HB型

図12(a)の回転子の山は40°刻みで9個ありますので,9パルスで1回転します.**図12(b)**のP1～P9のパルスで界磁コイルをN極,S極で交互に励磁すると2倍の20°刻みになります.

静電モータ

静電モータはプラスとマイナスの静電電化のクーロン力を利用した吸引と反発で回転子を駆動します(**図13**).電流が流れませんが電圧を高くする必要があります.

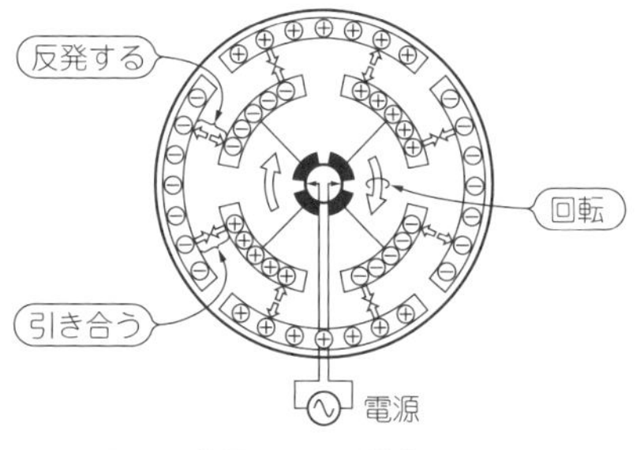

図13　静電モータの構造

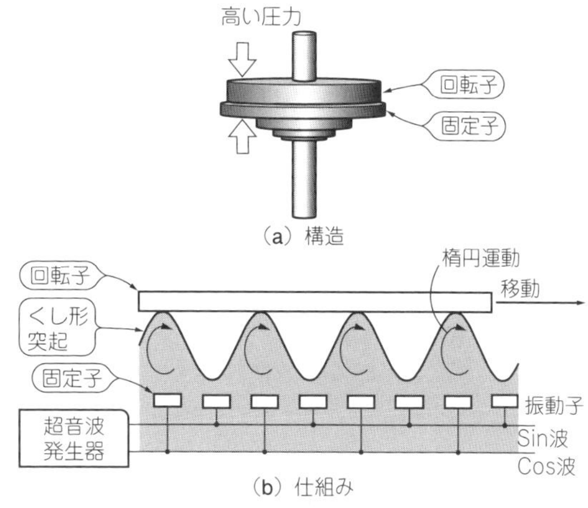

図14　超音波モータの構造

永久磁石を使ったモータは永久磁石サイズを小さくすると磁力がなくなり使用できませんが,静電モータは極小(マイクロ)でも力を発揮できます.このため,ナノマシンなどの動力として注目され,MEMSで使われています.

超音波モータ

超音波モータの概要図を**図14**に示します.本来は円形ですが説明のために平面に展開しています.振動子に正弦波と余弦波の進行波を与えると,くし形突起の表面が共振を起こし,接したロータが回転します.

超音波モータは,ステータに電圧を掛けることでくし形突起を変形させ,その変形がステータ金属で増幅・伝搬されることによってステータ金属の表面が波状に変形します.この波の頂点は進行波として移動し,ステータと接しているロータを摩擦力によって回転させます.

ロータとステータ間は高い圧力が加わっているため,停止時はロックしている状態です.

超音波発生器の正弦波と余弦波の制御と組み合わせでいろいろな回転振動を与えることができます.

第1部

第2章

DCブラシレス・モータを勧める理由

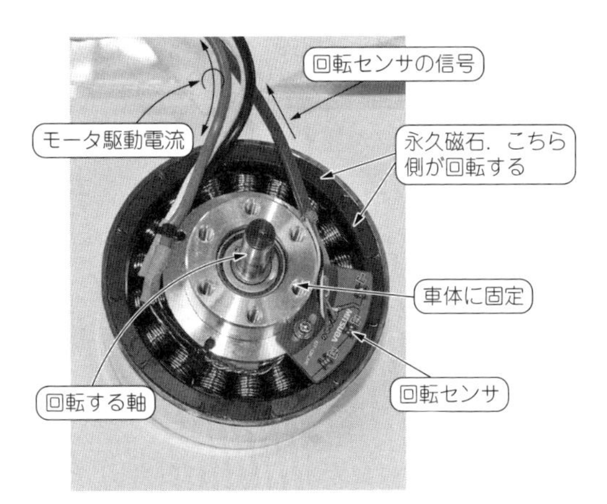

(a)EV用(直径約150mm)

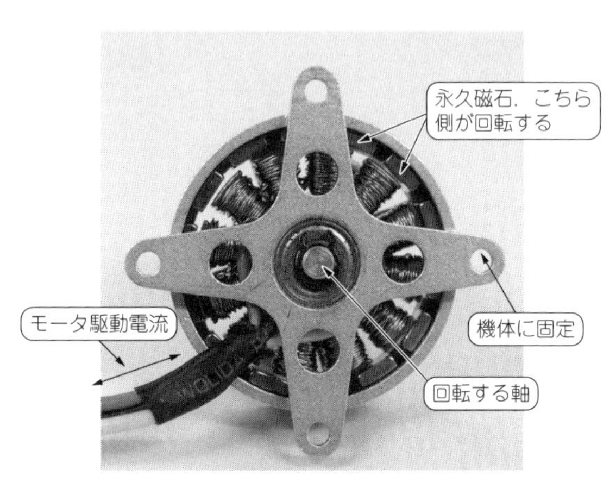

(b)ドローン用(直径約25mm)

写真1　これから使えるようになっておくと世界が広がるDCブラシレス・モータ

DCブラシレス・モータ(**写真1**)は，小型/高効率/静音という特徴を持ちます．自動車やドローンなどで使われ，これから注目のモータです．

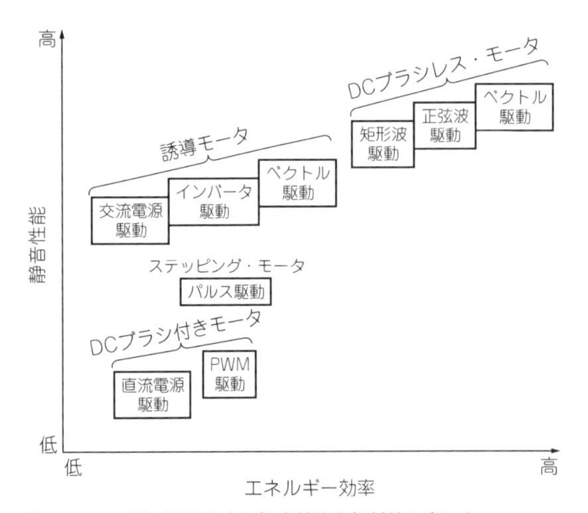

図1　モータ別の駆動効率と静音性能を相対的に表した

理由1…種類が多く個人でも買える

21世紀になりDCブラシレス・モータを使った製品が多く出てきています．DCブラシレス・モータは1990年代，ネオジム磁石を回転子に用いることによって急速に発展してきました．ネオジム磁石は一般的な永久磁石であるフェライト磁石の約10倍のエネルギー積(磁力)を持ちます．磁力が強いので小型化が可能です．制御次第ですが高トルク，高効率，静音化が可能です．

効率と静音性について，モータの種類および制御ごとに分けたのが**図1**です．

以下のように車から家電，玩具まで幅広く使われています．そのため個人でも入手できるモータがインターネット上のショップにも複数あります．

- 電気自動車やハイブリッド自動車のモータ
- 電動アシスト自転車
- エアコン
- 冷蔵庫
- 洗濯機
- 扇風機
- PCファン
- ハード・ディスク・ドライブ
- ラジコン飛行機
- ドローン

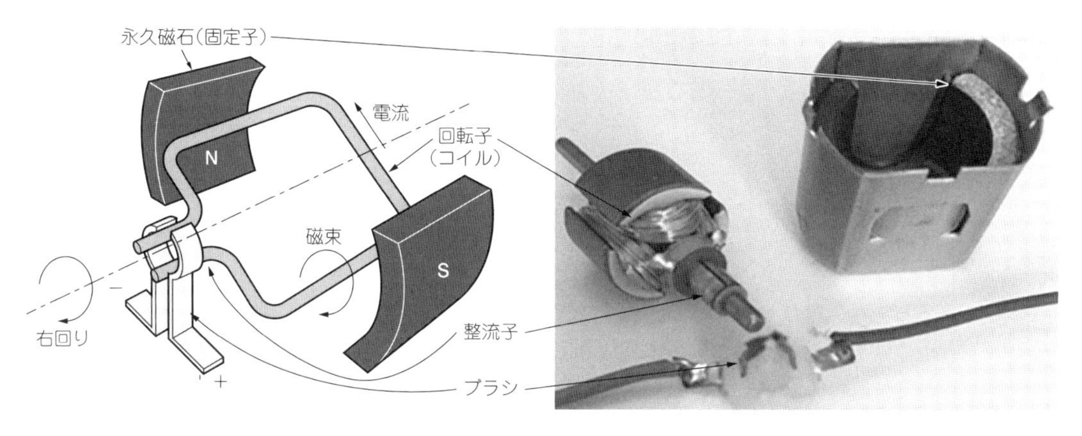

図2　DCブラシ付きモータの基本構造

理由2…エネルギー効率が良く高トルクで静か

● DCブラシ付きモータの基本原理

説明がしやすいのでDCブラシ付きモータ(Blushed DC Motor)の原理から説明します．構造は固定子に磁石を取り付け，回転子にコイルを巻いたものです．コイルの電流の向きを変えることによって磁石との吸引/反発トルクで回転トルクを発生させます．回転とともにコイルに流れる電流を切り替えるため整流子とブラシがあります．固定子の永久磁石は回転のもとになる磁場を発生し，これを界磁といいます．通常，玩具に使われる小型DCブラシ付きモータは，固定子に磁石が2つ，回転子に回転凸の鉄芯が3つあります．これを2極3スロット構成といいます．

図2のコイル巻き線にブラシから電流が流れると，右ねじの法則で磁束がコイルの向こう側から手前の方向に発生し，固定子である永久磁石S極に吸引され，右回りになります．

特徴として以下が挙げられます．

- 安価，100円～
- 起動トルクが大きい
- モータ電圧に回転数が比例する
- 流し込む電流に出力トルクが比例する
- 出力トルクに対して回転数は反比例する
- 上記のように外部制御に対して線形性があり制御しやすい
- 整流子とブラシの機械的接点のため電磁ノイズおよび騒音が出る
- 接触劣化がありメンテナンスが必要

今でも玩具から産業用まで幅広く使われる最もメジャーなモータです．

● DCブラシレス・モータの構造

DCブラシレス・モータ(Blushless DC Motor)は，名前の通り，DCブラシ付きモータからブラシをなくしたものです．ブラシをなくすために，回転していたコイル側を固定し，磁石側を回します．磁石を回すためには，コイル側で発生する磁界を，回転させたい方向に次々に回す必要が生じます．従って駆動のための電気回路やソフトウェアが，DCブラシ付きモータよりも複雑になります．

ロータには大きく2つのタイプがあり，内側に永久磁石を設けるインナ・ロータと，外側に永久磁石を設けるアウタ・ロータがあります(**図3**)．インナ・ロータはロータ・サイズを小さくできますが，永久磁石数や大きさに制限が生じます．磁石数を少なくして回転数を高くする応用に向いています．

アウタ・ロータは磁石数を増やして磁石も大きくできますが，イナーシャ(慣性)が大きくなり，回転数を高くできません．回転数を抑えたトルク重視の用途に向きます．

DCブラシ付きモータの特徴である回転と電流によ

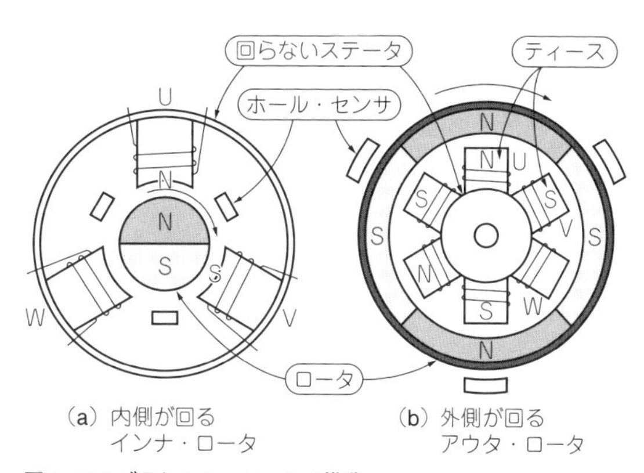

図3　DCブラシレス・モータの構造

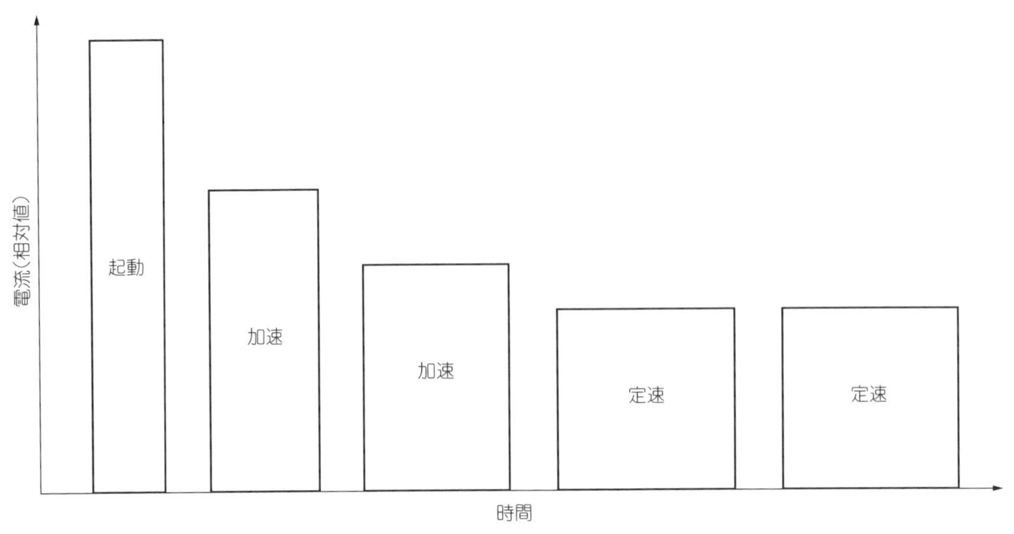

図4　EVの理想電流遷移
理想的には起動時に電流最大，加速に従って電流が小さくなり，定速で電流一定(最小トルク)

表1　最近よく使われるDCブラシレス・モータは静かで駆動効率が良い

項　目	誘導モータ	ステッピング・モータ	DCブラシ付きモータ	DCブラシレス・モータ
別名(俗名)	ACモータ	パルス・モータ	DCモータ(マブチモータ)	ACモータ
効率[%]	50～70	60～70	50～70	80以上
サイズ	大	中	非常に小	小
静音性	良い	普通	うるさい	非常に良い
電気ノイズ	小	中	大	小
寿命	長	長	短い	長
価格	安価	中～高価	安価	中～高価
特徴	コストやパワー重視の用途に	位置決め精度が良い	小型化・コスト重視	高効率/静音

るトルク比例制御は引き継がれ，かつ回転界磁を多種の方式で制御できる点に最大の特徴があります．現在，矩形波/正弦波/ベクトル制御などが主流になっています．

一般的な永久磁石の10倍のエネルギーを持つネオジム磁石を回転子に採用することにより，急速に発展しました．このネオジム磁石の採用により省電力，小型かつ高トルクが実現され，ラジコン飛行機，ラジコンカー，ドローン，家電製品から産業用，電気自動車まで最も幅広く利用されるようになりました．

難点を挙げると，他のモータと比べて制御が複雑です．このため制御基板およびセンサ類が必要となり，ソフトウェア開発を含めると割高感があります．ですが，制御方式によって効率もまだ伸びが期待できます．まだまだ開発しがいのあるモータだと思います．

以上をまとめると**表1**のようになります．

理由3…エネルギー・ロスの少ないベクトル制御で回せる

DCブラシレス・モータは，回転ゼロの起動時に電流が最大(最大トルク)になります．起動後は指令速度に向かって加速していき，やがて指令速度に到達します．**図4**の縦方向が，EVにおけるDCブラシレス・モータの電流の大きさを表しています．DCブラシレス・モータの駆動方法には，大きく分けて次の3つがあります．

● 矩形波駆動

図5が矩形波駆動での起動，加速，定速の電流波形になります．この場合，最大電流が加速の途中で出ています．3つのホール・センサでロータ位置を把握していますが，120°間隔でS極とN極境界のN極始まりがホール・センサを横切るときに制御マイコンがUまたはV，W相コイルを駆動し始めます．

コイルを巻かれたティース(**図3**)が励磁され，ロータである永久磁石との吸引および反発を利用することで，ロータを回転させます．矩形波駆動は，この120°間隔のロータN極の始まりで転流を繰り返すだけで，ロータN極の細かい位置については関知しません．そのため**図5**の場合は，加速のセンタあたりが電流のピークになっています．120°間隔のどこで電流を最大にするかは全く考慮しません．

従ってティース励磁の強弱で制御します．この方式をスカラ制御といいます．**図4**の理想形とやや異なり

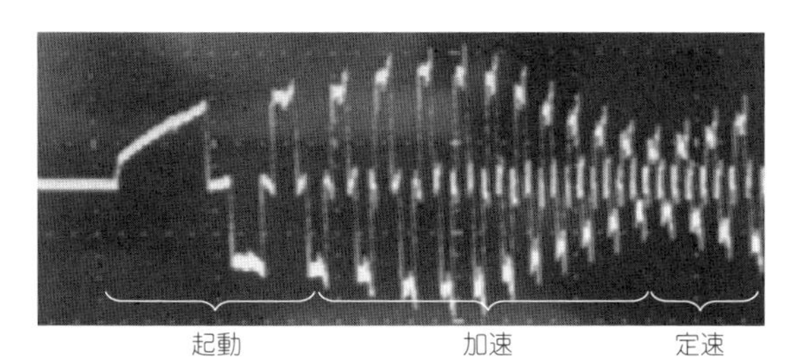

図5　矩形波駆動での電流遷移

ます．

● 正弦波駆動

図6に正弦波駆動時の電流波形を示します．起動時は矩形波で駆動しています．その後，正弦波に移行します．正弦波駆動もこのロータN極の始まりで正弦波を出力するための計算を繰り返すだけで，ロータN極の細かい位置については関知しません．**図6**を見ると加速，定速で若干電流の違いは見られますが，メリハリがついていません．正弦波駆動方式もスカラ制御です．

● ベクトル制御

図7がEVをベクトル制御で駆動している際の電流波形です．起動，加速，定速と理想の波形になっています．力を出さなければならない加速の電流は大きく，スピードが乗ってくるに従い電流を小さくし，定速ではほとんど電流は流さないで進んでいる様子が伺えます．トルクと効率がとても良くなっています．これはロータ位置を常に監視し，N極の細かい位置を把握しているからです．

N極の細かい位置を見るとどのような利点があるのでしょう．N極とS極の境界を常時把握しているとします．この境界方向をq軸，q軸に対して電気角－90°の方向をd軸と定めますと，d軸は必ずN極の中心方向になります．また，この境界に**図8**のように磁束を発生させると，速度およびトルクは最高効率で制御できます．このことは本書でもしつこく説明します．

U，V，W相における電流制御で，各相の磁束が発生します．この3磁束の合成を**図8**のようにロータのN極S極境界に発生するように，U，V，W相の電流を制御します．

このとき3磁束の合成を直接，U，V，W相の電流で制御するのは複雑すぎるので，固定3相→固定2相→回転2相変換を行い，制御側から見て直流で制御（速度変更，トルク変更）した後，回転2相→固定2相→固定3相の逆変換で簡単に3相合成磁束を発生でき

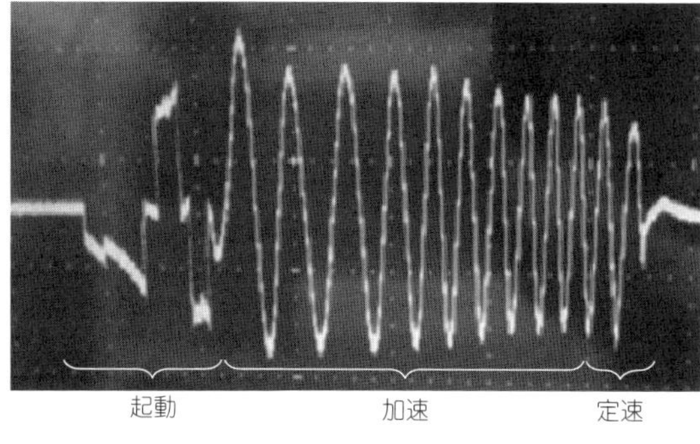

図6　正弦波駆動での電流遷移

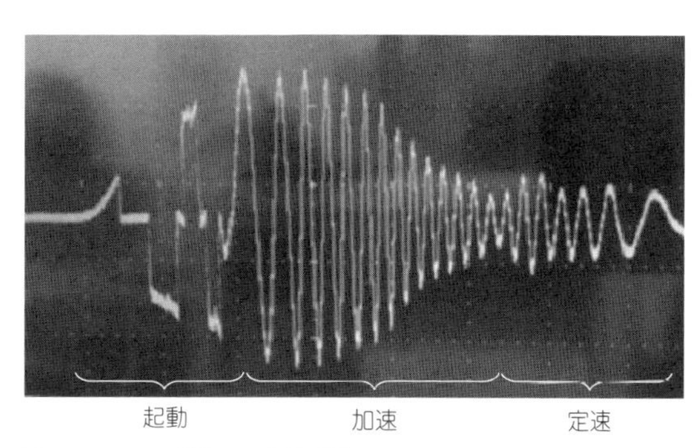

図7　ベクトル制御での電流遷移

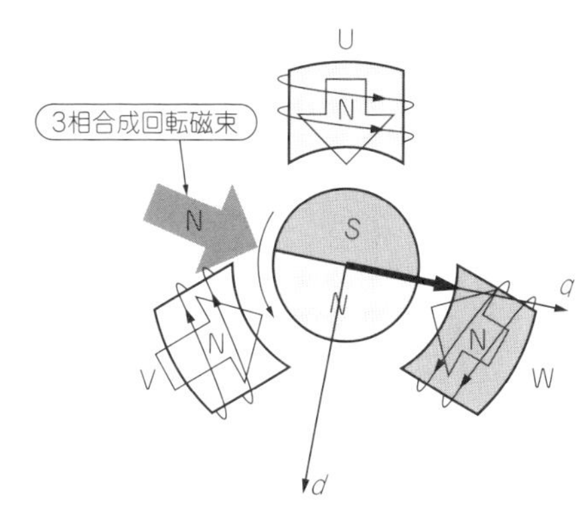

図8　ベクトル制御による合成回転磁束

るようになります．これがベクトル制御です．

N極とS極の境界を常時把握すると書きましたが，実際はレゾルバ，エンコーダを利用して0.1°以下の分解能で把握します．しかしこれらの装置は高価であるため低価格EVでは120°間隔に設置したホール・センサを利用し，120°補完PLL制御でロータ位置を常時把握します．

第1部

第3章
DCブラシレス・モータの特性

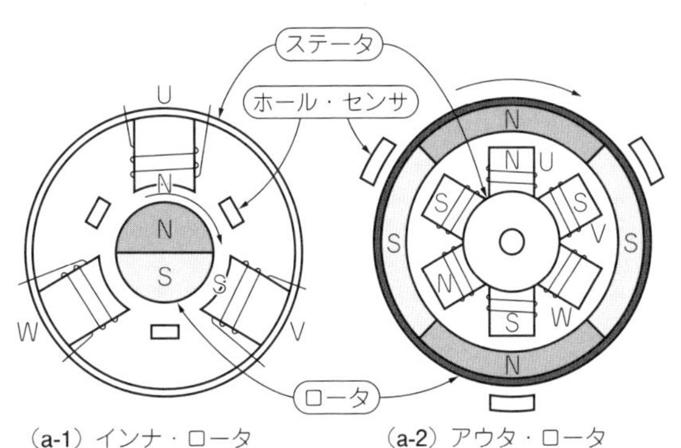

(a-1) インナ・ロータ　(a-2) アウタ・ロータ

(a) DCブラシレス・モータ

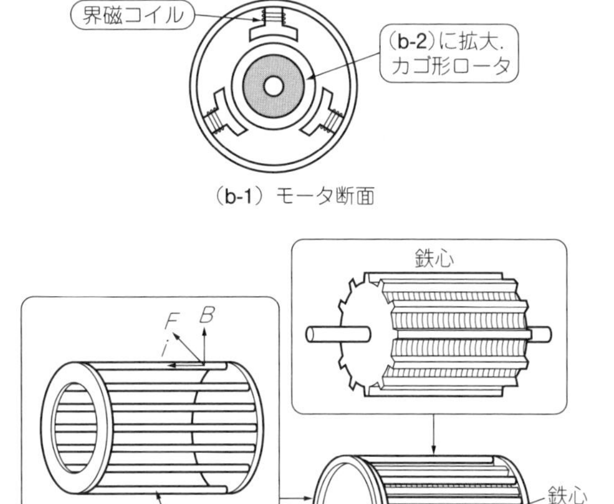

(b-1) モータ断面

(b-2) カゴ形ロータ

(b) ロータに磁石を使わず安価に製造できる誘導モータ

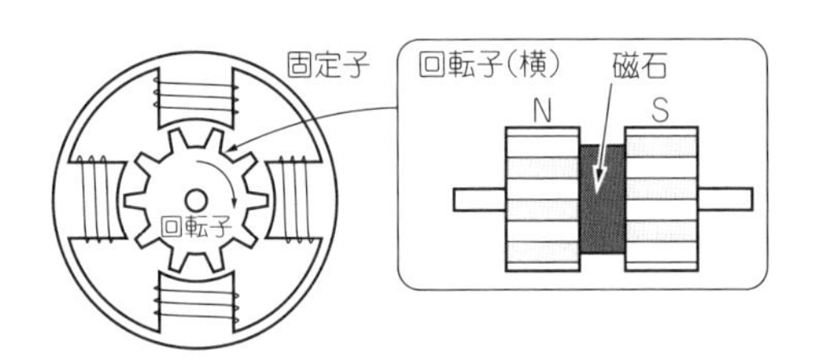

(c) 位置(角度)の制御が得意なステッピング・モータ

図1　各種モータの構造

表1　モータは大きく3つに分けられる

項　目	DCモータ	誘導モータ	ステッピング・モータ
電　源	直流電源	交流電源	直流電源
効率[%]	60～95	40～70	60～70
応答性	速い	遅い	普通
静音性	うるさい～無音	静か	ややうるさい
コスト	安価～高価まで	安価	高価
用　途	電動玩具，白物家電，車載電装品，電動バイク，電動カート，電気自動車など広い分野	コスト，パワー重視．送風機やポンプ	位置決め．OA機器や工作ロボットなど

3種類のモータの特性

モータは電気エネルギーを機械エネルギーに変換します．電気から機械へのエネルギー変換効率は50～95%と幅広く，どの効率で利用するかは，コスト，パワー，小型化，稼働率など，重視するポイントで変わります．

これまで説明したように，モータの種類には大きく，「DCモータ，誘導モータ，ステッピング・モータ」があります．それぞれを**表1**で比較します．**図1**に各モータの構造を示します．

● グラフで見る各モータの特性

各モータの特性を表すグラフを**図2**に示します．DC

表2　DCモータには2つある

項　目	DCブラシ付きモータ	DCブラシレス・モータ
効率[%]	60～70	75～95
応答性	速い	速い
静音性	うるさい	静音
コスト	安価	普通～高価
用　途	電動玩具，小型家電，車載電装品	エアコン，洗濯機，食器洗い器，電動カート，電動バイク，電気自動車

モータの特性を表すグラフは，横軸にトルクを，縦軸に回転数を取り，効率，出力，電流の値を読みます．

誘導モータやステッピング・モータは横軸に回転数，縦軸にトルクを取ります．**図2**で各モータの運転範囲を比較してみます．

▶DCモータ

DCモータは，トルク0(無負荷)で回転数が最大になり，回転数0でトルクが最大になります．寿命低下や故障の原因の過負荷を避けるため定格回転数と定格トルクに囲まれた灰色部に収まるように運転範囲を決めます．

DCモータは低回転から高回転まで，満遍なくトルク制御する機器，洗濯機やEV関係にて有用になります．特に静音性と効率を考えると，EV関係ではDCブラシレス・モータの選択になるでしょう．

DCモータには大きく「DCブラシ付きモータ」と，「DCブラシレス・モータ」(本書で扱うモータはこのタイプ)があります(**表2**)．違いはブラシの有り無し，回転子がコイルか永久磁石かの違いです．モータの特性そのものは一緒です．

▶誘導モータ

誘導モータはアラゴの円盤の原理により，回転数が上がるにつれ(すべりがゼロに向かう)トルク・カーブは大きくなっていき，すべりが0で最大トルクになります．これを停止トルクといいます．停止トルク以上の負荷を掛けるとモータは停止に向かいます．灰色部のトルク特性はリニアに近いため制御性がよく，この範囲が運転範囲になります．

誘導モータは回転数が高い部分でトルク制御する機器(掃除機，ポンプ，ファン)に向きます．

▶ステッピング・モータ

ステッピング・モータは，一定のパルス速度で回転しているとき，負荷トルクを加えてどこまで回転できるかを示す脱調トルクが重要になります．トルク0で同期回転できる点が最大応答速度になります．従って運転範囲は最大応答速度より若干下の点と脱調トルクの交点で作る灰色部になります．ステッピング・モータは位置決めの用途で使われます．

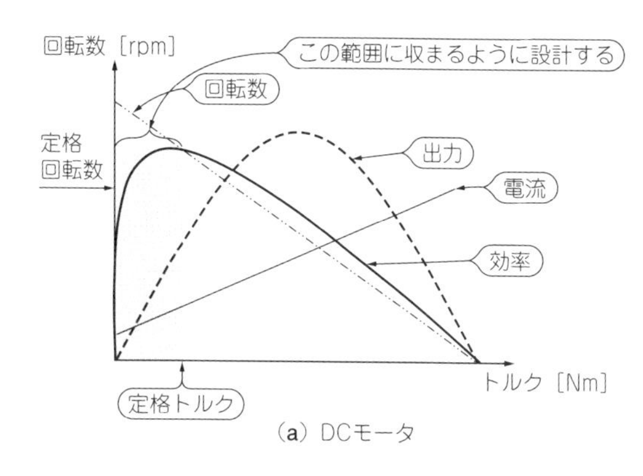

(a) DCモータ

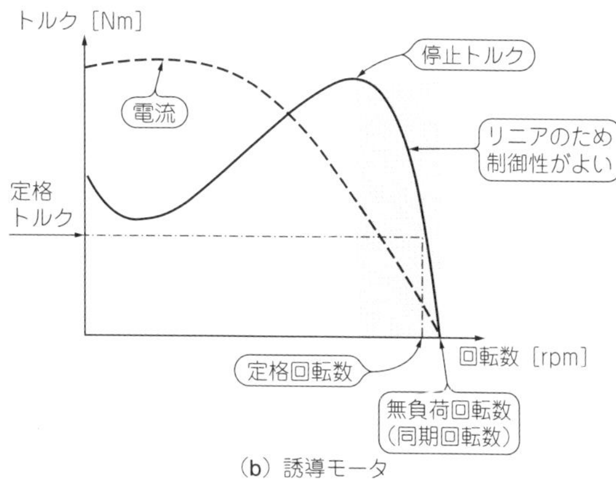

(b) 誘導モータ

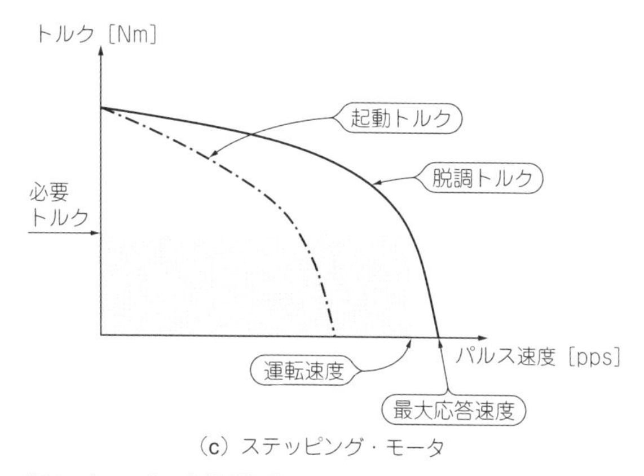

(c) ステッピング・モータ

図2　各モータの定格運転範囲

DCブラシレス・モータの特性

次にDCブラシレス・モータの特性詳細を**図3**に示します．**図3**の用語を簡単に説明します．

● *T-I*曲線と*T-N*曲線

T-I(トルク-電流)曲線は右肩上がり，*T-N*(トルク-回転数)曲線は右肩下がりになります．このことはトルクが大きくなると回転数が小さくなり，電流は上昇していきます．

基礎知識
実験準備
矩形波
正弦波
ベクトル

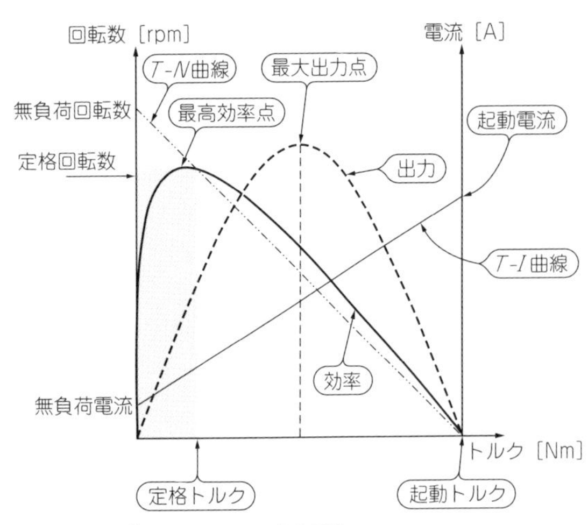

図3　DCブラシレス・モータの特性

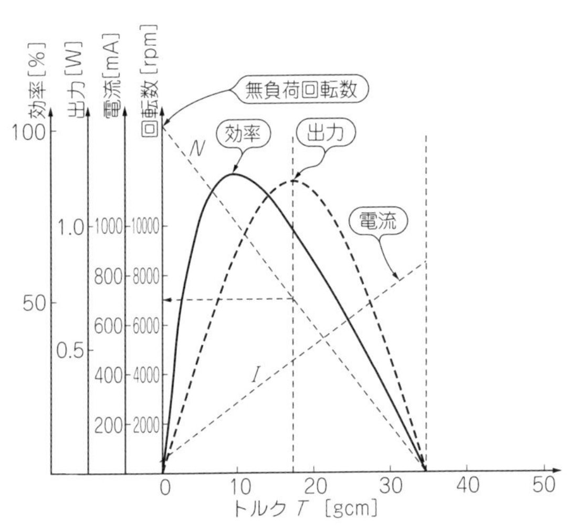

図4　ドローン/ラジコン飛行機用 BR2804-1700（重さ23g，直径28mm）**の特性曲線**

表3　ドローン用小型DCブラシレス・モータ BR2804-1700の特性

項　目	電　流 [mA]	トルク [gcm]	回転数 [rpm]	効　率 [%]	出　力 [W]
無負荷	10	0	14,000	0	0
最高効率	250	8	10,100	85	0.7
最大出力	400	18	7500	65	1.4
最大トルク	0	35	0	0	0

● 起動トルクと起動電流

負荷が最大となり，モータが回らない回転数0（ロック）状態を起動トルクと呼び，そのときの電流値を起動電流と呼びます．

● 最高効率と最大出力

消費電力に対して最も効率の良い点を最高効率点と

写真1　ドローン/ラジコン飛行機用 BR2804-1700

写真2　電動カート用DCブラシレス・モータ（重さ4.3kg，直径32cm）

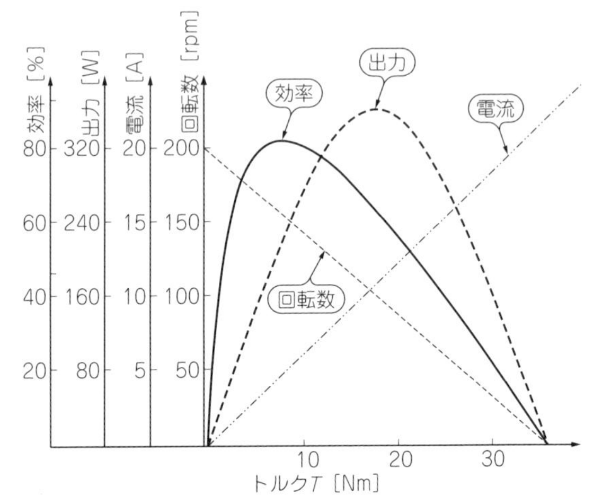

図5　電動カート用DCブラシレス・モータ（重さ4.3kg，直径32cm）**の特性曲線**

呼びます．最大出力点は起動トルクの半分に位置します．

● 定格トルクと定格回転数

最高効率点のトルクを「定格トルク」，回転数を「定格回転数」と呼びます．

小型/大型向け特性の違い

● ラジコン用

次に小型DCブラシレス・モータと中型DCブラシレス・モータの違いを見てみましょう．**図4**，**表3**にドローン用小型DCブラシレス・モータBR2804-1700（**写真1**）の特性曲線を示します．23g，直径28mmと軽量，小型で，主にドローンやラジコン飛行機のプロペラ駆動用です．速度制御重視で最高回転数10,000rpm以上です．

● EV用

図5，**表4**にEV（電動カートや電動バイク）向けのDCブラシレス・モータ（**写真2**）の実際の特性曲線を示します．インホイール・モータと呼ばれ，タイヤ自体にモータが埋め込まれています．ギアを介さずダイレ

表4　EV向けのDCブラシレス・モータの特性例

項　目	電　流 [mA]	トルク [gcm]	回転数 [rpm]	効　率 [%]	出　力 [W]
無負荷	0.7	0	200	0	0
最高効率	6.5	6.5	175	82	120
最大出力	20	27.5	103	60	350
最大トルク	24	36	0	0	0

表5　小型ドローン用モータとEV用中型モータを比較

タイプ	小型	中型
電流	mA単位	A単位
トルク	g cm	N m
最高回転数 [rpm]	14000	200
最高出力 [W]	1.4	350

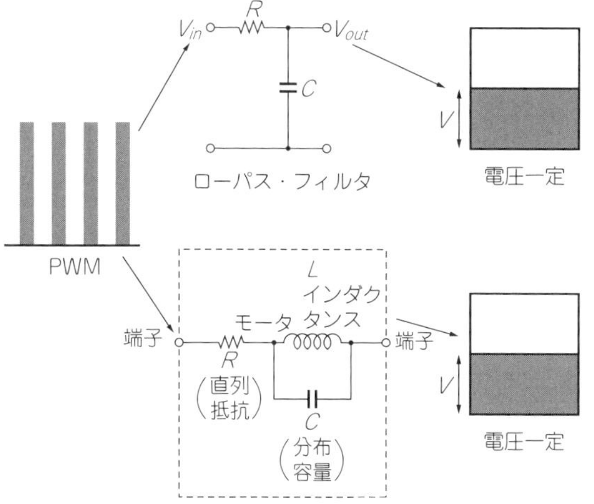

図6　PWMによるD-A変換

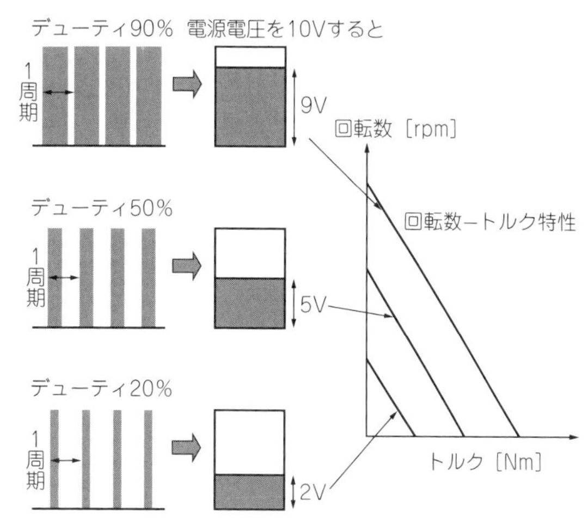

図7　DCブラシレス・モータでのPWMの基本

クトにタイヤを駆動します．ギア無しなので非常に滑らか，かつ静かに回りますが，発進に高いトルクが必要です．また，EVでの中速域までトルク変動に対して高レスポンスが必要です．電流制御重視でトルクを制御します．

図4の小型ドローン用モータと**図5**の中型EV用モータとを比較すると，**表5**となります．電流では1000倍，トルクでは100×100で10万倍，最高回転数では70倍（これは小型有利），出力では200倍と驚きの差があります．

また，大型のキロ・ワット級は主に電気自動車，超大型メガ・ワット級は電車で利用されています．

*　*　*

以上のようにDCブラシレス・モータは小型〜大型まで臨機応変に対応できる唯一のモータです．DCブラシ付きモータも小型〜大型まで対応できますが，効率と騒音の問題で小型だけの車電装品や玩具などの特定領域だけになっていくでしょう．誘導モータはかご型モータとも呼ばれ構造がやや複雑で，中型〜大型のコスト重視の用途になります．

PWM駆動

PWM（Pulse Width Modulation）駆動は，スイッチング駆動とも呼ばれています．日本語ではパルス幅変調駆動と呼びます．この駆動の応用はローパス・フィルタ＋PWM駆動でLED調光や音量調整などが可能です（**図6**）．

DCブラシレス・モータは，単純なON-OFF制御で回すこともできますが，これでは回転速度を制御できません．回転速度を制御する最も簡単な方法は電圧を制御することです．モータ・コイルのインダクタンス＋PWM駆動を利用して電圧を調整します（**図6**）．

● ON/OFFの割合を表すデューティ比

図7のように，PWMの色塗りの部分がON，色無しがOFFになります．ONとOFF部分を合わせてPWM 1周期といいます．ONとOFFの割合をデューティ比といい，色塗りの幅が大きいほどデューティ比が高いといいます．デューティ比は0〜100%で表し，デューティ比が低いと遅く回転，高いと早く回転します．この比率でモータの速度を制御します．

図7のようにDCブラシレス・モータは，電圧を変化させると，電圧に比例して回転数-トルク特性線が平行移動します．つまり電圧に比例して回転数（速度）とトルクを可変できます．このようにPWMのデューティ比を変えることでモータ速度を制御できます．

第1部

第4章

DCブラシレス・モータの駆動回路

インバータ

直流から交流を作る回路をインバータ（Inverter）と言います．電力変換の交流から直流にする技術が先に確立され，その回路はコンバータ（Converter，順変換）と呼ばれていました．このため後発の直流から交流を作る回路は逆変換（インバータ）となりました．Invertは反転するという意味ですね．インバータはパワー・エレクトロニクスの中核の技術の1つです．

● 仕組み

最も基本的なインバータ構成を**図1**に示します．直列に接続された2組のスイッチS_1/S_3とS_2/S_4を，さらに並列に接続し，その中点にDCモータを接続した構造です．

スイッチS_1とS_4を閉じる（ONにする）と①の電流が流れ，DCモータにはV_{ab}の電圧がかかります．

次にスイッチS_1とS_4を開く（OFFにする）と同時にスイッチS_2とS_3を閉じると②の電流が流れ，DCモータには$-V_{ab}$の電圧がかかります．

これで直流Vから交流V_{ab}が生成されたことになります．

ここでの注意点は，基準をb点と定め，b点から見たa点の電圧を表していることです．従って①の電流が負荷DCモータを通ると，$V_a - V_b = V_{ab}$になります．

②の電流経路はb点から見てa点の電圧が低いのでa点を基準に$V_b - V_a = V_{ba}$としたいところですが，同じ基準b点を使わなければなりませんので$V_{ba} = -V_{ab}$となります．b点からa点を見るとa点はb点より低いからマイナスですよね．電気，電子回路では変数の添え字にも大変意味がありますので気をつけてください．

● 単相インバータ

実際のインバータでは，スイッチング・デバイスとして主にMOSFETやIGBTが使われます．パワーMOSFETを使った単相インバータの回路を**図2**に示します．**図1**のスイッチS_1～S_4の代わりに，パワーMOSFETのS_{11}，S_{12}，S_{21}，S_{22}と，ダイオードD_{11}，D_{12}，D_{21}，D_{22}で構成されます．

双方向に電流が流れるようにしたものをアーム（arm），アームを直列接続したものをレグ（leg）と呼びます．RとLはDCモータの内部抵抗とインダクタンスになります．

S_{11}とS_{22}がONで①の経路に電流i_{ab}が流れます．

S_{11}とS_{22}がOFFとなっても，DCモータに流れている負荷電流i_{ab}は，インタグタンスがあるために流れ続け，逆電流となって戻ってきます（S_{11}～S_{22}が全てOFFのため）．これを電源に逃がすためダイオードがパワーMOSFETと並列に接続されています．このようなダイオードを帰還ダイオード（Feedback Diode）と言います．

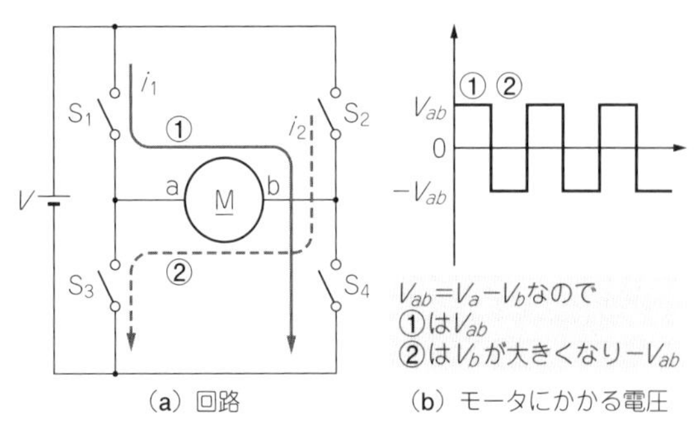

図1　インバータの動作原理

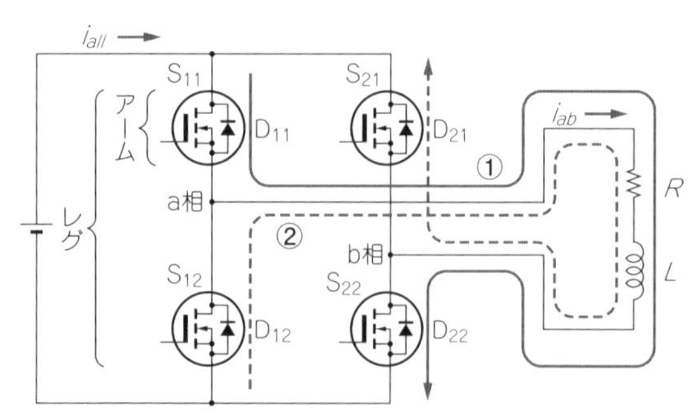

図2　単相インバータの回路構成

図1のV_{ab}と$-V_{ab}$だけが，交互に入れ替わる動作だけでは，DCモータへの印加電圧は一定となり，電圧の高低を調整できません．これを解決するためにDCモータへの印加電圧Vと$-V$の他にゼロとなる状態を作ります．

ゼロ電圧を作るためのパワーMOSFETとダイオードの動作を**図3**に示します．3相インバータの基本説明として電圧位相が120°で切り替わる動作例を示しています．

では，ゼロ電圧はどのように発生するのでしょうか．ここで言うゼロ電圧とは，**図2**のa相とb相の電位差がゼロということです．パワーMOSFETの上側アームS_{11}とS_{21}を同時にONすることによってa相，b相の電圧は同じになり，電位差はゼロになります．

ここで下側アームのS_{12}またはS_{22}がONしてしまったらという心配があります．実際のインバータでは，レグの上下が同時にONすることが絶対にないようにします（通常，ドライバICに上下同時ON防止機能が入っている）．

図3において，V_{ab}は$V→0→-V$を繰り返します．しかし，DCモータを流れる電流i_{ab}の極性はすぐには反転しません．インタグダンスによって蓄えられた電流が帰還ダイオードを通って電源に流れ込みます．

S_{11}とS_{22}がONの期間では，$0→T_1$の間は帰還ダイオードD_{11}とD_{22}にDCモータからの電流が流れ，i_{ab}はマイナスになります．このマイナス電流を回生電流と言い，積極的にEVなどのバッテリを長持ちさせるために利用します．

$T_1→T_2$の間は，電源からの電流によってDCモータを流れる電流i_{ab}が増加します．

$T_2→T_3$では，S_{11}とS_{21}がONとなり，電圧がゼロになりますので，電源電流i_{all}もゼロになります．

$T_3→T_4$はS_{11}がOFFとなり，D_{21}とD_{12}が帰還ダイオードとして動作します．また，S_{11}をONしたままS_{22}からS_{21}に切り替わるタイミングを変化させると，Vとゼロ電圧の時間の割合が変わり，モータ電圧の平均値を調整できます．これは3相のDCブラシレス・モータPWM矩形波駆動の基本になります．

また，ゼロ電圧の挿入により，正弦波駆動に近づけることができます．このことは3相のDCブラシレス・モータのPWM正弦波駆動の基本原理を考える上で重要になります．

以上のことをDCブラシレス・モータの「3相インバータ駆動」で説明できればよいのですが，3相で説明するとあまりにも複雑になりすぎるため単相インバータで説明しました．筆者の経験上，3相インバータで上記の説明をされている書物は見当たらないと思います．

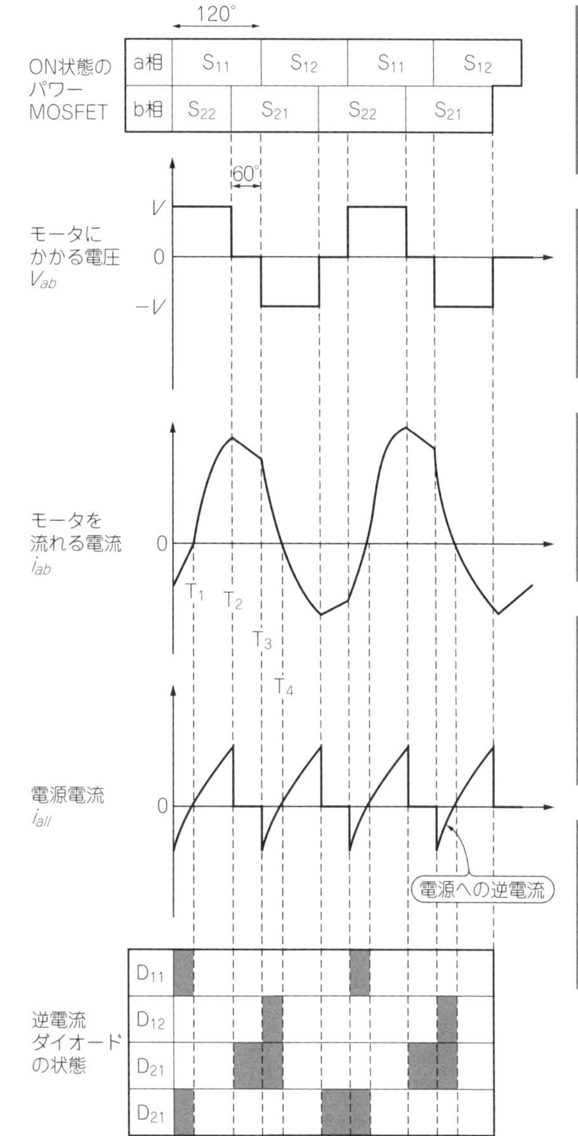

図3　ゼロ電圧を作るための動作

PWMインバータ

PWMインバータの回路構成を**図4**に示します．

単相インバータでは電源電圧に相当する$\pm V$を出力していました．しかし，$\pm V$の矩形波をいきなりインバータでモータ駆動する場合，モータのコイルに大きな突入電流が流れることになり，DCモータに大きな負担を与えてしまいます．また，直流電源電圧Vを可変し回転数やトルクを制御するにはDC-DCコンバータが必要になり，大掛かりな回路になってしまいます．

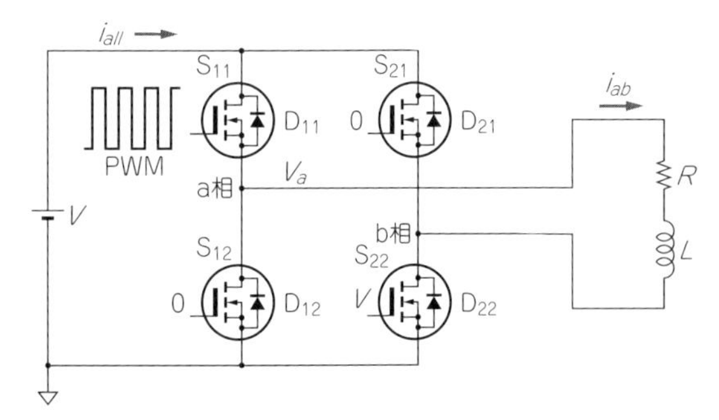

図4　PWMインバータの回路構成

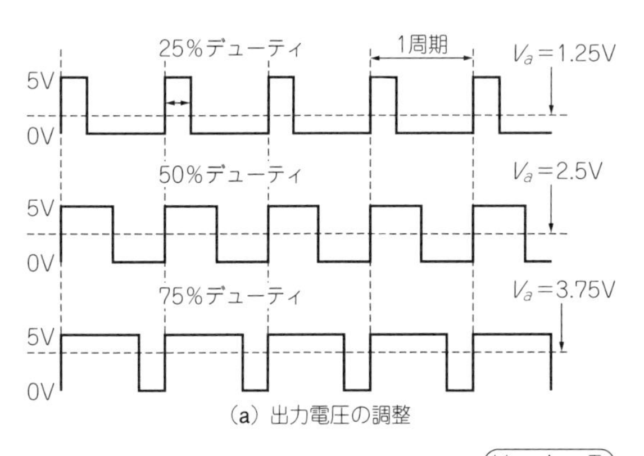

(a) 出力電圧の調整

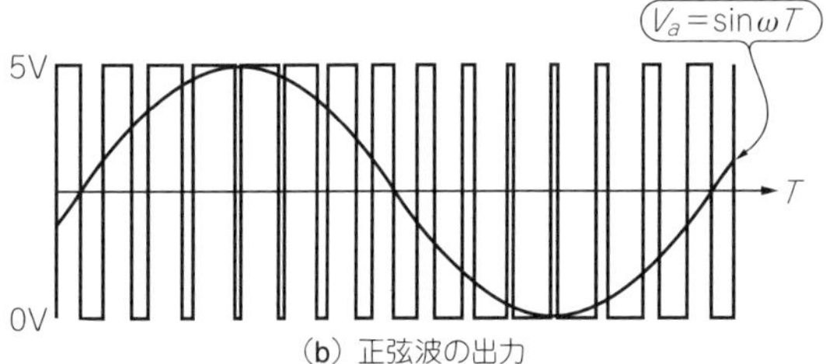

(b) 正弦波の出力

図5　PWMによる電圧調整

これらを解決する方策としてPWM(Pluse Width Modulation，パルス幅変調)駆動があります．PWM駆動は直流電源Vを一定にしたまま，パルスの時間幅を変えてDCモータへ加わる電圧を調整します．

PWMによる電圧調整の仕組みを**図5**に示します．PWM波形の1周期において，“H”レベルが何%占めるかをデューティ(Duty)と言います．

図4のS_{11}のデューティを25→50→75%と可変します．S_{22}は5V一定電圧でONとします．その他のS_{12}，S_{21}はOFFとします．電源電圧5Vですので，

$V_a = 5 \times \mathrm{Duty}$

となります．DCモータの負荷(RやL)によってV_aは変化しますが，PWMの原理説明として簡略化しました．

V_aを正弦波にするためのPWM波形を**図5(b)**に示します．デューティを時間Tとともに連続で変化させます．これを連続デューティ可変関数sin ωTでPWMを変調すると言います．正弦波駆動と言います．

図5(a)はモータ電圧を可変できますが，1周期Tでの連続可変デューティはありません．矩形波での駆動と言います．

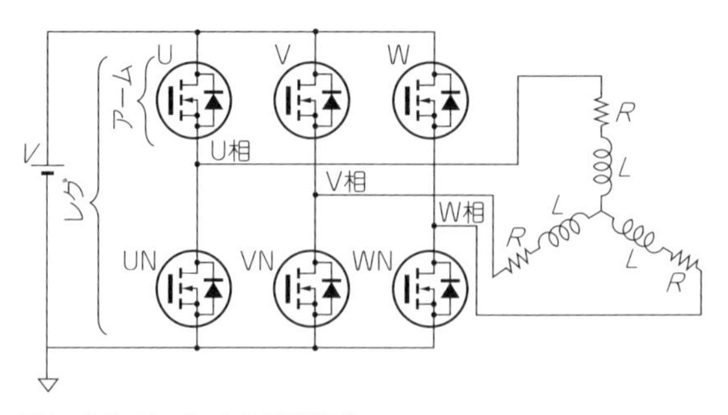

図6　3相インバータの回路構成

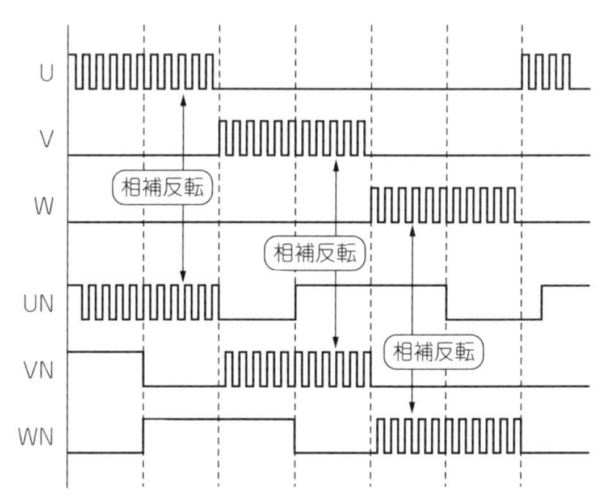

図7　矩形波駆動の動作タイミング

3相インバータ駆動

3相インバータの基本回路を**図6**に示します．単相インバータにレグを1つ追加したものを3相インバータと言います．誘導モータ，DCブラシレス・モータなど，交流モータを駆動するインバータとして最も広く使われています．

● 矩形波駆動

3相インバータによる矩形波駆動のタイミングを**図7**に示します．**図6**のパワーMOSFETのゲート信号U，V，Wに対応しています．一定のデューティでDCブラシレス・モータを駆動します．デューティを上げるとモータへの電圧が上昇し，トルクおよび回転数が上昇します．

レグの下側UN，VN，WNは，U，V，WのPWM信号の相補反転になります．

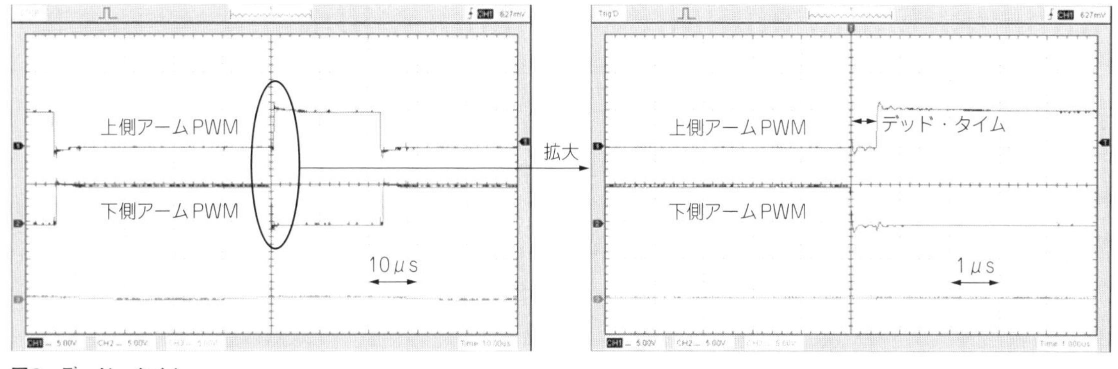

図8　デッド・タイム

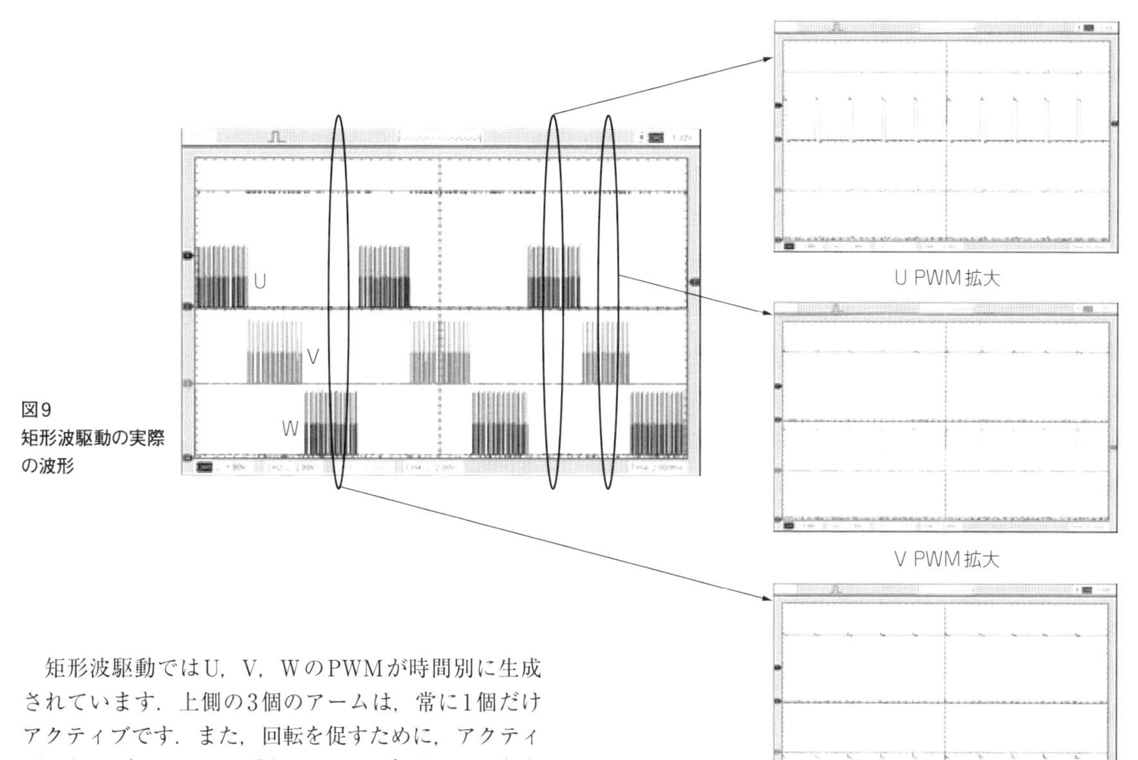

図9
矩形波駆動の実際の波形

矩形波駆動ではU，V，WのPWMが時間別に生成されています．上側の3個のアームは，常に1個だけアクティブです．また，回転を促すために，アクティブでない2個のレグの下側のアームは交互に1，0となります．同じレグの下側は，上側のアームの相補反転になります．ただしレグでの貫通破壊電流を防ぐために**図8**のようにデッド・タイムを設けます．

U_PWM→V_PWM→W_PWMで1回転360°ですので，120°ごとにPWM出力を切り替えます．これを120°通電矩形波駆動とも言います．上側のアームは120°ごと，下側のアームは60°ごとに切り替えます．このタイミングはDCブラシレス・モータのセンサや誘起電圧（センサレス）から切り替えタイミングを計ります．

矩形波駆動の実際の波形の例を**図9**に示します．PWM周波数50kHzで動作している様子になります．各相のPWM波形を拡大すると一定デューティであることが分かります．

● 正弦波駆動

正弦波駆動の様子を**図10**に示します．矩形波駆動と異なり，U，V，WのPWMが常に出力されます．各U，V，WのPWMの上の波形は，マイコンで計算し生成した正弦波です．一定の各PWMデューティを掛け算することにより連続した変化を生み出します．PWMデューティを変化させるのでこの正弦波のことを変調波形と言います．

変調の正弦波の電位が高いほど，PWMデューティの比率が高くなります．連続的に120°で変調正弦波

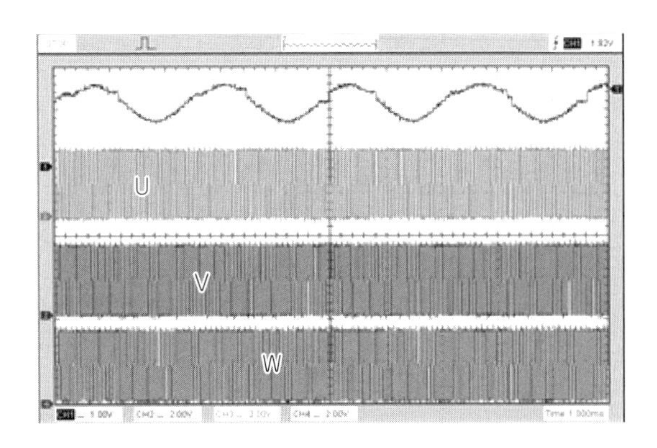

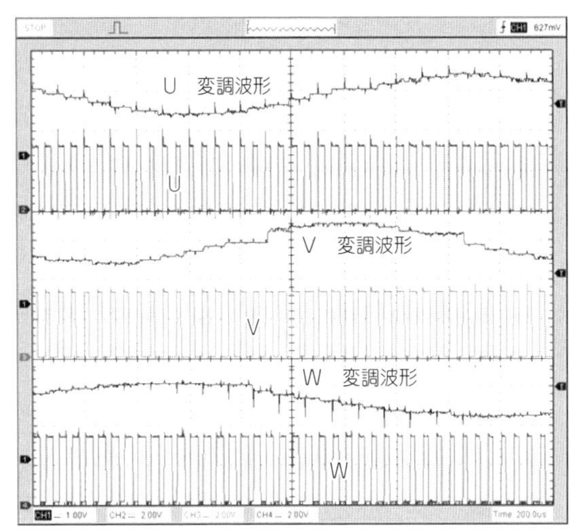

図10　正弦波駆動の実際の波形

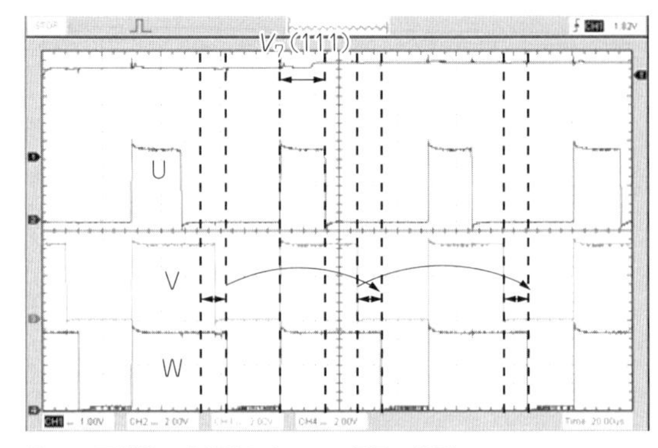

図11　正弦波で変調されたPWM信号の波形

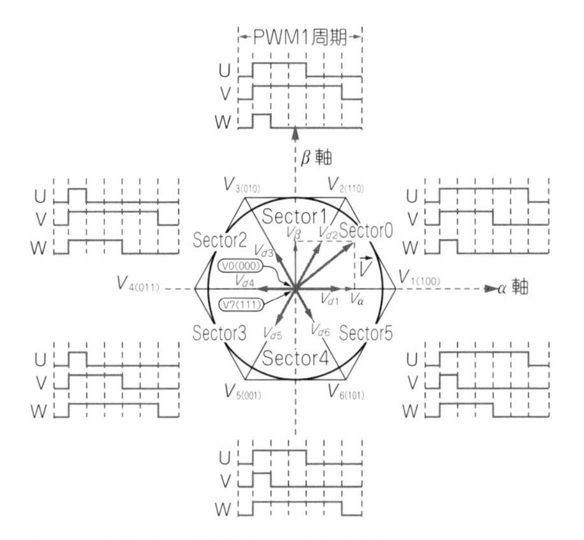

図12　正弦波PWM駆動における変調区分け

をずらして1回転しますので120°通電正弦波駆動と言います．

正弦波で変調されたPWM信号を**図11**に示します．ここで重要なのはU，V，Wの各PWM波形が3つとも1になる期間です．この期間は上側アームが全てONとなります．**図6**のU相，V相，W相の全てが同電位となるので，電位差ゼロ，ゼロ・ベクトルの期間と言います．

単相インバータ（**図3**）で述べたように，このゼロ期間は重要で，正弦波のひずみを減らすために，とても有効になります．

残念ながら，ただの正弦波駆動ではこのゼロ・ベクトルは自然には発生しません．ゼロ・ベクトルを制御することができる空間ベクトル制御（Space Vecvtor PWM）については，空間ベクトル制御の章で詳しく述べます．

正弦波PWM駆動における変調区分けを**図12**に示します．大きく60°ごとに区分けできます．**図11**のU，V，WのPWM波形の形は，**図12**のSector3の領域です．この領域を見ると，

$V_{d4} = V_4(\mathrm{U,\ V,\ W}) = V_4(0,\ 1,\ 1)$

$V_{d5} = V_5(\mathrm{U,\ V,\ W}) = V_5(0,\ 0,\ 1)$

の2つベクトル組み合わせで，Vのベクトルを生成します．Uはゼロ固定のゼロ・ベクトルです．**図11**では，UのPWMの1期間は一定ですが，VとWのPWMの1期間の差が少し大きくなってます（矢印）．

図12の円形の中心がゼロ・ベクトルになります．ゼロ・ベクトルは，

ゼロ・ベクトル$= V_7(\mathrm{U,\ V,\ W}) = V_7(1,\ 1,\ 1)$
←上側アーム全てON

ゼロ・ベクトル$= V_7(\mathrm{U,\ V,\ W}) = V_0(0,\ 0,\ 0)$
←下側アーム全てON

になります．**図6**から分かるように，上記2つの条件ともU相，V相，W相の電位差ゼロになりますので$V_7 = V_0$となります．

ここで言うベクトルはあくまでも3相インバータ内で生成する電圧ベクトルの合成です．ベクトル制御とは無関係ですので間違えないようにしてください．

第1部

第5章

DCブラシレス・モータの3大駆動方式

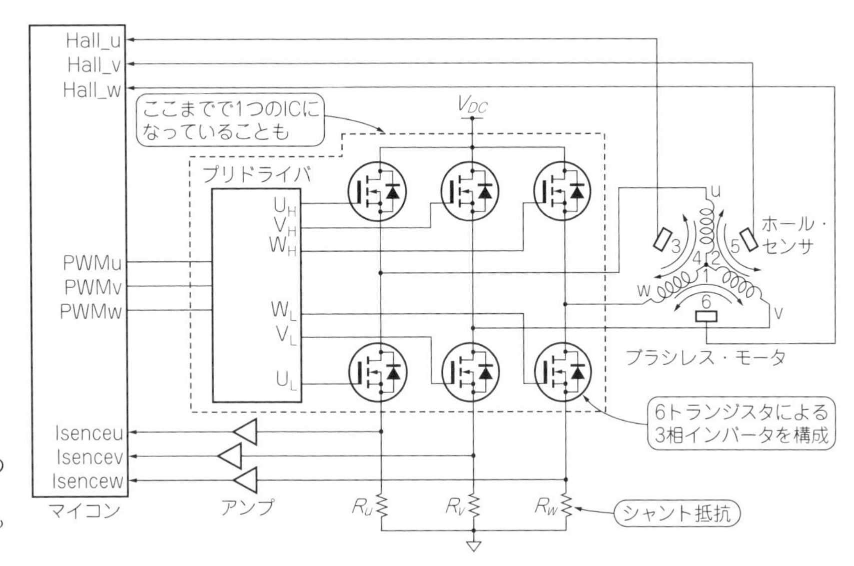

図1　DCブラシレス・モータの駆動回路
矩形波/正弦波/ベクトル制御ともに使える

DCブラシレス・モータを回す基本は，電気角が120°離れた固定3スロットルに磁極を発生させ，ロータである磁石を吸引/反発することで回転トルクを発生させます．これをスケール駆動といいます．このときの駆動波形には，矩形波と正弦波があります．

もう1つの方法は，3つのスロットルをPWMの1周期内でほぼ同時に磁極化します．3つのスロットル磁極の合成界磁で空間的にベクトル回転界磁を発生させ，回転子である磁石を吸引/反発することで回転トルクを発生させます．空間ベクトル駆動といいます．物理でいうとスケール駆動は力の大きさだけ，ベクトル駆動は力の大きさと方向を持つと理解するとイメージしやすいと思います．

● 駆動回路は共通で使えるからステップアップしやすい

矩形波，正弦波，空間ベクトルの各駆動方式は，**図1**の回路で，共通で実現できます．3相インバータによってDC波形をAC波形に変換し，モータを駆動します．

ホール・センサはロータの回転位置や速度の検出に用います．シャント抵抗は電流検出に用いられ，数mΩ～数十mΩの品を使います．シャント抵抗は主にセンサレス時のモータ電流を測定し，ロータ位置や速度を推定します．プリドライバ出力のU_H，V_H，W_HとU_L，V_L，W_Lは相補関係にあり，相補関係にある出力信号どうしにデッド・タイムを設けて，3相インバータの上側トランジスタと下側トランジスタの貫通電流を防いでいます．

制御その1…矩形波駆動アルゴリズム

● 駆動の流れ

図2が矩形波駆動のフローチャートです．ホール・センサHall_u，Hall_v，Hall_w信号のレベルを検出し，PWMu，PWMv，PWMwをアクティブにするかノンアクティブにするかの制御になります．他にHall_u，Hall_v，Hall_w信号の立ち上がり，立ち下がりエッジをハードウェア割り込みで処理する方法もあります．次節の正弦波駆動の解説にて紹介します．

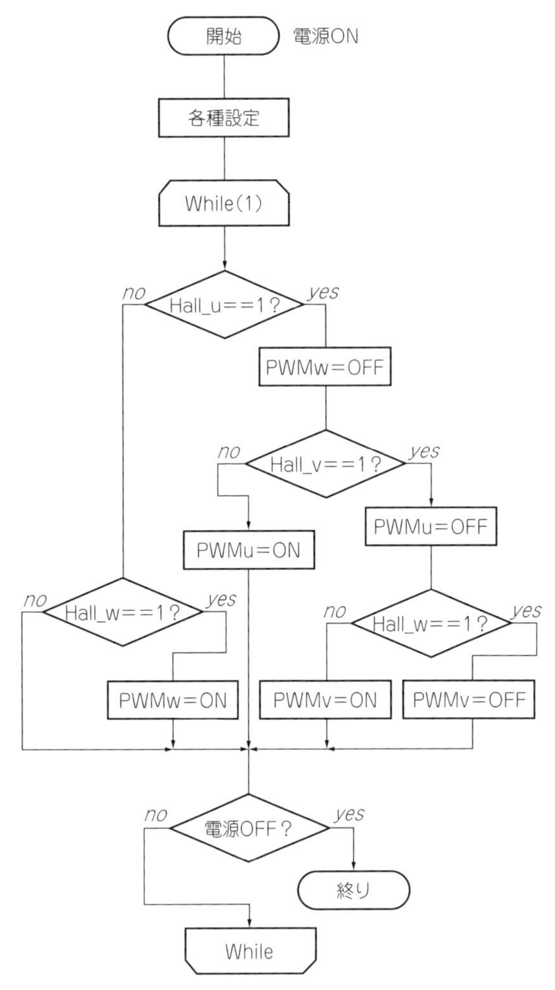

図2　PWMによる矩形波駆動フローチャート

● 作るべき信号

図3のタイミング・チャート内の番号1～6は，図1のブラシレス・モータの電流方向1～6に対応しています．このPWMu，PWMv，PWMwの生成によって，3相インバータのON/OFFを決めています．そのことでブラシレス・モータ電流の方向を決めています．タイミング・チャートとブラシレス・モータ電流番号を追っていただくと理解が深まります．

ホール・センサは電気角で120°ごとに設置されます．図3から各ホール・センサ信号は120°ごとずれた形になっています．このような矩形波駆動を「120°通電矩形波駆動」と呼びます．

制御その2…正弦波駆動アルゴリズム

● 駆動の流れ

PWMによる正弦波駆動のフローチャートを図4に

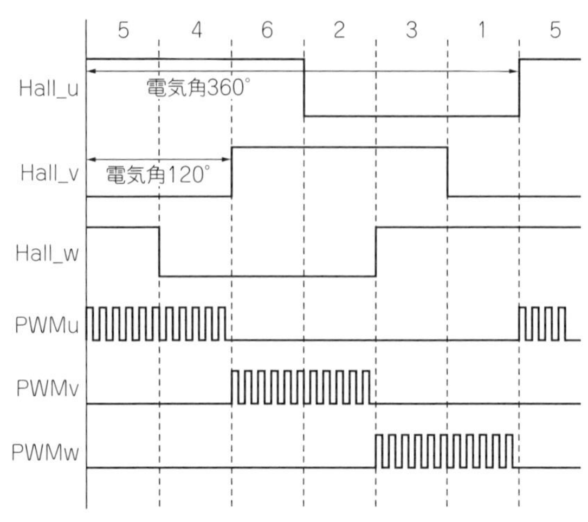

図3　矩形波駆動タイミング

示します．ホール・センサによるハードウェア割り込みを利用します．ホール・センサ信号Hall_u，Hall_v，Hall_wは，図1を見るとマイコンに接続されています．マイコンのポート割り込みを利用すると，ホール・センサ信号の立ち上がり/立ち下がりエッジに同期したタイミングでハードウェア割り込みを発生します．このエッジのタイミングでタイマ時間を参照すると，ホール・センサの周期を読み取ることができます．図4の%は余りを求める演算です．2で余りを求めることにより，ホール・センサからのエッジ1回目と2回目の識別を行います．

例えば図5より，Hall_uの立ち上がりエッジのu相の周期T_u[s]が求まります．

$$T_u = tu_2 - tu_1$$

ただし，tu_2：Hall_uの立ち上がりエッジの2回目キャプチャ時間，tu_1：1回目キャプチャ時間とする．

この各ホール・センサHall_u，Hall_v，Hall_wの立ち上がりエッジ周期からリアルタイムに3相の正弦波を算出します．t_Rはマイコンのタイマ時間です．

$$\sin\left(2\pi\frac{1}{tu_2 - tu_1}\right)t_n$$

$$\sin\left(2\pi\frac{1}{tv_2 - tv_1}\right)t_n$$

$$\sin\left(2\pi\frac{1}{tw_2 - tw_1}\right)t_n$$

この求めた正弦波とPWM信号を掛け合わせることによってPWM信号のデューティを正弦波的に可変することができ．実際にモータ電流が正弦波になります．

● 作るべき信号

図5に正弦波駆動タイミングを示します．破線が

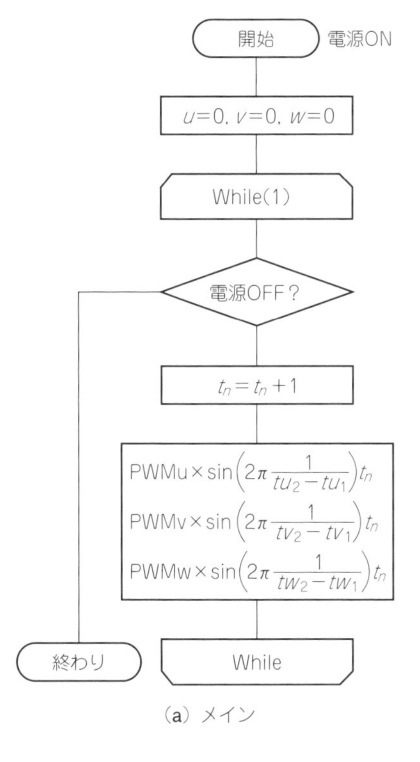

(a) メイン

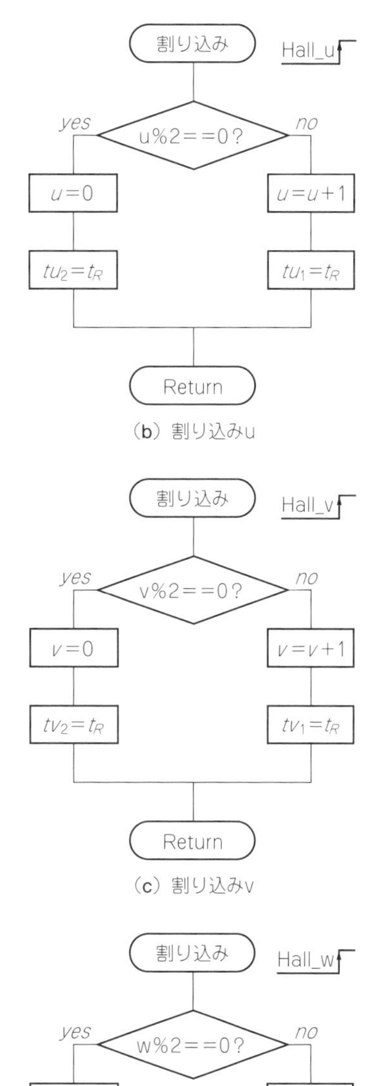

(b) 割り込みu

(c) 割り込みv

(d) 割り込みw

図4　PWMによる正弦波駆動フローチャート

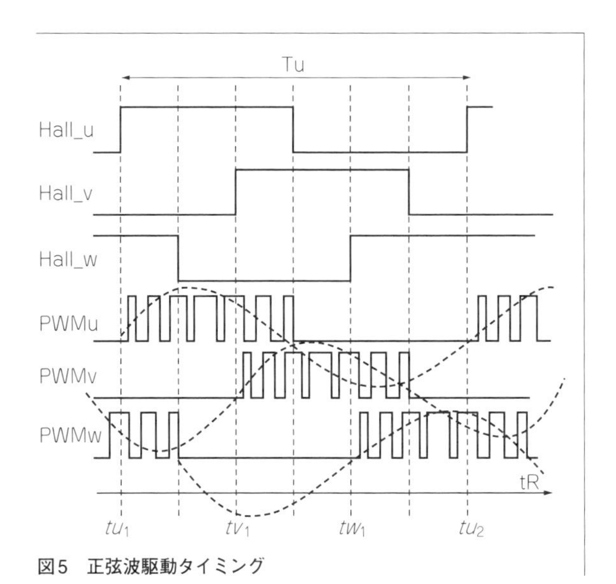

図5　正弦波駆動タイミング

ホール・センサのエッジ検出による正弦波の計算結果で，この計算結果と本来矩形であったPWMとを掛けることによって，PWMのデューティが正弦波の振幅に変化しています．また，矩形波駆動の場合と違って相の切り替わりで60°の重なり部分があり，矩形波駆動の場合よりも滑らかな運転が実現できています．また，消費電流の面でも，矩形波駆動よりも回転駆動のメリハリができ，効率が上がることが予想されます．

ここら辺の詳細は今後のブラシレス・モータ実験にて詰めていきたいと思います．このように120°ずれたタイミングで各相をPWMにて励磁しますので，120°正弦波駆動といいます．

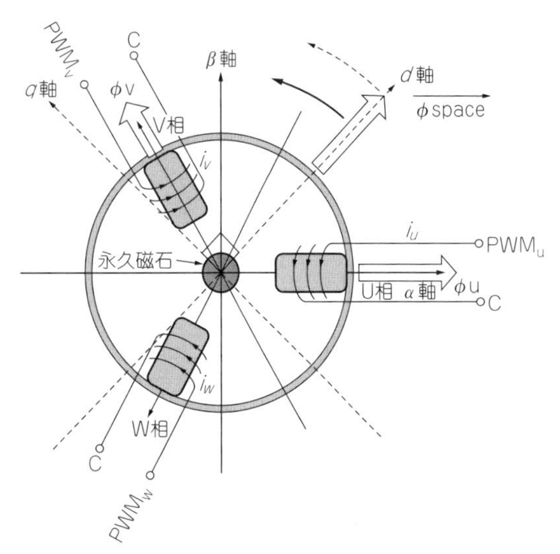

図6　モータの軸を360°回すためのコイルは3つ…ここに発生する回転力を細やかに調整するのがベクトル制御

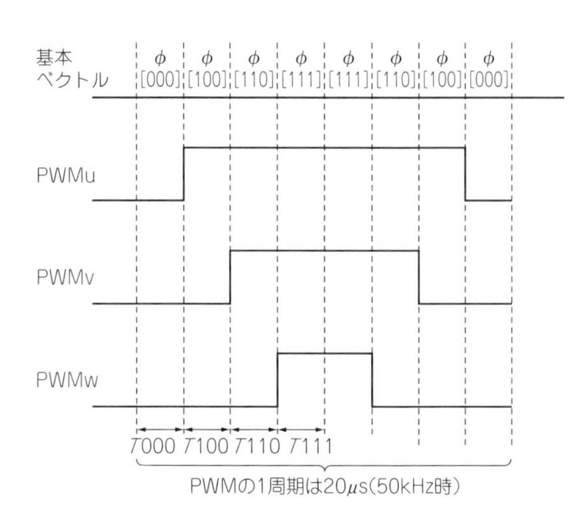

図8　ベクトル制御の波形例

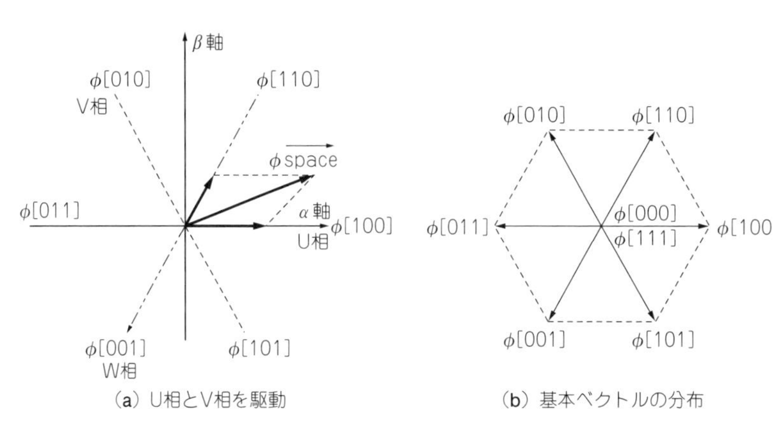

図7　ベクトル制御で起こりうる8つの状態
この状態を使い分けることでモータ駆動ベクトルが生成される

制御その3…空間ベクトル駆動アルゴリズム

● 駆動の流れ

図6はブラシレス・モータのUVW相のうち，U相とV相をPWM駆動した例です．U相とV相をPWM駆動すると右ねじの法則によって**図6**のように磁束ϕu, ϕvが発生します．この磁束ϕu, ϕvの合成により磁束ベクトル$\overrightarrow{\phi space}$が発生します．

このように3相UVWのPWM駆動の切り替えにより回転磁束ベクトル$\overrightarrow{\phi space}$を発生させます．この回転磁束ベクトルに追従して永久磁石のロータにトルクが発生します．この$\overrightarrow{\phi space}$でロータ・トルクを発生することを空間ベクトル駆動といいます．

図7で簡単にアルゴリズムを説明します．**図1**のPWMによる3相UVWインバータの上側全てONでϕ[1 1 1]，下側全てONでϕ[0 0 0]を表します．ϕ[1 1 1]，ϕ[0 0 0]はゼロ・ベクトルを表します．基本のベクトルは**図7(b)**のように8種類となり，3相でのPWMの時分割で$\overrightarrow{\phi space}$を発生します．ベクトルの大きさ調整は，ゼロ・ベクトルϕ[1 1 1]，ϕ[0 0 0]の注入で行います．ベクトルの方向はPWM_U, PWM_V, PWM_Wのデューティで決められます．

● 作るべき信号

図8に**図7**のときのPWM波形を示します．PWM信号1周期の間に，時分割 $Txxx$の長さでPWM波形のデューティをコントロールして$\overrightarrow{\phi space}$を生成します．

$\overrightarrow{\phi space}$をマイコンから制御するためには固定座標系である120°間隔のPWM駆動で誘導された電流i_u,

コラム 電気角と機械角

モータ制御を習得する際には，電気角と機械角を明確に理解しなければなりません．この2つについて説明します．

図A(a)に示すように，回転子がNとSの2極(1対)しかなかった場合，N極に丸を付けて矢印方向に回転させると，ホール・センサからは1回転(機械角360°)で1パルスが出力されます．電気角をパルスの周期と考えると，この場合，電気角の360°と機械角360°は同じ一回転です．

実際のモータは複数の磁石が仕込まれています．**図A(b)**の場合はNとSが4極(2対)あるので，1回転の機械角360°回転で電機角360°のパルスが2つ出力されます．機械角1回転360°は不変ですので，**図A(b)**の場合，電気角360°は機械角では180°に相当することになります．

付属しているDCブラシレス・モータは14極の7ペアになりますのでN極が7枚設置されています．つまり電気角360°は，機械角360/7≒51.4°と等しいことになります．

このN極間隔51.4°内(電気角360°)を3等分した約17.1°（電気角120°）ごとにH1，H2，H3のホール・センサを設置することで，3相で駆動する場合の電力を送る最適なタイミングを調整します．

ホール・センサは**図B(a)**に示すように，17.1°の機械角で設置しても，**図B(b)**のように120°の間隔で設置しても，理論上の結果は同じです．今回，別売のキットとして提供するホール・センサ基板は**図B(a)**に相当します．

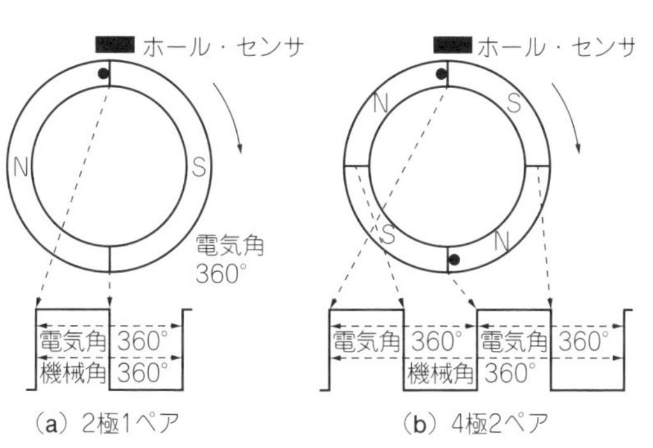

図A　電機角と機械角は磁石の数によって異なる

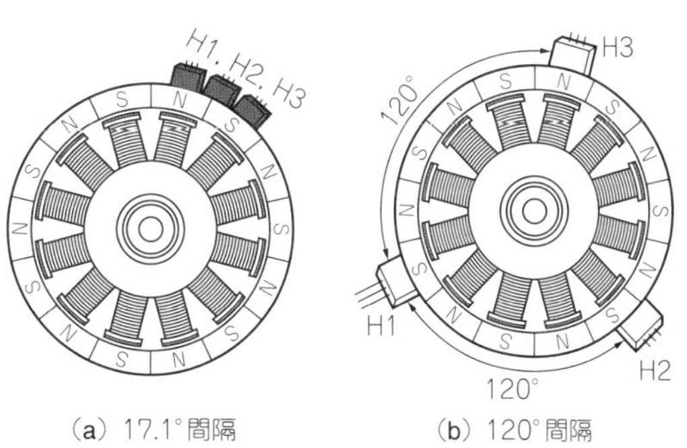

図B　ホール・センサを角度を付けて設置したようす

i_v，i_wを直交座標系$\alpha\beta$軸に変換した後，回転座標のdq座標に変換します．こうすることによって電流i_d，i_qを直流成分として取り扱いが可能となり簡単になります．

図6の通り，d軸は磁束$\overrightarrow{\phi space}$の方向と一致しています．この制御を日本語ではベクトル制御，英語ではField Oriented Controlといいます．磁束方向を制御するので英語の方が的を得てると思います．

ベクトル制御の空間ベクトル駆動は現状DCブラシレス・モータの最高峰です．PI制御，座標変換，PLL位置推定，空間ベクトル駆動はソフトウェアで実現するためマイコンのパフォーマンスと資源を最大限に使用しなければなりません．ベクトル制御はソフトウェアの良し悪しで決まると言っても過言では無いでしょう．

第1部

第6章

モータ駆動にSTM32Fマイコンを選んだ理由

表1　モータには単に電圧を加えればよいタイプとマイコン制御が必須のタイプがある

制　御	モータ種類	備　考
DC/AC電源をつなぐだけ	DCブラシ付きモータ	電流/速度を制御する場合はマイコンを利用する
	誘導モータ	
	ユニバーサル・モータ	
マイコン制御	DCブラシレス・モータ	
	永久磁石同期モータ	
	シンクロナス・リラクタンス・モータ	
	ステッピング・モータ	

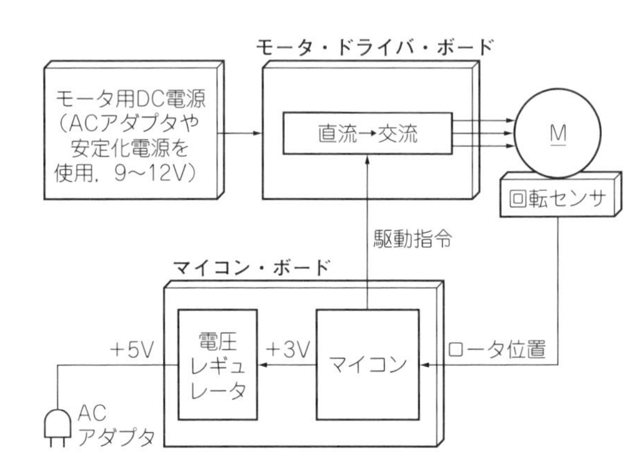

図1　DCブラシレス・モータをマイコンで制御する際のシステム構成

マイコンからモータを回す

● トルクや速度を制御できるようになる

モータは電気エネルギーを運動エネルギーに変換する装置です．単にモータを回転させるだけなら，エネルギー元であるDC(直流)，AC(交流)電源を接続すれば回るモータがあります．一方，回転タイミングをマイコンで制御しないと回らないモータがあります．

表1に電源だけで回るモータと，マイコンがあってこそ回るモータを示します．もっとも身近な模型で利用されるDCブラシ付きモータは，乾電池 1本で回ります．

換気扇などに使用される誘導モータはAC100Vで回ります．

トルクや速度を自在に変えたい場合，DCブラシ付きモータや誘導モータは，やはりマイコンからのPWM制御で回すことができます．

一方，DCブラシレス・モータ，永久磁石同期モータは，マイコンによる制御が必須になります．

マイコンで制御する際の基本構成

図1がDCブラシレス・モータまたは永久磁石同期モータをマイコンで制御する際のシステム構成です．

● モータ

DCブラシ付きモータは制御入力が1系統(電源とグラウンド)，DCブラシレス・モータは制御入力が3系統(U，V，W相)あります．本書で駆動テクニックを解説するのは後者です．

● モータ・ドライバ・ボード

マイコンのI/O端子が出力できる電圧/電流だけではモータは回せません．そこで，モータ・ドライバICなるものが存在します．マイコンからの回転指令を受けて，モータ駆動波形を生成してくれるタイプや，マイコンからの信号を純粋に増幅(電圧，電流とも)してくれるタイプがあります．

● モータ用DC電源

通常，マイコン・ボードとモータ・ドライバ・ボードには別々の電源を接続します．マイコンとモータの動作電圧が異なるためです．一般にマイコンは1.8～5Vで動作しますが，モータは5～24Vなどといった電圧が必要です．

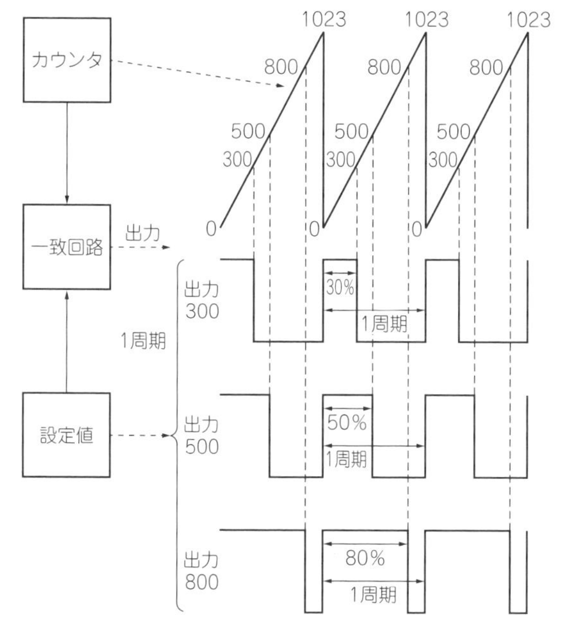

図2　10ビットPWMの発生原理

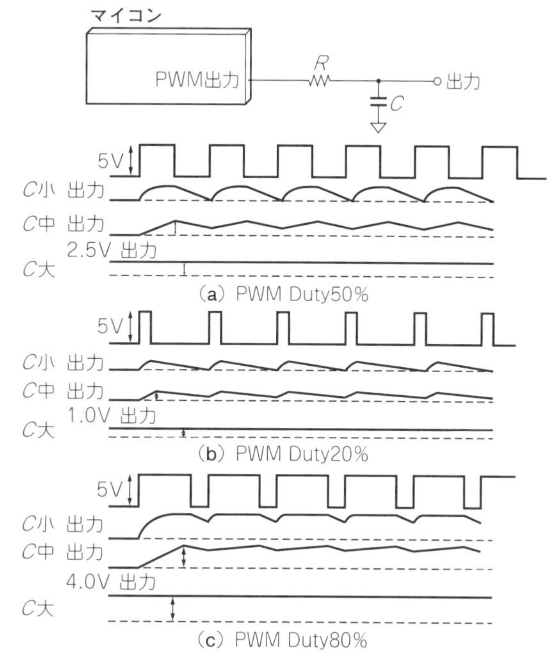

図3　PWM_Duty＋RCフィルタで任意の電圧を得る

● マイコン・ボード

モータの駆動指令を作ります．マイコンのI/O端子からモータを駆動するためのパルス波形を送出します．

● 回転センサ

モータのロータ（回転子）は，N/S極をもつ磁石が貼り付けられています．このN/S極の位置を，言い換えるとロータの角度を，磁気センサで検出します．

特に言っておきたいこと…PWM波形の生成

● しくみ

PWM（Pulse Width Modulation；パルス幅変調）は，さまざまな応用ができる非常に便利な機能です．**図2**は10ビットの分解能をもつPWM信号です．

PWM生成の基本的な構成要素は，カウンタと一致回路です．**図2**を見るとカウンタ値が1023でSet，設定値とカウンタ値が一致するとResetを繰り返します．するとカウンタ値1周期の1となる期間が，設定値によって1周期のおよそ30，50，80％となります．この値をデューティと言います．

このように設定値によって波形（Pulse）1周期の1の幅（Width）期間を可変（Modulation）することをPWMと言います．現在ではほとんどの組み込み用マイコンの1機能として内蔵されているため，マイコンから設定するだけで簡単にPWM波形を送出できます．

● 出力端にはRCフィルタを設ける

PWMは非常に便利なツールと言いました．最大の理由はD-A変換（Digital Analog Converter）ができるからです．

図3において，マイコンの動作電圧が5Vのとき，PWMデューティ50％の波を出力したとします．コンデンサ容量が小さいときは電圧が不安定ですが，最適な*R*と*C*の定数とすることで安定した2.5Vになります．この出力電圧ですが，PWMデューティ20％で1.0V，PWMデューティ80％で4.0Vになります．

出力電圧＝PWM波形最大値（5V）×PWMデューティ

このようにPWMのデューティと，最適な*RC*定数で出力電圧を制御します．

PWMのデューティ実験，RCの決定の仕方，およびソフトウェア作成は後述します．

● マイコン指令を外付け回路で大きくする

マイコンからのPWM信号でモータを回すのですが，使用するマイコン・ボードは，マイコンSTM32F302R8とモータ・ドライバL6230がセットになったP-NUCLEO-IHM001になります．

L6230は，プリドライバと3つのハーフブリッジが1つになったモータ・ドライバICです．

図4を見るとマイコンから3つのPWM信号と各PWM信号をイネーブルにするEN1，EN2，EN3信号が出力されています．このPWM信号およびENを**図5**のようにマイコンからL6230に入力します．する

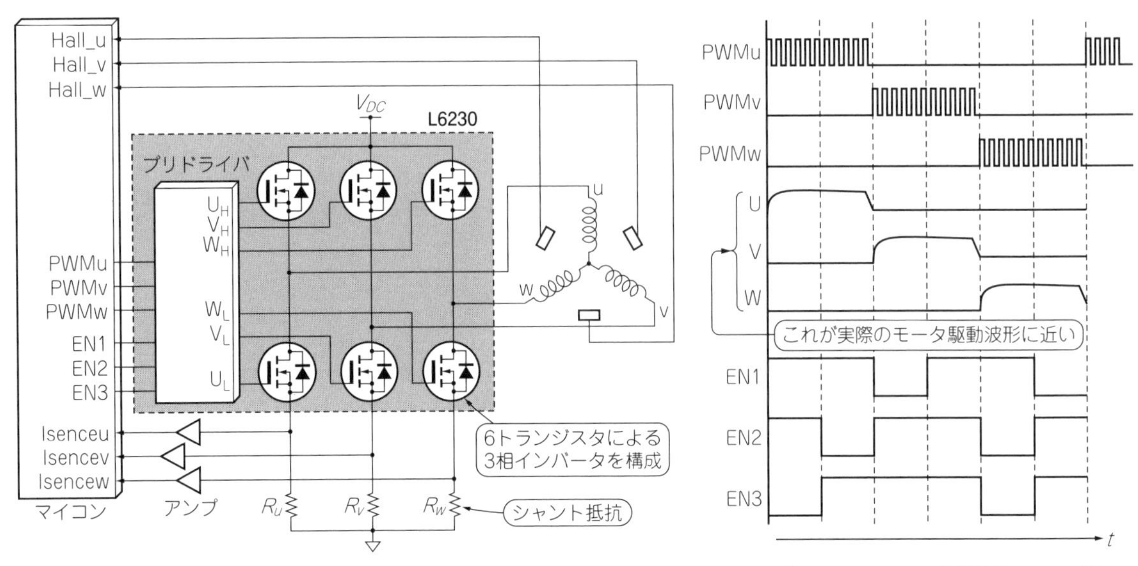

図4　L6230の役割はマイコンからの指令をモータ駆動信号に変えること

図5　DCブラシレス・モータ駆動波形のイメージ

と，L6230内部のプリドライバから，PWMu，PWMv，PWMwのデューティに応じて，モータへの出力電圧U，V，Wが生成されます．このU，V，W信号の電圧が高いと周期が短くなり高回転，低いと周期が長くなり低回転になります．このように3つのハーフブリッジ回路を駆動し，DCブラシレス・モータを回します．

ちなみに第2部第5章では，最も基本のオープンループ矩形波駆動を体験しますが，図4に示すモータ情報のHall_u,v,wおよびIsenceu,v,wは使用しません．

STM32Fマイコンを勧める理由

● 開発環境が整っている

統合型開発環境には以下のものがあります．

- System workbench for STM32
- IAR Embedded Workbench for Arm
- MDK-ARM
- mikroC PRO for ARM
- mbed

mbedとSystem workbench for STM32は，コード・サイズ無制限のフリーの開発環境です．それ以外は，無償利用時はコード・サイズの制限があります．

また，System workbench for STM32は，初心者にとっては敷居が高いです．

▶ちなみに本書ではmbedを使う…その理由

mbed以外のツールは，バージョンアップすることで，以前のバージョンで作成したソフトウェアがコンパイルできない事象が多発しています．これは開発環境にとって重大な選択ポイントになります．今回mbedを選択した理由は以下です．

- コード・サイズ無制限かつ無償
- OSのバージョン・アップで過去のソフトウェアがコンパイルを通らない事象はなし
- インターネット環境があればいつでもコンパイル可能
- 豊富なライブラリで初心者向き
- 情報交換のフォーラムが充実している
- ウェブ上のmbed開発環境で簡単にプログラムを公開したり取り込んだりできる

mbed唯一の欠点は，JTAGなどデバックに使えるインターフェースがないため，Printfで変数の確認をするしかないことです．また，直接CPUのレジスタを叩けないので，mdedで用意されたライブラリ機能しか使えないのが残念です．ライブラリを自作する手もありますが，敷居は非常に高くなります．今後の改良に期待します．

mbedを卒業したらSystem workbench for STM32に進むのが良いでしょう．

● 浮動小数点演算に対応する

STM32F4シリーズは，単精度(32ビット)浮動小数点数演算機構を備えています．DCブラシレス・モータのベクトル制御に出てくる座標変換の三角関数演算処理では最大の武器になります．20年以上前のほとんどのマイコンでは浮動小数点演算機構がないため，図6のようにメモリにsin，cosテーブルを設け，かつ乗算型DAC，加算アンプを用意してマイコンの演算負荷を軽減していました．図6は固定直交$\alpha\beta$交流→回転直交dq変換において，式(1)をROMテーブルと

DAC，加算アンプで構築した回路になります．

$$\begin{bmatrix} d \\ q \end{bmatrix} = \begin{bmatrix} \cos\theta & \sin\theta \\ -\sin\theta & \cos\theta \end{bmatrix} \begin{bmatrix} \alpha \\ \beta \end{bmatrix} = \begin{bmatrix} \cos\theta\times\alpha+\sin\theta\times\beta \\ -\sin\theta\times\alpha+\cos\theta\times\beta \end{bmatrix}$$

STM32Fシリーズにおいて，浮動小数点演算機構なしのSTM32F0～3シリーズでは，乗算型DACは必要無くても，ROMテーブルは必要になります．乗算型DACとは，三角関数での角度データと電流値を掛け合わせた結果をアナログ電圧に変換するものです．

浮動小数点演算機構がないとOPアンプなどアナログ回路を追加せねばならず，調整が大変だったと思います．

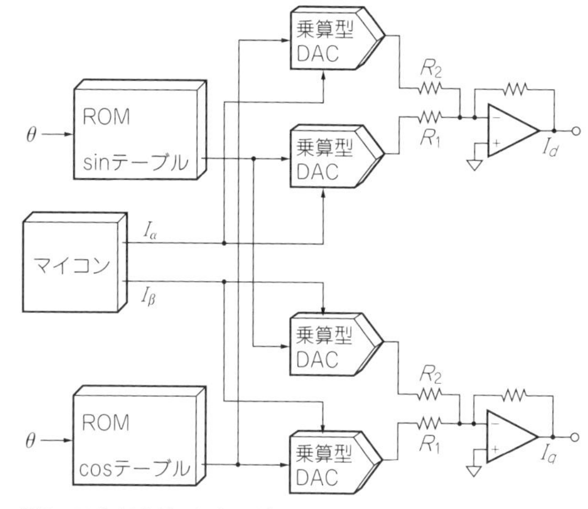

図6　20年以上前のほとんどのマイコンでは浮動小数点演算機構がないためこのような回路が必要だった

● DSP命令セットを持つ

DSP命令はフィルタ演算などを高速化するためのもので，基本的には掛け算と足し算の繰り返しの積和演算(MAC)処理になります．DSPでの最大の特徴はこの積和演算です．また積和演算の平均化処理で除算を高速化します．

▶ハードウェア除算器

除算はソフトウェアで32bit÷32bitを行うと，通常，32クロックかかるのですが，ハードウェアで行うのは高速化に非常に有効です．

▶1クロック積和演算(MAC)

ベクトル制御に必須の座標変換を高速に実行できます．例えば3相交流UVW→2相交流$\alpha\beta$に変換するには，積和演算で6クロックとなります．

$$\begin{bmatrix} \alpha \\ \beta \end{bmatrix} = \begin{bmatrix} a & b & c \\ d & e & f \end{bmatrix} \begin{bmatrix} u \\ v \\ w \end{bmatrix} = \begin{bmatrix} a\times u+b\times v+c\times w \\ d\times u+e\times v+f\times w \end{bmatrix}$$

固定直交$\alpha\beta$交流を回転直交dqに変換する際には，積和演算で4クロックとなります．

$$\begin{bmatrix} d \\ q \end{bmatrix} = \begin{bmatrix} \cos\theta & \sin\theta \\ -\sin\theta & \cos\theta \end{bmatrix} \begin{bmatrix} \alpha \\ \beta \end{bmatrix} = \begin{bmatrix} \cos\theta\times\alpha+\sin\theta\times\beta \\ -\sin\theta\times\alpha+\cos\theta\times\beta \end{bmatrix}$$

となります．システム・クロック100MHzですと，1クロック10nsになりますので，座標変換全体で6＋4＝10クロックの100ns，モータ駆動のための逆変換含め往復20クロックの200nsという高速で座標変換処理を行います．1クロック積和演算機能がなければ，この処理は数百クロックを要するでしょう．

● PWM波形生成機能を持つ

STM32F302R8では，最高100KHz，12ビットPWM(Pulse Width Modulation)生成機能が18チャネル付いています．1周期を$2^{12}=1024$と高い分解能で制御できます．

● D-Aコンバータを持つ

STM32F302R8では，12ビットDAC(Digital Analog Converter)が1チャネル付いています．Printf文でデバッグするとソフトウェアのシリアル処理の宿命でCPUのオーバヘッドが大きくなり，ソフトウェアの実行がままならぬ場合が多々あります．このDACはハードウェアで並列動作するので，計算結果が正しく出ているか，例えばベクトル制御でのPWMへの変調波の確認などで威力を発揮します．

● A-Dコンバータを持つ

STM32F302R8では，12ビットADC(Analog Digital Converter)が15チャネル付いています．

電源電圧が3.3Vのときは，$3.3/(2^{12}-1) \fallingdotseq 3.2$ mVほどの粒度で外部電圧を認識できます．

● シリアル・インターフェースが豊富

豊富なシリアル・インターフェースが用意されています．現状考えられるインターフェースは全て網羅しています．

UART，SPI，I²C，CAN，USB

これら通信インターフェースの初期設定および動作は，mbedライブラリで用意されており，数行の記述ですぐに利用できます．

● mbed対応基板にはプログラム書き込み器が標準で付いている

STマイクロエレクトロニクスのマイコン・ボードNucleoシリーズは，書き込み器が標準でオンボード化されており，新たに書き込み器を用意する必要がありません．1,500円前後のマイコン・ボードとUSBケーブルを用意するだけで直ぐに開発を始めることができることは特筆すべきでしょう．

第1章

モータ制御体験キットのハードウェア

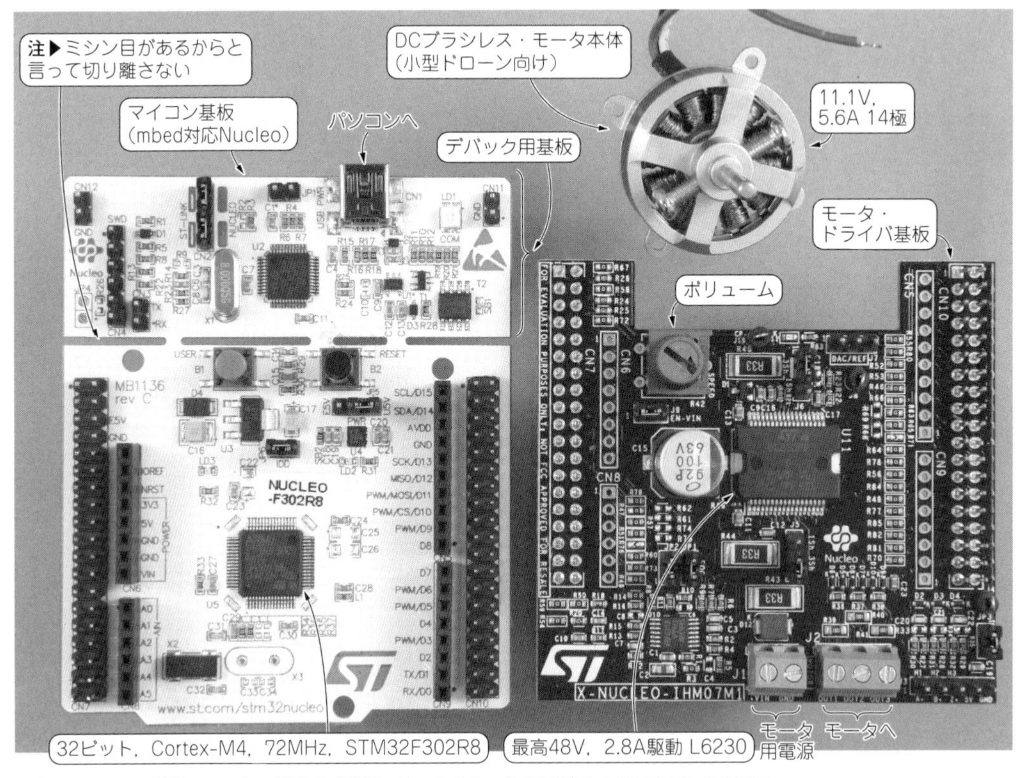

写真1　マイコン基板／モータ・ドライバ基板／モータのセット（市販品）P-NUCLEO-IHM001

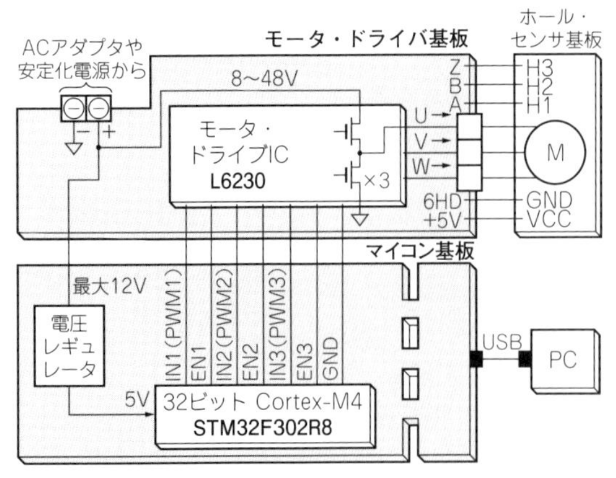

図1　モータのベクトル制御体験にはマイコン基板とモータ・ドライバ基板，ホール・センサ基板を使う

モータ制御の体験に必要なハードウェアは，大きく3種類あります．

A，市販のモータ制御キット P-NUCLEO-IHM001
B，CQ出版社から購入するもの
C，読者が用意するもの

以下，順に説明します．

● A，マイコン基板／モータ・ドライバ基板／モータのセット（市販品）P-NUCLEO-IHM001

P-NUCLEO-IHM001（STマイクロエレクトロニクス）は，次の3点で構成されます（**写真1**，**図1**，**表1**）．

1，Cortex-M4 CPU搭載マイコン基板：NUCLEO-F302R8

表1　P-NUCLEO-IHM001のハードウェア仕様

項　目	詳　細
型　名	NUCLEO-F302R8
メーカ	STマイクロエレクトロニクス
プロセッサ	STM32F302R8 (32ビットCortex-M4 with FPU)
動作速度	最高72MHz
電源電圧	9～12V (マイコン単体は2～3.6V)
クロック	4M～32MHz水晶発振器 (内部8MHz *RC*発振×16PLL)
RAM	16Kバイト
フラッシュ	32K～64Kバイト
ペリフェラル	I/O端子－51本，7チャネルDMA，1チャネル12ビットA-Dコンバータ0.20μs (最多15チャネル)，温度センサ，レール・ツー・レール・アナログ・コンパレータ×3，OPアンプ，18のコンデンサ容量入力，タイマ×9 (6PWM，2ウォッチドッグ)
外部インターフェース	I²C，USART，SPI，USB 2.0フルスピード，CAN
デバッグ	Serial wire debug (SWD)

(a) マイコン基板

項　目	型　名
型　名	X-NUCLEO-IHM07M1
ドライバIC	L6230 (STマイクロエレクトロニクス)
最大/最小電圧	48V/8V
最大/平均電流	2.8A/1.4A
PWM許容周波数	最高100kHz
出力方式	3相
保護回路	過電流検出と保護，貫通電流防止 (デッド・タイムを設ける)，熱測定および過熱保護
コネクタ	STM32 Nucleo boards互換
インターフェース	1相/3相シャント・モータ電流センス，ホール/エンコーダ・センス回路，速度調整のために利用可能なポテンショメータ，デバッグ用D-Aコンバータ，GPIO

(b) モータ・ドライバ基板

項　目	詳　細	項　目	詳　細
型　名	BR2804-1700KV	連続運転出力	12540rpm
メーカ名	Bull-Running	直列抵抗	0.11 Ω
極数，スロット	14極	インダクタンス	0.018mH
電　圧	11.1V	誘起電圧 (BEMF)	0.4Vrms/Krpm
電　流	5.6A	起動トルク	253gcm
最高回転数	18000rpm		

(c) DCブラシレス・モータ

表2　L6230の端子の意味

端子名	役　割
VS_A，VS_B	モータ電圧V_{IN}：8～48V
DIAG-EN	チップ・イネーブル
IN1，IN2，IN3	PWM入力，最高100kHz
EN1，EN2，EN3	イネーブル信号 "L"時にOUTxをハイ・インピーダンスに
OUT1，OUT2，OUT3	モータ3相駆動出力
SENSE1，SENSE2，SENSE3	3相電流検知のためのシャント低抗取り付けピン
CP+，CP－	コンパレータ入力
CPOUT	コンパレータ出力

2，L6230モータ・ドライバ基板：X-NUCLEOIHM07M1
3，DCブラシレス・モータ：BR2804-1700KV-1

このキットの詳細は後述します．チップワンストップやDigi-Keyで購入できます．

● B，CQ出版社から購入するもの

本書のために以下を用意しました．(**写真2，表2**)

- ホール・センサ基板
- コネクタやハーネス
  基板同士の接続に使います．
- ボリューム
  モータの速度指令に使います．
- スペーサやねじ
  ホール・センサ基板の組み立てに使います．

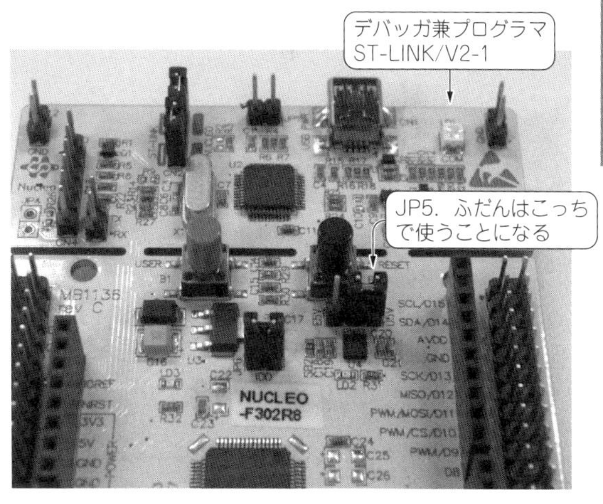

写真2　JP5の設定…PCからのプログラミング時はU5Vに，スタンドアロン時はE5Vに接続

● C，読者が用意するもの

- ACアダプタまたは安定化電源
  モータの駆動用です．モータ・ドライバ基板に接続します．出力電圧DC9～12V，出力電流2A以上の品を用意してください．
- PCとの通信ケーブル(USB)
  USBケーブルはタイプA-タイプBミニを使います．

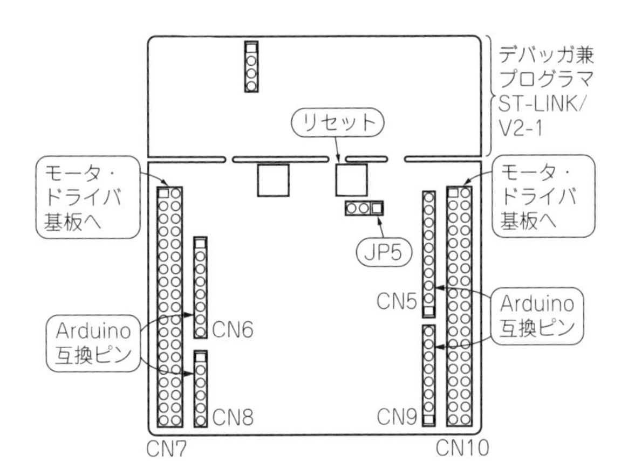

図2　マイコン基板NUCLEO-F302R8にはモータ・ドライバ基板接続コネクタやArduinoシールド互換コネクタが用意されている

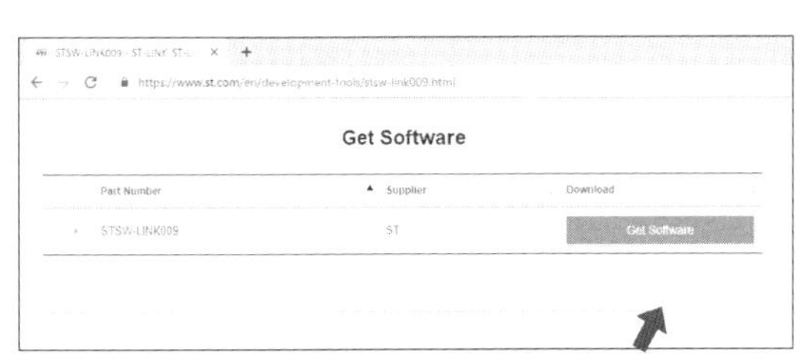

図3　USBドライバのダウンロード1…［Get Software］をクリック

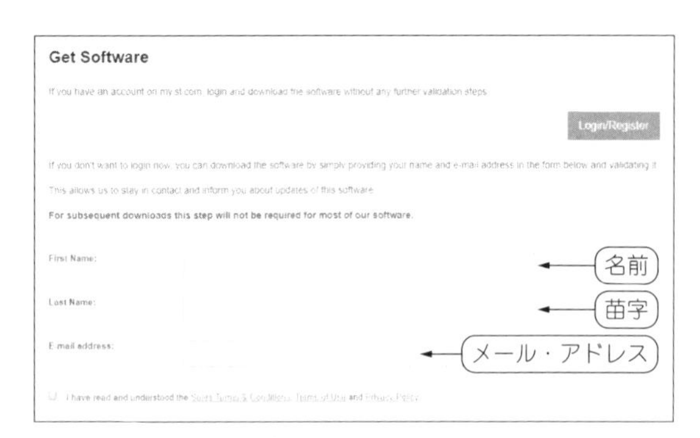

図4　USBドライバのダウンロード2…名前とメール・アドレスを入力

図5　zipファイルをダウンロードできる

・オシロスコープ
　帯域20MHzほどあれば充分です．

Bについては，別の章で改めて解説します．本章では，AのP-NUCLEO-IHM001について，詳しく解説します．

P-NUCLEO-IHM001の中身その1…マイコン基板

● 72MHz，FPU付き

NUCLEO-F302R8の仕様を**表1(a)**に示します．フラッシュ・メモリ容量は最大64Kバイトと少なめです．搭載マイコンは72MHz動作のSTM32F302R8です．特筆すべきは単精度浮動小数点演算器と除算のハードウェアを持っていることで，DSP命令セットと組み合わせディジタル信号処理を十分にこなします．

● 端子配置

図2にNUCLEO-F302R8ボードの端子配置を示します．CN5，CN6，CN8，CN9はArduinoシールド互換拡張ピンです．CN7とCN10はX-NUCLEO-IHM07M1(モータ・ドライバ基板)との接続ピンになります．

▶ JP5

JP5はPCからのプログラミングやデバック時はU5Vに接続，スタンドアロン時はE5Vに接続します(**写真2**)．スタンドアロン時はリセット・ボタンを押すとプログラムが再スタートします．デバッガ兼プログラマ基板のジャンパ設定はデフォルトのままです．

● デバッガ兼プログラマ ST-LINK/V2-1

このマイコン基板上部には，デバッガ兼プログラマのST-LINK/V2-1が付属しています．基本的には**この基板を切り離して使うことはありません**．ミシン目が付いているからといって切り離さないでください．

USBドライバは下記URLからダウンロードしてください．

```
https://www.st.com/ja/development-tools/stsw-link009.html
```

このページの下の方に「ソフトウェア入手」の欄がありますので(**図3**)，クリックしてください．「同意」をクリックすると，「ログイン/登録」のポップアップ・メニューが開きます(**図4**)．名前とメール・アドレスの入力で，ダウンロード・ページを記したメールが送付されてきます．

送付されてきたメール内のURLをクリックして，再度，ダウンロード・ホームページに行き，「ダウンロード」タブをクリックしてください．ユーザ登録を

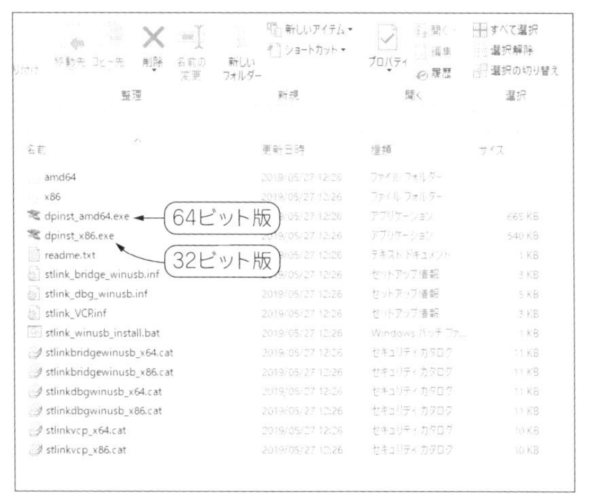

図6　ダウンロードしたファイルを解凍したらEXEファイルを実行

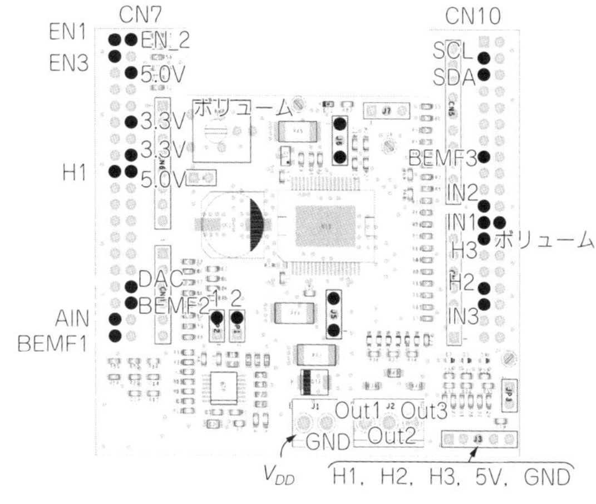

図8　モータ・ドライバ基板 X-NUCLEO-IHM07M1の端子配置

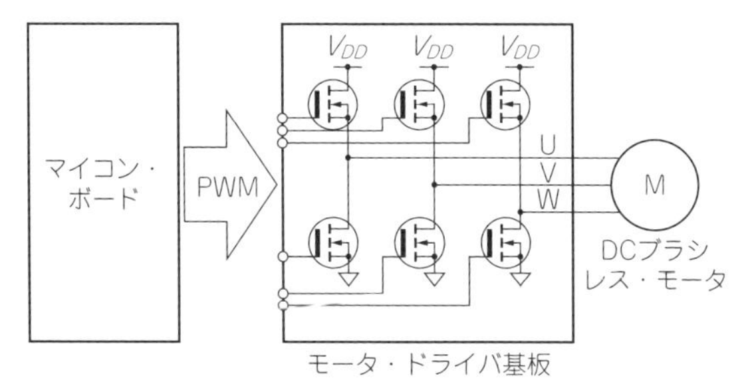

図7　モータ・ドライバ基板には3組のFETが搭載されている

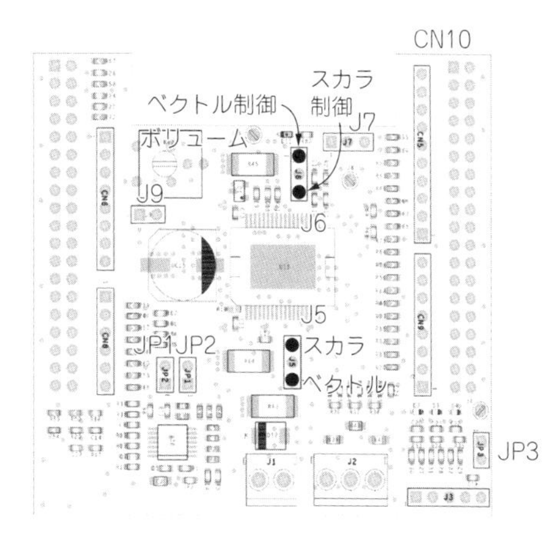

図9　制御ごとのジャンパ・ピンの設定

していない場合はST社へのユーザ登録を求められます．登録後，ダウンロードが始まります．既に登録済みの方はすぐにダウンロードが始まります(**図5**)．

ダウンロードしたファイルを解凍後，EXEファイル(**図6**)を実行して指示通りに展開します．

うまくダウンロードされるとNucleo CPUボード接続後，UARTのCOMポートとして認識され，通信はもちろん，デバッグを行えるようになります．

▶mbedではデバッグ機能は使えない

mbedでは，ST-LINKのデバック機能が使えません．mbed上ではprintf記述で，見たい信号をTeraTermやフリーの波形ビューワ「CPLT」などで表示させる必要があります．デバック機能を利用したい場合は，開発環境としてEWARM，MDK-ARM，System Workbench for STM32を利用してください．

その2…モータ・ドライバ基板

● 特徴

モータ・ドライバ基板に搭載されるドライバIC L6230の主な特徴は以下です．

- 動作電圧範囲：8～48V
- 最大電流：2.8A
- 定格運転電流：1.4A
- 1または3シャントの3相インバータ電流検知付き

L6230は3相インバータ内蔵ですので，DCブラシレス・モータを直結するとすぐに回せます(**図7**)．モータはもともとドローン用に作られたようで，最高回転数は18000rpmです．

● 端子配置

図8にモータ・ドライバ基板の端子配置を示します．上記マイコン基板にスタックして使います．**図8**には使用頻度の高いであろうピンを記しています．

- IN1～IN3はマイコン基板からのPWM信号
- EN1～EN3はマイコンからのPWMイネーブル信号
- BEMF1～BEMF3はモータ逆起電力，マイコン・

コラム もっと大電流を流せるドライバ基板もある

モータ制御キット付属のドライバ基板X-NUCLEO-IHM07M1以外にも，もっとモータに電流を流すことができる基板があります(**写真A**)．3つの基板を**表A**で比較します．

キット付属のX-NUCLEO-IHM07M1は，連続最大電流が1.4Aであり，EV用など大きなモータは駆動できません．大き目のモータを回すためには，BOOSTXL-DRV8305EVMかX-NUCLEOIHM08M1を使います．

どの基板も電流制御のための3シャント抵抗，位置制御のためのホール・センサ入力ピンを備えており，センサ付き，センサレス駆動に対応できます．

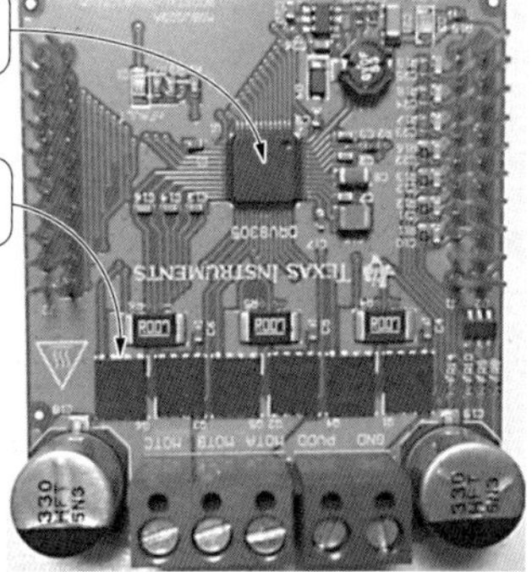

(a) BOOSTXL-DRV8305EVM(テキサス・インスツルメンツ)

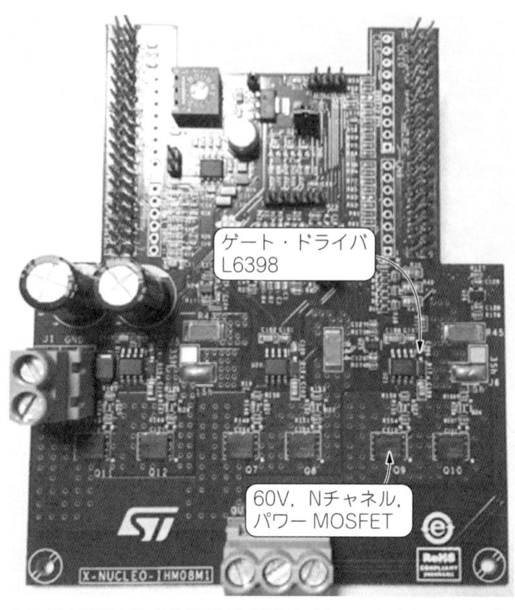

(b) X-NUCLEO-IHM08M1(STマイクロエレクトロニクス)

写真A　大電流を流せるドライバ基板も市販されている

表A　付属のモータ・ドライバでは不満なときの選択肢

名　称	モータ制御電源[V]	連続最大電流[A]	特　徴
X-NUCLEO-IHM08M1	8～48	15	マイコン基板とスタックできるがPWM制御で工夫がいる
BOOSTXL-DRV8305EVM	4.4～45	15	マイコン基板とスタックできないがPWMの1系統で制御できるモードあり．SPIで多彩なモード設定
付属のモータ・ドライバ X-NUCLEO-IHM07M1	8～48	1.4	マイコン基板とスタックできるが小さなモータ用

ボードへ

- ボリュームは電圧値でマイコン基板へ
- DACはマイコン基板からのテスト信号

● ジャンパ・ピンの設定

図9にジャンパ・ピンの設定を示します．設定については次章「ソフトウェア解説」で詳しく説明します．

▶J9･･･モータからの電源

J9はモータ電源をNucleoマイコン基板に供給する場合にショートします．PCからUSB経由でNucleoマイコン基板に電源供給する場合はオープンで良いです．また，モータ電源が12V以上の場合はJ9をオープンにして別電源からNucleoマイコン基板VIN＋に電源9～12Vを入力してください(マイコン基板には電圧レギュレータが搭載されています)．

▶J5，J6･･･ベクトル制御/スカラ制御

J6とJ5でベクトル制御とスカラ制御とを切り替えます．

▶JP3･･･ホール・センサへの電源供給

JP3はホール・センサまたはエンコーダへの供給電源になります．3.3V限定ですのでホール・センサまたはエンコーダが3.3V以上必要な場合はオープンに

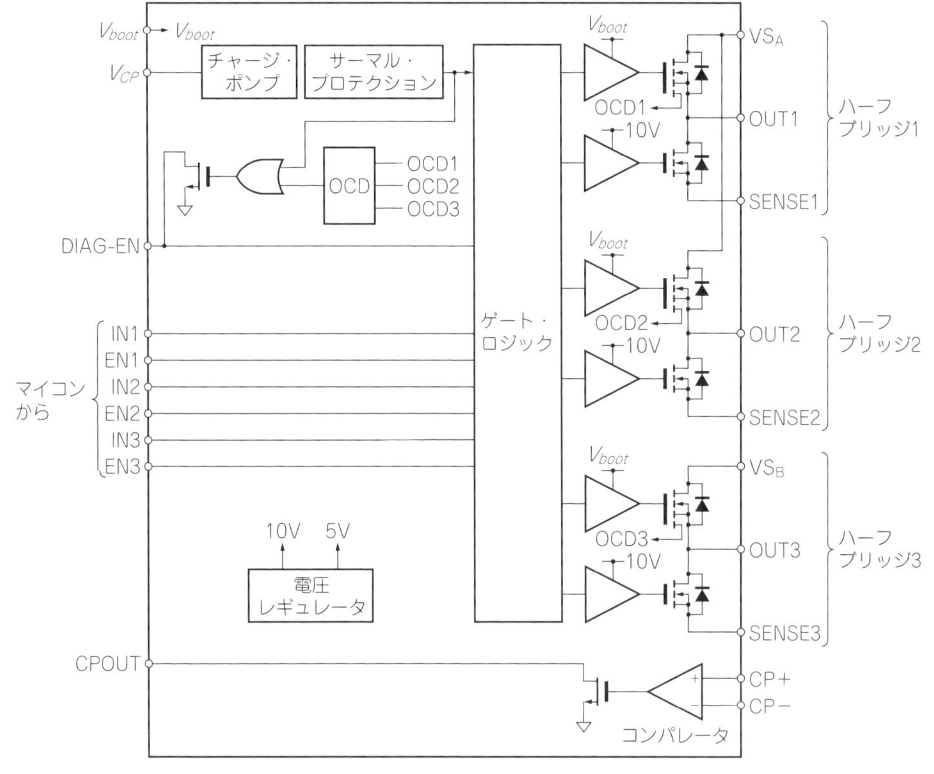

図10　モータ・ドライバIC L6230の内部ブロック

して，別電源から3.3V以上を供給してください．H1，H2，H3端子はホール・センサまたはエンコーダからの入力になります．

▶ JP1，JP2…シャント抵抗を使ったモータ電流検出

JP1とJP2をショートさせるとベクトル制御（FOC）で利用する3シャント電流方式が利用できるようになります．3シャント抵抗から，3つのアンプを通してマイコンのA-Dコンバータに入力できるようになります．

JP1，JP2をオープンにすると，モータ・ドライバL6230のコンパレータを利用できるようになります．シャント電流を増幅したアンプ入力とマイコンからの指令電流値を比較することにより，スカラ制御センサレスで利用する転流タイミングを計ることができます．

▶ J7

J7は上記マイコンからの指令電流値を，PWMのデューティを利用してローパス・フィルタから出力するか，D-Aコンバータ出力を使うかの選択になります．ST社のL6230モータ・ドライバ基板X-NUCLEO IHM07M1回路図では，このJ7は表現されていないようです．

● 機能

図10がモータ・ドライバIC L6230の機能ブロックです．瞬間最大2.8A，連続動作では1.4Aが最大電流になります．表2に各端子の機能を説明します．

▶ PWM波形を作る際に楽な相補PWM機能

L6230はDMOS（Double diffusion MOS）と呼ばれる高耐圧パワーMOSトランジスタ6個を内蔵し，外部にインバータ回路が要らないタイプです．

特徴は3系統のPWM入力だけで，もう3系統のPWM相補入力がいらない点です．ENxピンが"H"のときにINxがOUTxに出力され，各3系統のハーフブリッジの下側のMOSトランジスタを，内部でPWMx相補信号を生成することで自動で駆動します．

マイコンからわざわざPWM 3系統＋デッド・タイム相補PWM3系統＝6系統を作成しなくてよいので楽です．ENxが"L"のとき，出力OUTxはハイ・インピーダンスになります．

その3…DCブラシレス・モータ

● 仕様

今回はアウタ・ロータ型のDCブラシレス・モータを使います．く形波駆動，正弦波駆動あるいはベクト

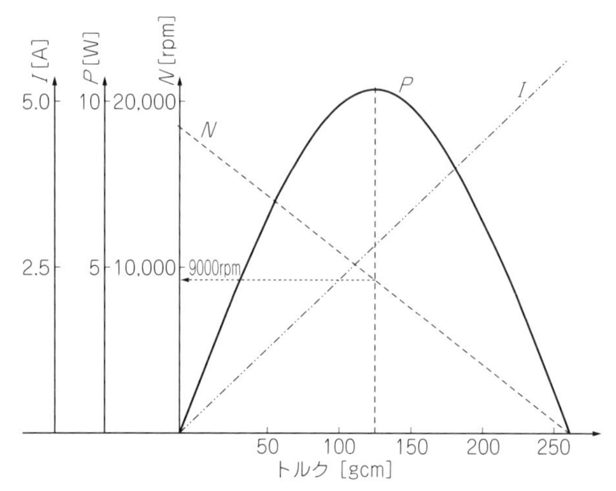

図11　キットに付属するドローン用モータ BR2804-1700KVの理想特性

ル制御で回せます．カタログ仕様を**表1**(c)に示します．起動トルクは253gcmになります．

キットに付属するモータはドローン用で，重さ23g，直径28mmと非常に軽く小さく仕上がっています．回転子14極，ステータ数12です．

● 特性曲線

表1(c)の各スペックから，**図11**に示す理想特性曲線を作りました．回転数0で起動(最大)トルク253gcm，起動(最大)電流5.6Aとして表現しています．カタログ・スペックの起動トルク：253gcmですと式(1)より，11.5Wの性能が出ています．今回のモータ・ドライバL6230 モータ・ドライバの最大定格電流は1.4Aなのでトルクおよび最大出力はかなり劣る結果になります．

$$P[w]=2\pi\times\frac{1}{60}\times N\times T\times 10^{-5}\times 9.8 \cdots\cdots (1)$$

ただし，$N = 9000$rpm，$T = 0.253$Nmとする．

第2部

第2章

ソフトウェア開発環境 mbed

図1　右上の「Sign up」から mbedへの登録ページへ

● mbedを選んだ理由

ソフトウェア開発環境とプログラミング・ツールについて説明します．ST社のマイコン・ボード Nucleoシリーズの開発ツールには下記があります．

- IAR Embedded Workbench for Arm (EWARM)，IAR systems
- Microcontroller Development Kit for ARM (MDK-ARM)，Keil
- TrueSTUDIO，Atollic
- System Workbench for STM32 (SW4STM32)，AC6

以上の4点が推奨されています．コード・サイズ制限が32Kバイトまでのタイプもあり，また，わずかなバージョンの違いで提供するCソースのコンパイルができないというトラブルが付いて回ります．コード・サイズ制限にちょっとでも引っかかると，やる気を失いかねません．

今回は上記4つのコンパイラは使用しません．インターネット上でコンパイルし，Nucleoボードにクリック1つでプログラムをダウンロードでき，コード・サイズ制限なしの環境としてmbedを使用します．こう

Sign up

Create a free Mbed account to access Mbed tools and services and contribute to the developer community.

メールアドレス:

Username:

Password (must be 6 characters or longer):

新しいパスワード (確認用):

ファーストネーム:

姓:

Country:

Japan

Arm will process your information in accordance with our Privacy Policy.

☐ By ticking this box you indicate your consent to receiving marketing communications from Arm in accordance with our Privacy Policy. Please visit our Subscription Center to manage your marketing preferences or unsubscribe from further communications.

☑ I agree to Arm's terms and conditions of use. (required)

Sign up

図2　メール・アドレスやユーザ名を登録

することで筆者と皆さんが同一の環境を構築でき，余計なトラブルを避けられます．

● 筆者が使っているブラウザはFirefox

以前，WindowsのInternet Explorerを利用すると，mbed環境上でコピー＆ペーストができないことがありました．今は大丈夫だと思いますが，Firefoxにて開発しています．

● ステップ1…会員登録

mbed公式ページにいき，会員登録をしてください．アドレスとパスワードを設定するだけの簡単なものです．

```
https://www.mbed.com/en/
```

に接続します(図1)．

図2において必要項目を入力します．入力後，図2下部にある「Sign up」をクリックします．

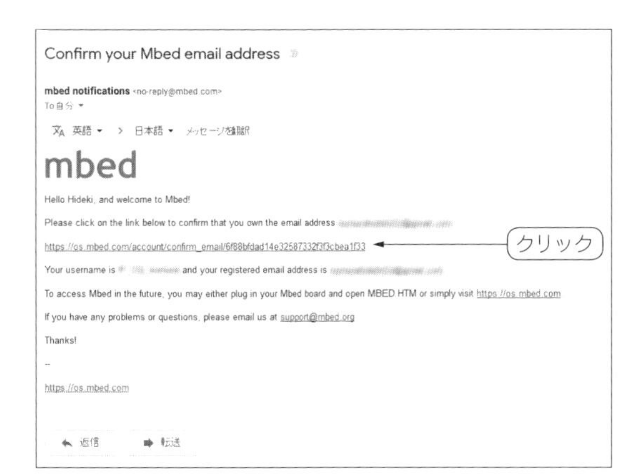

図3　確認メールが届く→メール内のリンクをクリック

図4　mbedにサイン・イン

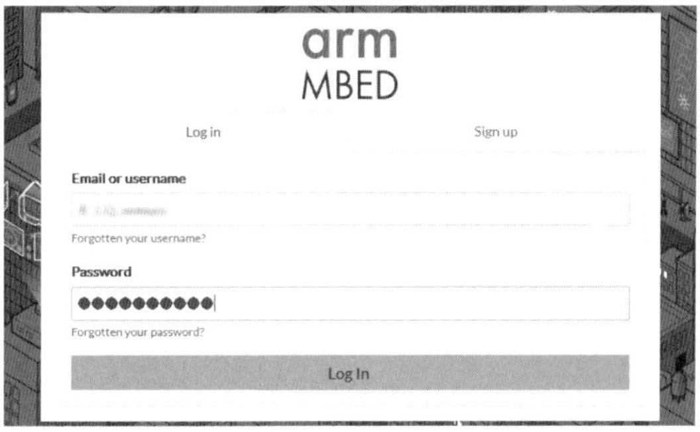

図5　図2で登録したユーザ名とパスワードを入力

登録したメール・アドレスに，「Confirm your Mbed email address」なる確認メールがきます．**図3**の中央部のリンクをクリックします．これで登録が済みました．

● ステップ2…mbedにサイン・イン

mbedにサイン・インします．

```
https://www.mbed.com/en/
```

に接続します．**図4**右上の「Login Signup」をクリックします．

図5の画面で先ほど登録したユーザ名とパスワードを入力します．

図6　右上のボード写真をクリック

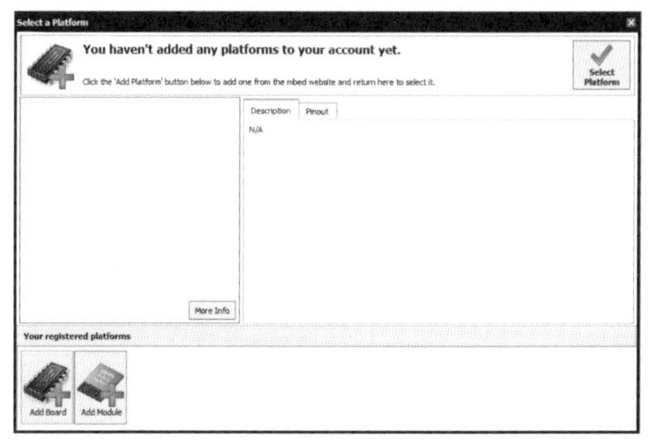

図7　「Add Platform」をクリック

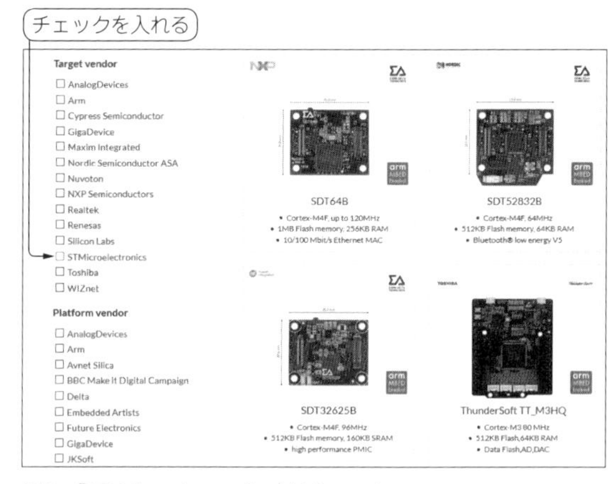

図8　「ST Microelectronics」にチェック

図4右上の「Compiler」をクリックします．**図6**の画面が出ますので，右上のボード写真をクリックします．

図7において「Add Platform」をクリックします．

図8において「ST Microelectronics」にチェックを入れ「NUCLEO-F302R8」を選択します(**図9**)．

図10において右側にある「Add to your mbed compiler」をクリックします．

図11の画面から「Open mbed compiler」をクリッ

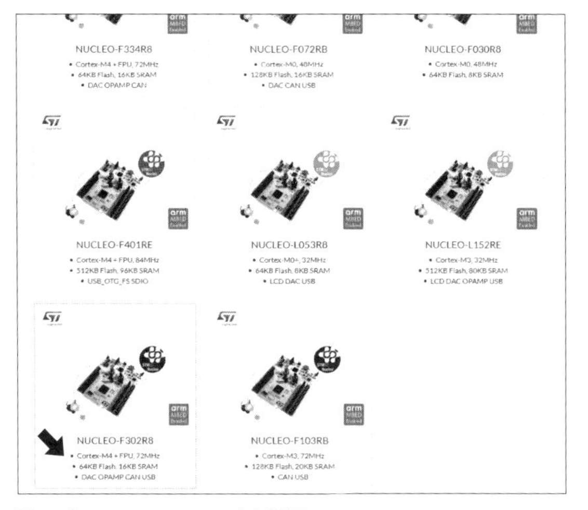

図9 「NUCLEO-F302R8」を選択

図10 右側にある「Add to your mbed compiler」をクリック

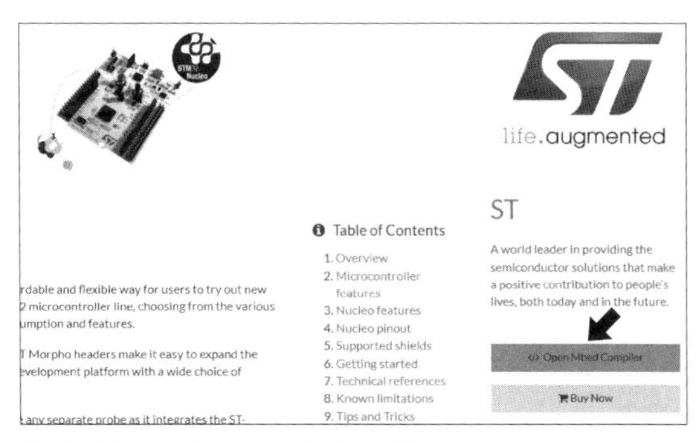

図11 「Open mbed compiler」をクリック

クします．すると図12のように，新しいプログラムを取り込むかを聞かれます．ここでは「キャンセル」を選択します．

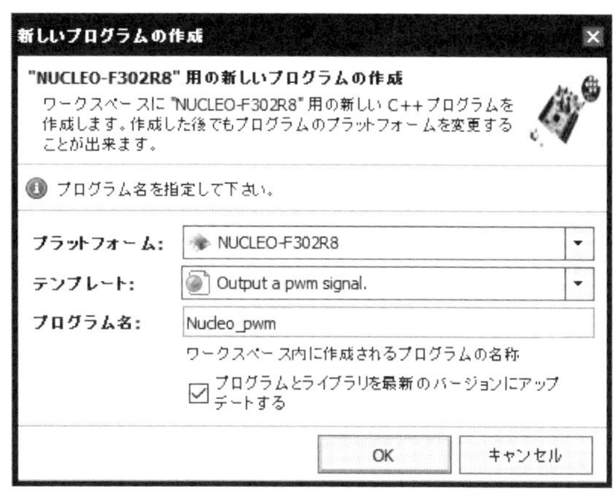

図12 新しいプログラムを取り込むかを聞かれる

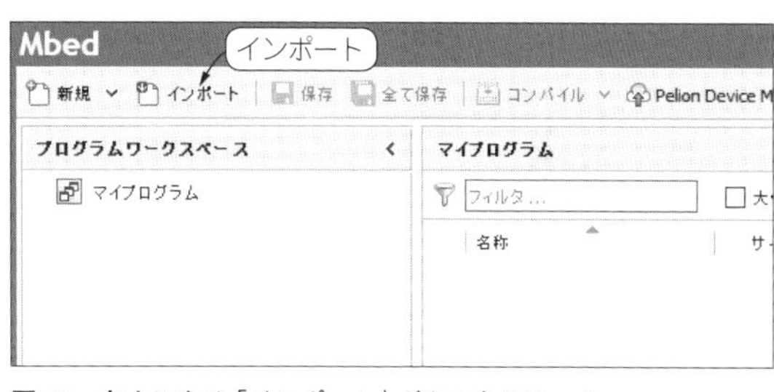

図13 左上にある「インポート」ボタンをクリック

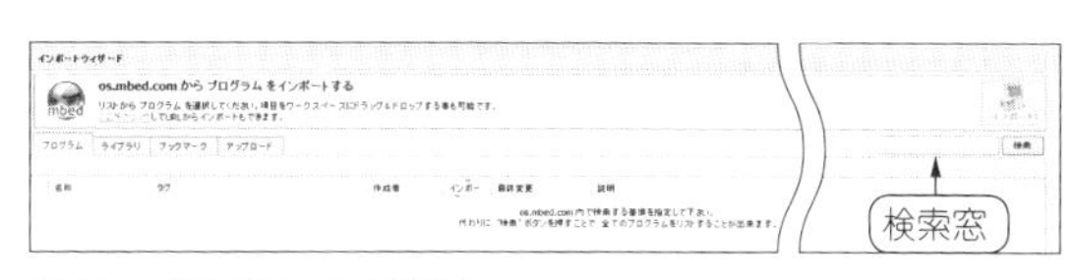

図14 プログラムの検索窓

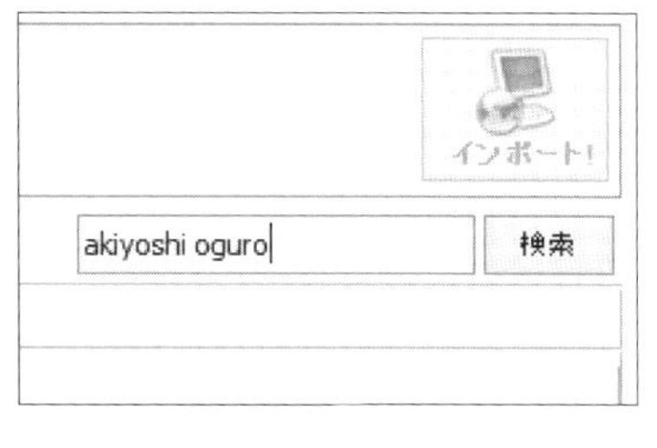

図15
検索窓に「akiyoshi oguro」と入力

● ステップ3…筆者提供プログラムのインポート

続いてプログラムをインポートします．図13左上にある「インポート」ボタンをクリックします．図14の検索窓に「akiyoshi oguro」と入力し（図15），「検索」ボタンを押します．

図16のように表示されたプログラム群の中から「Nucleo Fourier」を選択後，右上にある「Import」ボタンをクリックします．図17の画面が出るので「Import」をクリックします．

表1　mbed上でakiyoshi oguroで検索すると入手できるプログラム

mbed上の名称	駆動方式	ホール・センサ	モータ結線			NUCLEO-IHM07MIのジャンパ設定			
			OUT1	OUT2	OUT3	JP1	JP2	J5	J6
Nucleo_Hall_BLDC_rpm_2	スカラ制御，PWM駆動	有	黄	黒	赤	Close	Close	3Sh	3Sh
Nucleo_Sensorless_Blushless_DC_	スカラ制御，PWM駆動	無	黄	黒	赤	Open	Open	1Sh	1Sh
Nucleo_sinwt_BLDC_	スカラ制御，正弦波駆動	有	黄	黒	赤	Close	Close	3Sh	3Sh
Nucleo_Z_SIN_hf_BLDC	スカラ制御，正弦波駆動，z変換固定小数点化	有	黄	黒	赤	Close	Close	3Sh	3Sh
Vector_Open_sin_2	ベクトル制御(オープン・ループ)，正弦波駆動	無	黄	黒	赤	Close	Close	3Sh	3Sh
Vector_Open_SVPWM_2	ベクトル制御(オープン・ループ)，空間ベクトル	有	黄	黒	赤	Close	Close	3Sh	3Sh
Vector_sin_drive_F302R8_2	ベクトル制御，正弦波駆動	有	黄	黒	赤	Close	Close	3Sh	3Sh
Vector_SVPWM_drive_F302R8	ベクトル制御，空間ベクトル駆動	有	黄	黒	赤	Close	Close	3Sh	3Sh
Nucleo_Hall_rect_sin	PWM駆動⇒正弦波駆動，正転/逆転可	有	黄	黒	赤	Close	Close	3Sh	3Sh
Nucleo_Hall_rect_sin_vector	PWM駆動⇒正弦波駆動⇒ベクトル制御(正弦波駆動)，正転/逆転可	有	黄	黒	赤	Close	Close	3Sh	3Sh

JP1　：電流センサのバイアス設定用ジャンパ．3相ではClose，単相ではOpen
JP2　：電流センサのアンプ・ゲイン調整用ジャンパ．3相の際はClose，単相ではゲインを上げたい場合にOpen
JP3　：ホール・センサへの電源供給用ジャンパ．常時Short
J5，J6：単相，3相の切り替えジャンパ．1Sh側が単相，3Sh側が3相
J7　：常時OPEN．DAC/REF
J9　：モータ用電源からNucleoマイコン・ボードへ電源を供給するジャンパ．実験ではPCからUSB経由でSTM32へ電源を供給するため常時オープン

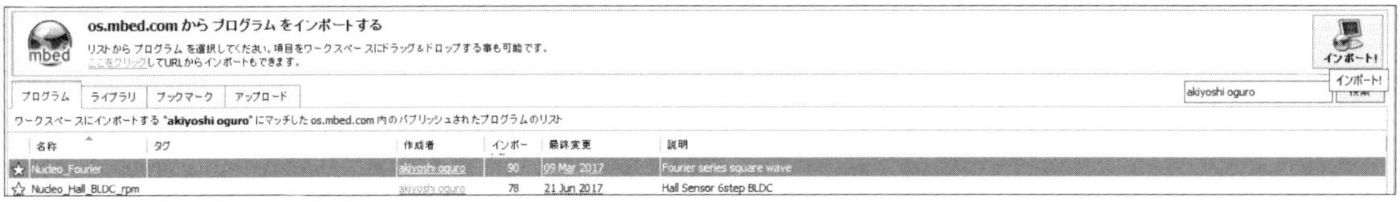

図16　「Nucleo Fourier」を選択後，右上にある「Import」ボタンをクリック

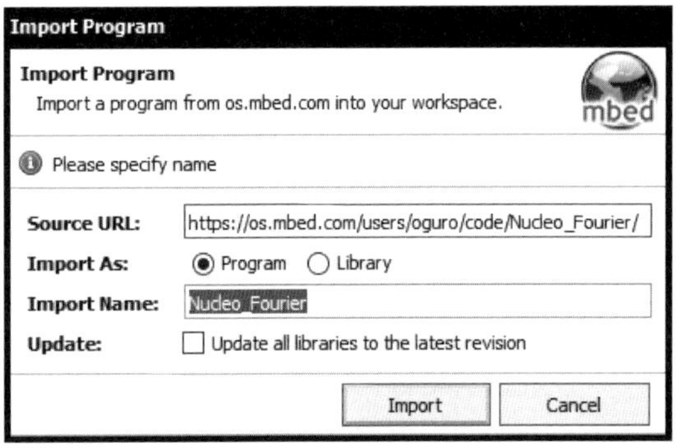

図17　「Import」をクリック

● 筆者提供プログラムについて

図14の検索窓に「akiyoshi oguro」と入力すると，表1のプログラムが準備されています．なお，プログラムごとにモータ・ドライバ・ボード上のジャンパ・ピンの設定を変える必要があります．表1の下部に記しました．図18にモータ・ドライバ・ボードにおけるジャンパ・ピンの位置を，図19にそのジャンパ・ピンの役割を示します．

● mbed開発画面の見方

図20に示す開発画面の見方について説明します．①の窓はプログラムのコーディング領域です．②の窓はコンパイル時のエラーやワーニングが表示されます．③の窓はプログラム・ワークスペースです．インポートまたは作成したプロジェクトが表示されます．

● ステップ4…プログラムのコンパイル

後はプログラムをコーディングしてコンパイルします．ソース・ディレクトリに必要に応じてライブラリ

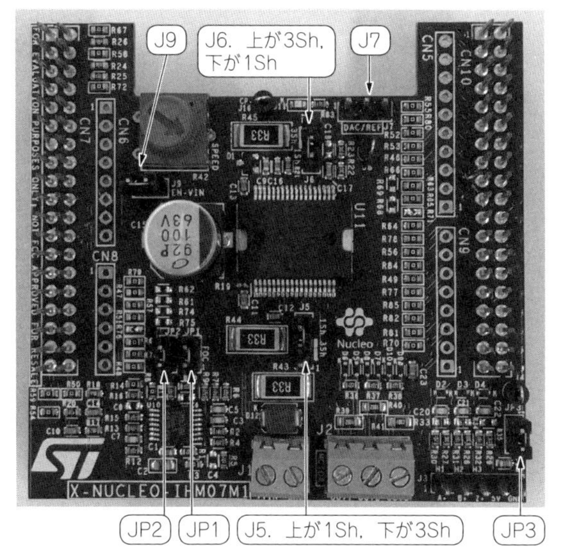

図18 モータ・ドライバ・ボード上のジャンパ・ピンの位置

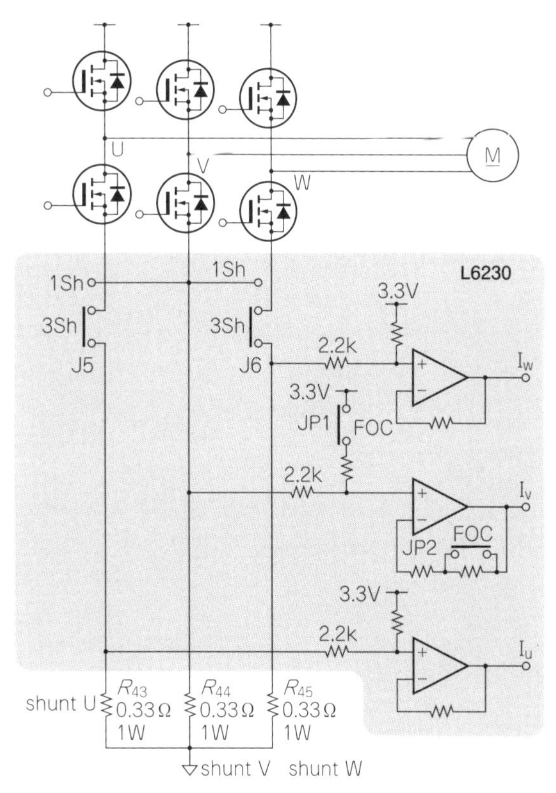

図19 ジャンパ・ピンの役割

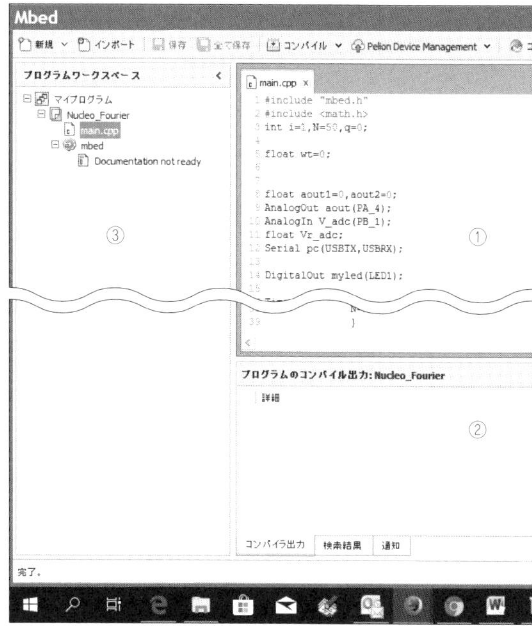

図20 mbed開発画面

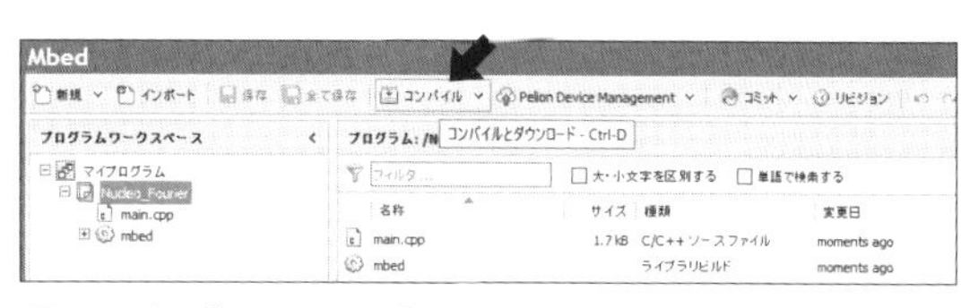

図21 プログラムのコンパイル

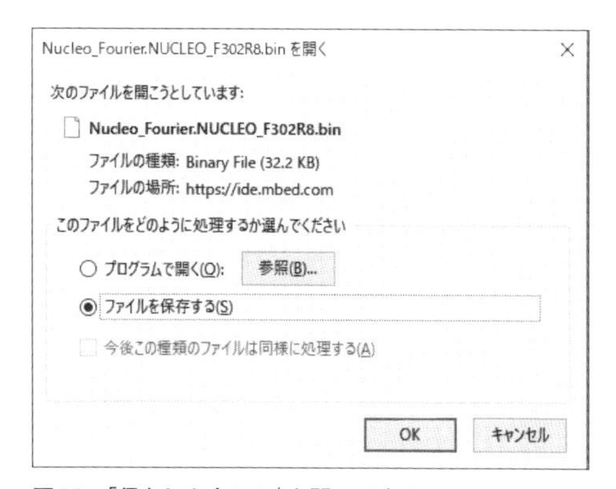

図22 「保存しますか？」と聞いてくる

を追加して，ソースをコーディングします．図21のように「コンパイル」ボタンをクリックすると，コンパイル・エラーがない場合は「Success!」と下窓に出ます．

ポップアップ・メニューで「保存しますか？」と聞いてくるので（図22），「保存」を選択すると，PCのダウンロード・ディレクトリにxxx.binというファイル名で保存されます．

● ボードへの書き込み

なお，説明の都合上，今はこの書き込みを行わないでください．

注：本書では説明しておりません．サポート・ページで説明させていただく予定です．
https://interface.cqpub.co.jp/motor01/

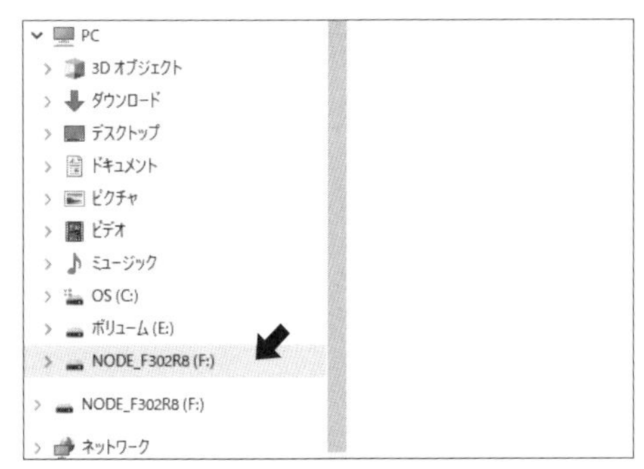

図23　実行ファイルxxx.binをNucleoのディスク・イメージにドラック＆ドロップ

図24　実行ファイルがNucleoボード上のマイコンのフラッシュ・メモリに書き込まれた

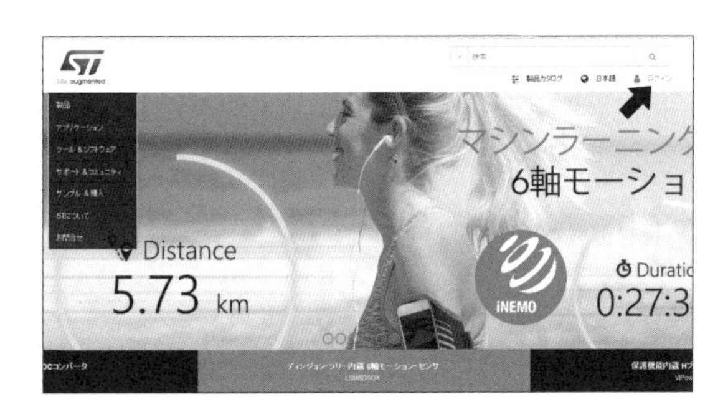

図25　STマイクロエレクトロニクスのWebへログイン

この実行ファイルxxx.binをNucleoのディスク・イメージ(図23)にドラック＆ ドロップすると，実行ファイルがNucleoボード上のマイコンのフラッシュ・メモリに書き込まれます(図24).

ちょっと上を目指すなら…ST-LINK/V2-1をデバッガとして使う

P-NUCLEO-IHM001のマイコン基板NUCLEO-F302R8には，ST-LINK/V2-1なるデバッガ兼プログラマが付いています．ST-LINK/V2-1をデバッガとして利用するための手順を以下に示します.

● ステップ1…ST社のWebへログイン

```
https://www.st.com/content/st_com/ja.html
```

右上にある「ログイン」ボタンを押します(図25).

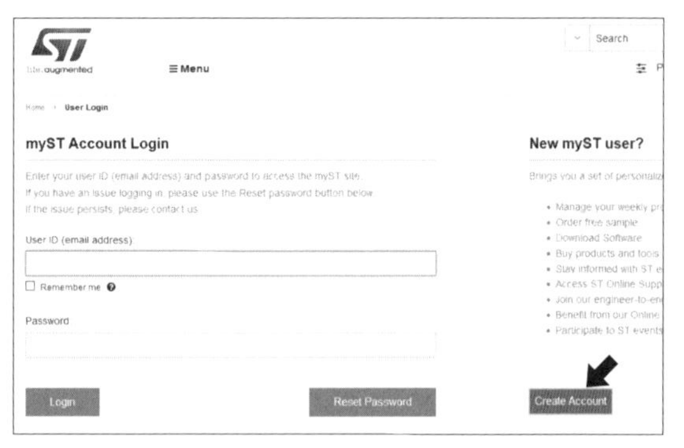

図26　アカウントの作成…「Create Account」を選択

プロフィール
性別:　Mr
名*:
氏*:
メール*:
メールアドレス確認用*:

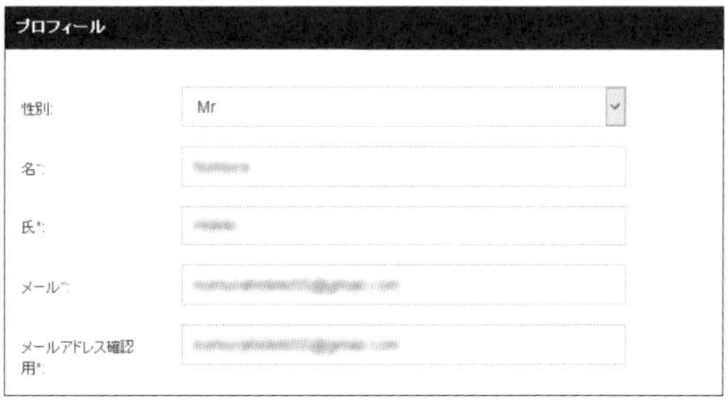

図27　アカウントの作成…必要項目を入力

In order to complete the creation of your my.st.com account, please follow the link in the validation email that has been sent to your email account.

図28　登録した電子メールに確認用メッセージを送ったという通知

[my.st.com] Please validate your email address
Your account creation
Please validate your email address
Hi Nomura,
Validate now

図29　登録した電子メールを開き確認をクリック

図26の画面で「Create Account」を選択します．図27の画面で必要項目を入力します．「登録」ボタンを押します．登録した電子メールに確認用メッセージを送ったことを告げられます(図28).

登録した電子メールを開き，確認をクリックします(図29)．パスワードを設定します(図30)．図31のようにログインを促されます．これでログインまででき

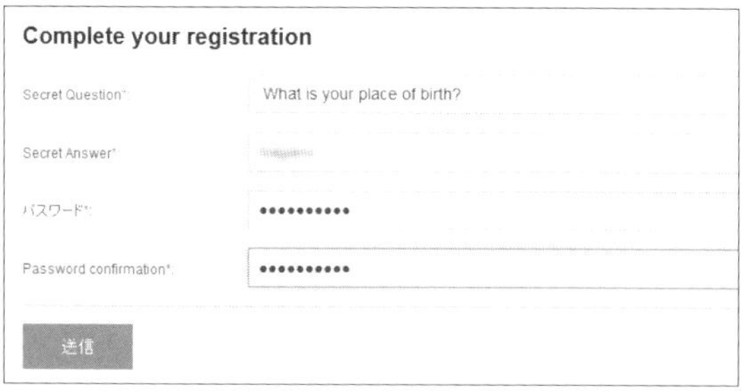

図30　パスワードを設定する

図31　ログインを促される

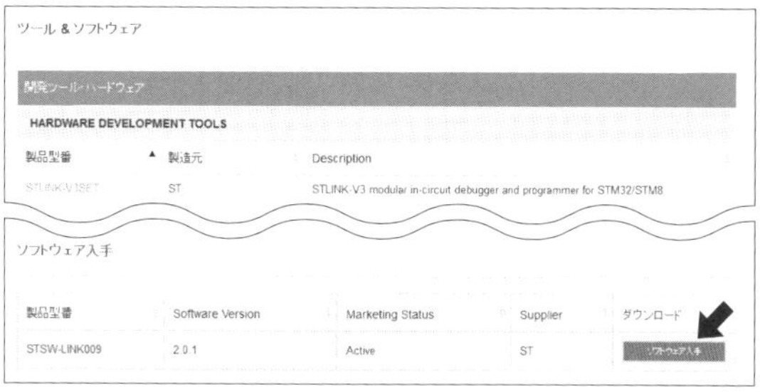

図32　USBドライバの入手…ソフトウェアの入手をクリック

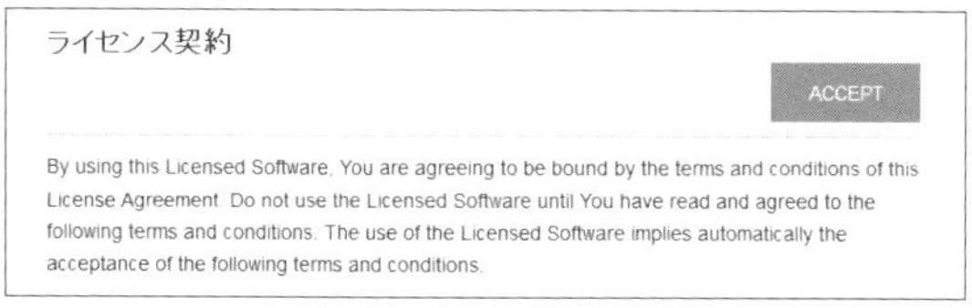

図33　USBドライバの入手…ライセンス契約を読む

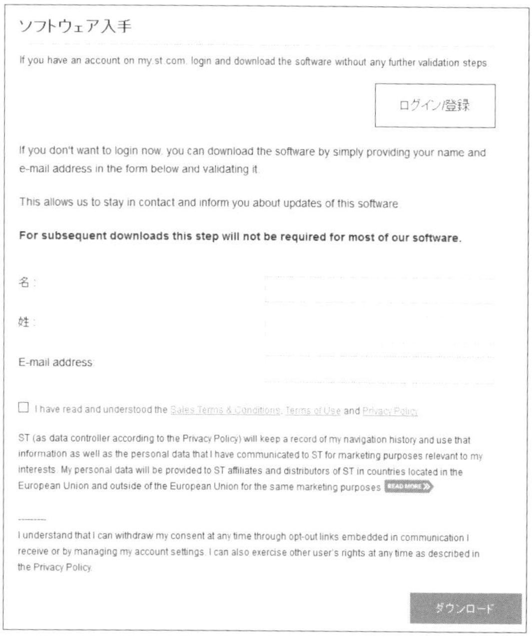

図34　USBドライバの入手…「ログイン」をクリック

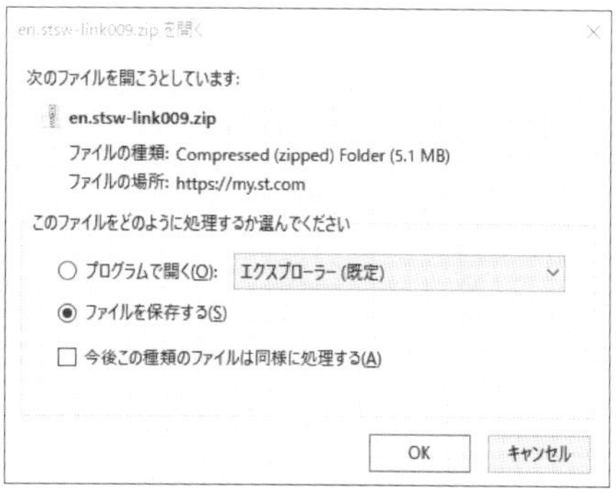

図35　USBドライバの入手…保存するか尋ねられる

ました．

● ステップ2…USBドライバの入手

ST-LINK/V2-1のUSBドライバは，下記のウェブ・ページからダウンロードできます．

https://www.st.com/ja/development-tools/stsw-link009.html

図32の画面中の「ソフトウェアの入手」をクリックします．**図33**のライセンス契約を読み，「ACCEPT」をクリックします．**図34**の画面が出るので「ログイン」をクリックします．すると**図35**ように保存するか尋ねられるので，保存します．

● ステップ3…USBドライバのインストール

ダウンロードしたファイルを解凍します(**図36**)．OSがWindows 32bitならdpinst_x86.exeを，OSがWindows 64bitならdpinst_amd64.exeを実行して，指示通りに展開します．

図37のようにUARTのCOMポートとして認識され，通信はもちろん，デバッグを行えるようになります．

● ステップ4…デバッグしてみる

mbedにはデバック機能が有りません．ですがデバッグしたい場面はありますね．対策としては，マイコン・ボードNUCLEO-F302R8には，UART⇔USB変換デバイスが乗っていますので，解析したい信号に

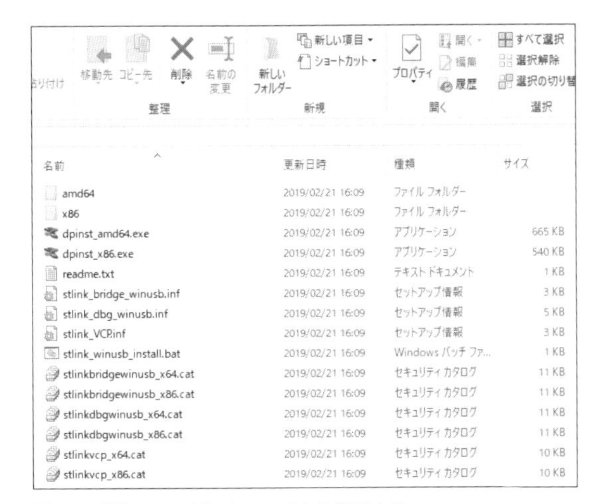

図36　ダウンロードしたファイルを解凍する

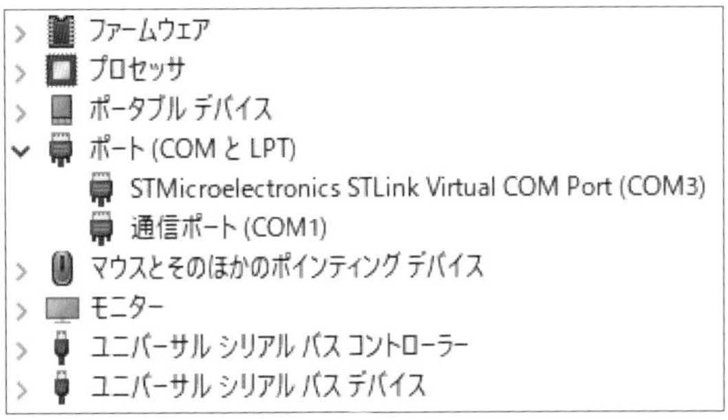

ファームウェア
プロセッサ
ポータブル デバイス
ポート (COM と LPT)
STMicroelectronics STLink Virtual COM Port (COM3)
通信ポート (COM1)
マウスとそのほかのポインティング デバイス
モニター
ユニバーサル シリアル バス コントローラー
ユニバーサル シリアル バス デバイス

図37　UARTのCOMポートとして認識される

対して，printf文でPC画面上に信号を出力させます．

下記にモータのホール・センサ周期(usi)を計測し，回転数(Speed)を表示する記述を示します．Vr_adcはボリューム電圧です．

```
Speed=60*(1/(7.0*usi*1E-6));
pc.printf("%.3f  , %.3f \r" ,Speed
,Vr_adc);
```

図38に波形ビューワー CPLTによるデバックを示します．

数値を直接PCに表示させたい場合は，Tera Termなどを利用します．

注意点として，printf文はCPUリソースをかなり食いますのでリアルタイム性の強いモータ制御では最高回転数などに影響を与えます．デバック確認後はprintf文をコメント・アウトすると良いでしょう．

プログラムの書き込みツール ST-LINK Utiliy

前節で「Nucleoのディスク・イメージにドラッグ&ドロップすると実行ファイルがNucleoボード上のマイコンのフラッシュ・メモリに書き込まれます」と書きましたが，ST-LINK Utiliyを立ち上げて書き込みを行うこともできます．Nucleoのディスク・イメージにドラッグ&ドロップするよりも，こちらの書き込みの方が正統派です．可能であればこちらの利用を推奨します．

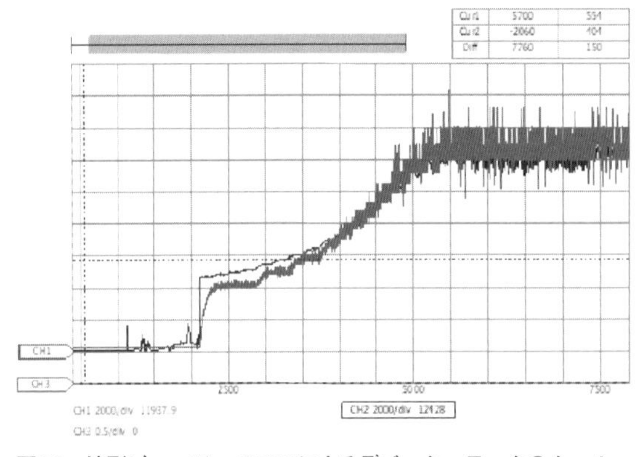

図38　波形ビューワー CPLTによるデバック…モータのホール・センサ周期(usi)を計測し，回転数(Speed)を表示する

図39　ST-LINK Utiliyの入手…「ソフトウェアの入手」をクリック

● ST-LINK Utiliyを使うメリット

オンラインでのmbedでコンパイルをすると「実行ファイル(XXXX.bin)をどこに保存しますか」と聞いてきます．NucleoボードをPCと接続していると，まず優先的にNucleoボード自体が保存ディスクとして表示されますので，ここに実行ファイルを保存します．ですが再度パラメータなどを振って書き込みを行うと前回のものが消えてなくなり，再度前回の実行の様子を見たいとき，再コーディング→コンパイルをやり直すことになります．この問題を解決するためST-LINK Utiliyを使います．

● インストール

STM32 ST-LINK Utility(STSW-LINK004)は以下のサイトから入手できます．

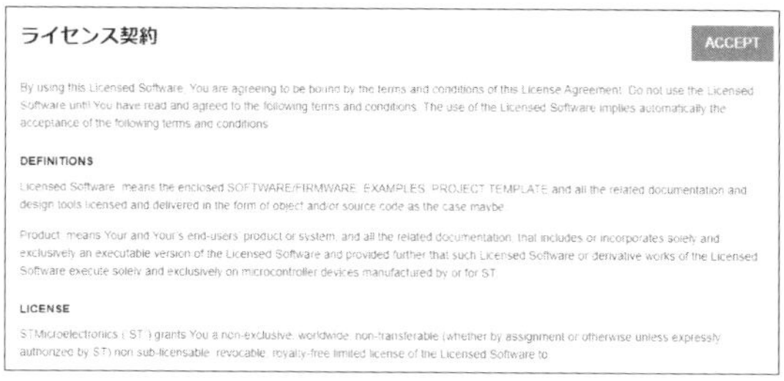

図40　ST-LINK Utiliyの入手…ライセンス契約を読む

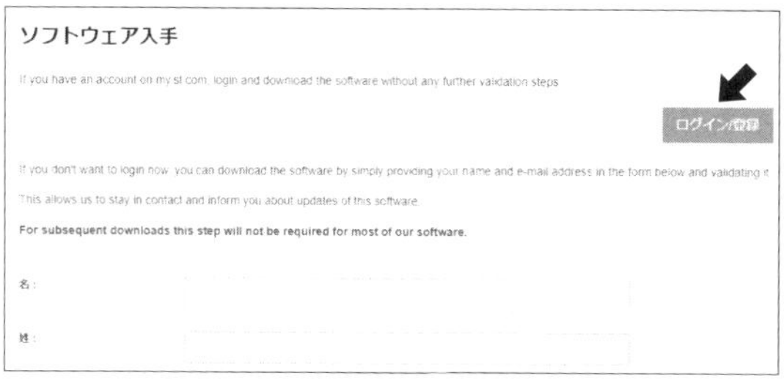

図41　ST-LINK Utiliyの入手…「ログイン」を選択

https://www.st.com/ja/development-tools/stsw-link004.html

図39の画面から「ソフトウェア入手」をクリックします．

ライセンス契約を確認後，[ACCEPT]をクリックします(**図40**)．

ソフトウェア入手の画面(**図41**)から「ログイン」を選択します．

ログインします(**図42**)．

[ダウンロード]を選択し保存します(**図43**)．

解凍後，setup.exeを実行します(**図44**)．

● 使い方

オンラインでのmbed上でのコンパイルをすると実行ファイル(XXXX.bin)が生成されます．これをNucleoボード上ではなく，任意のPC上ディレクトリに保存します．パラメータなどを振った複数の実行ファイルをディレクトリに保存できます．同じファイル名でも自動的に末尾に番号を付加して区別してくれます．あとはmbedとオフラインにしても構いません．ST-LINK Utiliy単独で実行ファイルの書き込みができます(**図45**)．

プログラムの書き込みは「ノートとペン」のタブをクリックすると，実行ファイル指定選択画面が表示されますので，選択後「Start」ボタンをクリックします．これで終了です．

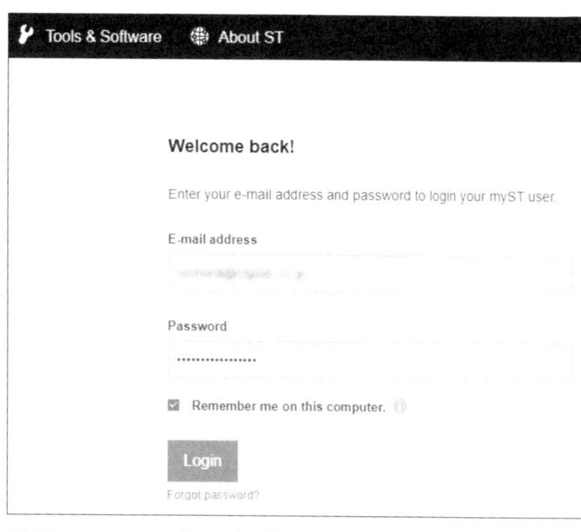

図42　メール・アドレスとパスワードを入力

図43　ログインすると[ダウンロード]アイコンがある

図44　解凍後，setup.exeを実行

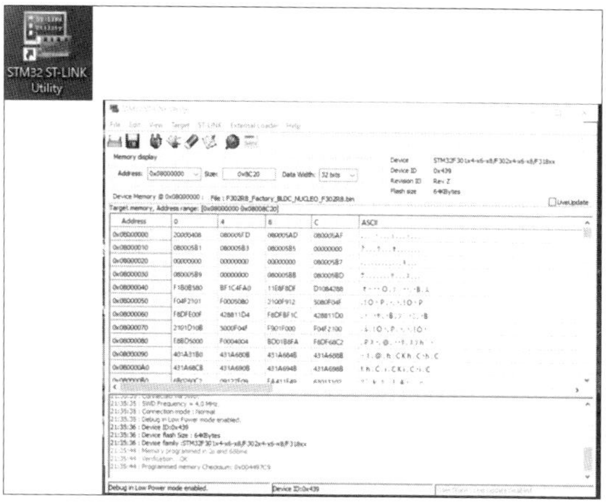

図45　ST-LINK Utilityを使ってマイコンに実行ファイルを書き込む

第2部

第3章

ホール・センサ基板の組み立て

写真1　ホール・センサ基板の部品構成

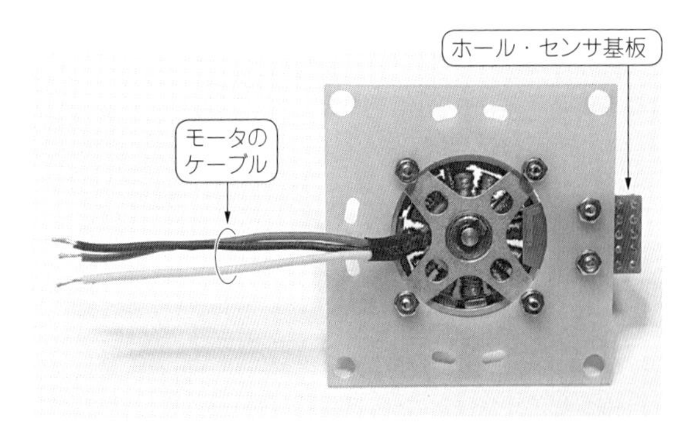

写真2　モータのケーブルはホール・センサ基板とは逆方向に延ばしておく

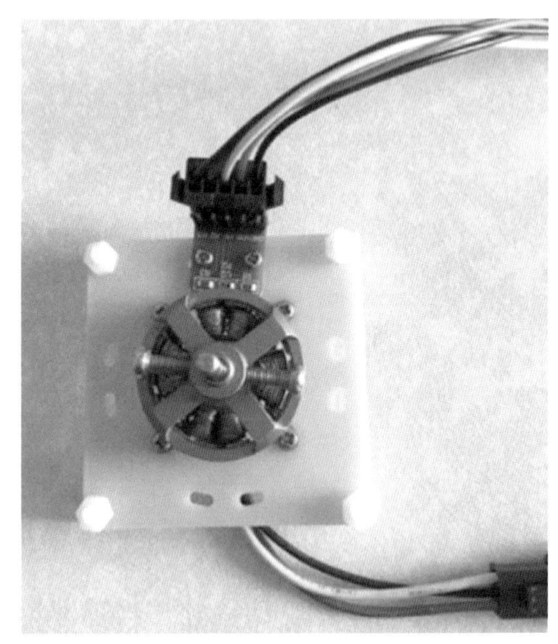

写真3　組み立てが終わった

● ホール・センサ基板の組み立て

モータ制御体験キットに含まれるDCブラシレス・モータに取り付けて使うホール・センサ基板の組み立てについて解説します．ホール・センサは磁界を検出し，磁界の大きさに比例したアナログ信号を出力します．コンパレータを通過してディジタル値になります．この'1'と'0'がモータにおけるロータ位置を表すのです．

▶部品構成

写真1に部品構成を示します．

①モータ設置基板
②スペーサ（4組）
③M2ねじ＆ナット（6組）
④ホール・センサ基板
⑤ピンヘッダ（2列×5）

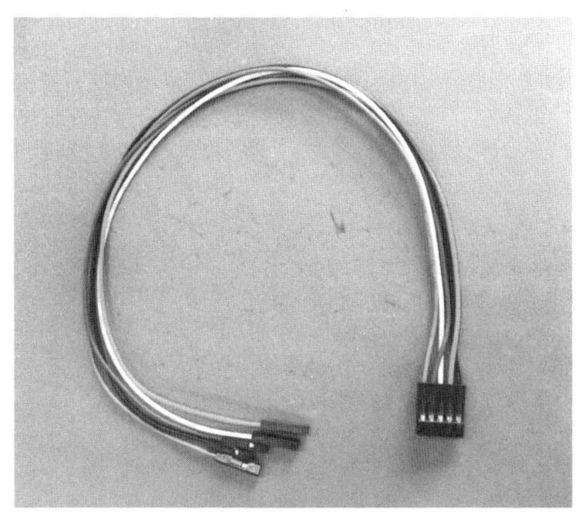

写真4　5ピン・ケーブル付きコネクタ
2セットのうち1セットをホール・センサ基板に使う

図1　5ピン・ケーブル付きコネクタ

▶組み立て手順

まずはモータを設置基板①に取り付けます．③のネジを使います．

次にホール・センサ基板④を設置基板①に取り付けます．その際に，モータのケーブルはホール・センサ基板とは逆方向に延ばしておきます（**写真2**）．なお，このホール・センサ基板の取り付け位置は，モータ駆動のプログラムごとに微調整が必要なので，ネジは緩められる程度に締めておきます．

最後にスペーサ②を設置基板①に取り付けます．**写真3**のようになります．

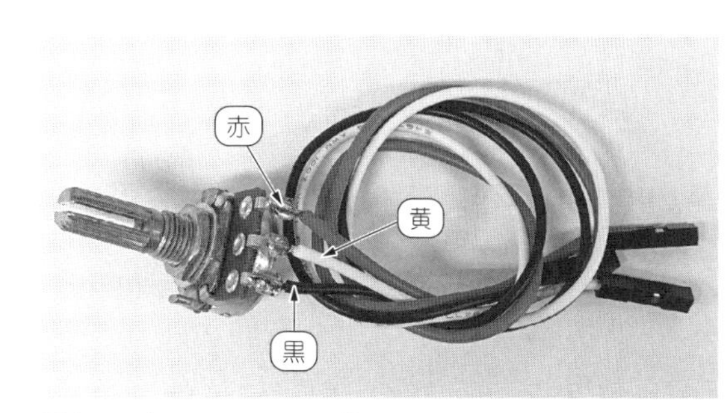

写真5　ボリュームのはんだ付け

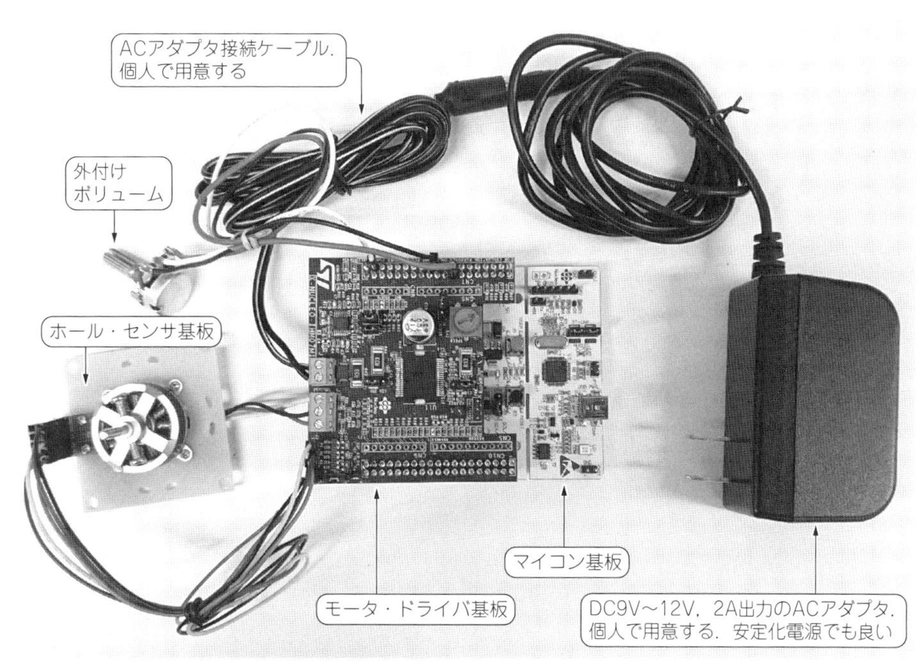

写真6　全体組み立て
USBケーブルでPCに接続するとマイコン基板が認識される

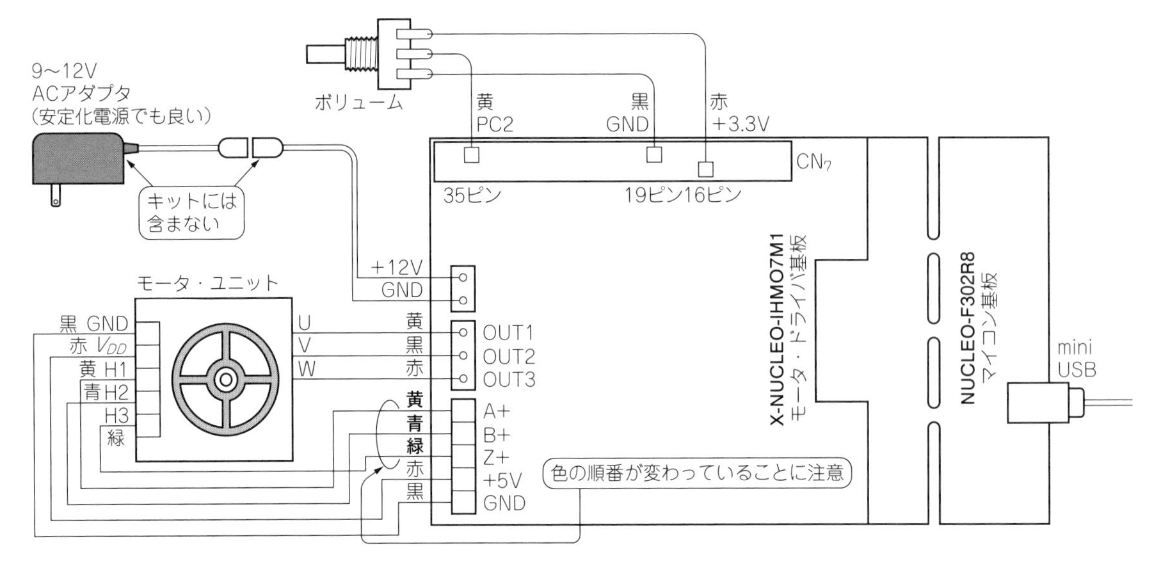

図2　実体配線図

基本接続であり実験の内容によっては配線を入れ替える

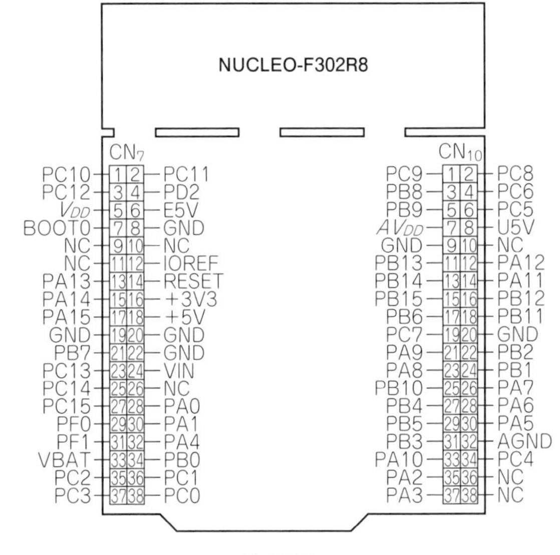

図3　NUCLEO-F302R8の端子配置

モータ・ドライバを載せるとこの配置のままモータ・ドライバのピン・ヘッダに接続される

● 外付けボリュームのはんだ付け

残り1セットの5ピン・ケーブル付きコネクタから取り外したケーブルを使って，**写真5**のように外付けボリュームに3本をはんだ付けします．ボリュームの両端は+3.3VとGNDが接続されますので，余った色からプラス側を赤色，GND側を黒色にすると良いでしょう．

● 全体の組み立て

写真6に示すように，マイコン基板にモータ・ドライバ基板を載せて，モータ・ユニット，外付けボリューム，ACアダプタ用接続ケーブル，ACアダプタを接続します．ACアダプタ用接続ケーブルは極性に注意してください．各パーツの接続は**図2**の実体配線図およびNUCLEO-F302R8の端子配置図（**図3**）を参考にしてください．ボリュームの接続は次の通りです．

+3.3V　CN7 16ピン
GND　CN7 19ピン
摺動端子　CN7 35ピン

あとはmini USBケーブルでパソコンに接続すれば，ファイル・エクスプローラでマイコン基板がドライブとして認識されます．ACアダプタはモータを回転させる際に必要で，ACアダプタからの電源がなくても，マイコン基板を認識できます．

第2部

第4章

ホール・センサ基板の位置調整

前章でキットの組み立てが終わりました．ホール・センサ基板は，位置の調整が必要です．筆者提供の「位置調整用プログラム」を用いて，実際にモータを回し，オシロスコープでホール・センサからの波形を見ながら位置を調整します．

図1のようにネジを緩めて調整します．調整が終わったら締めます．

● なぜ位置調整が必要なのか

モータのロータには14枚の磁石が付いています．ロータが今，何度の位置にあるのかをホール・センサを使って読み取ります．この磁石とホール・センサ素子の相対位置を調整することで，安定して波形が読み出せるようになります．

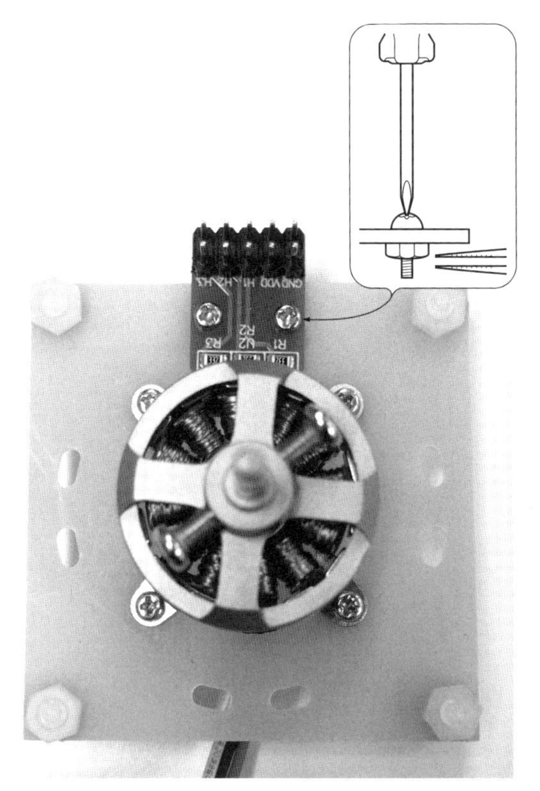

図1　ホール・センサの位置はねじを緩めて調整する

● ステップ1…位置調整用プログラムの書き込み

位置調整プログラムはInterfaceホームページ

https://www.cqpub.co.jp/interface/download/motor.htm

から，Nucleo_F302R8_IHM07_Hall_Adjust_2.binをダウンロードします．

マイコン・ボードNUCLEO-F302R8のジャンパ・ピンJP5を，**写真1**のようにU5V側に設定し，PCにUSBケーブルを用いて接続します．

図2のように，ドラッグ&ドロップでbinファイルを書き込みます．

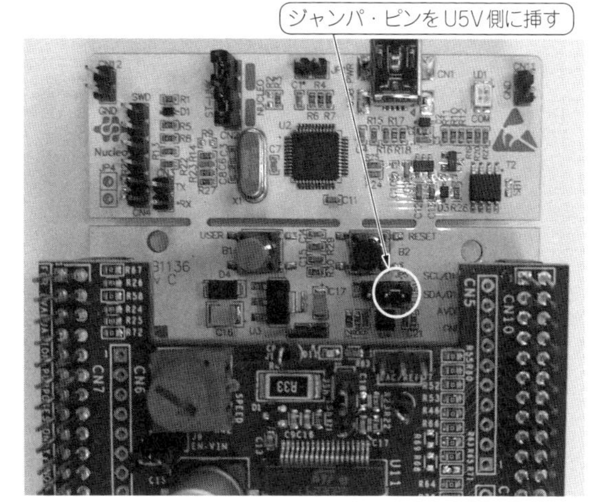

写真1　NUCLEO-F302R8のジャンパ・ピンをUSB給電に設定した様子

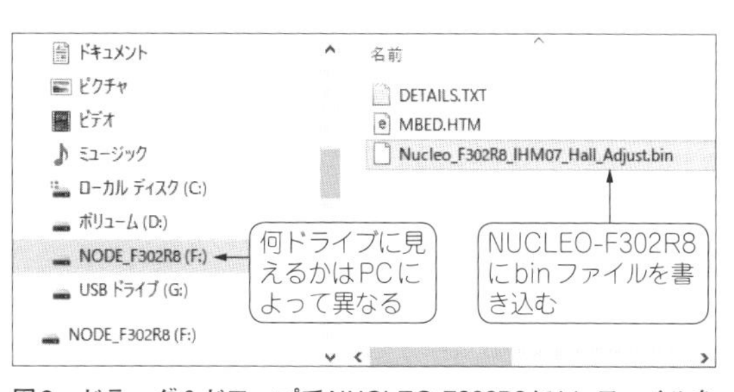

図2　ドラッグ&ドロップでNUCLEO-F302R8にbinファイルを書き込める

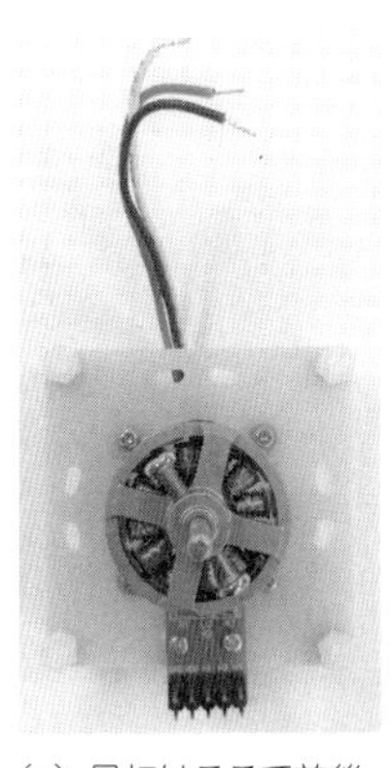
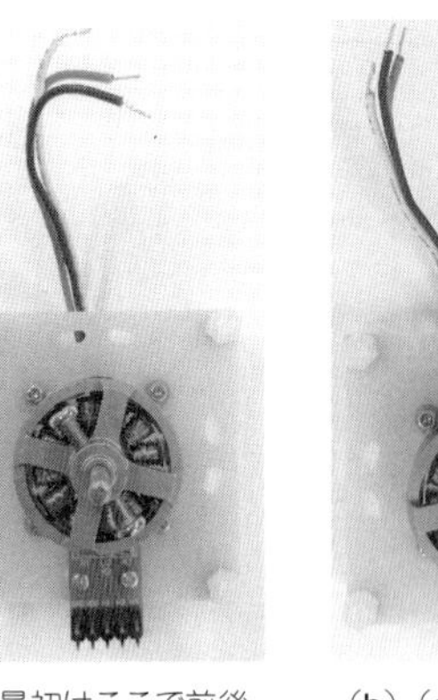

(a) 最初はここで前後左右に調整

(b) (a)でダメなとき

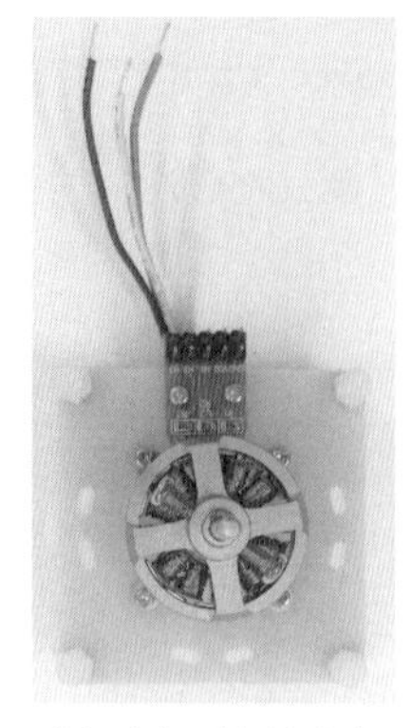

(c) (b)でダメなとき

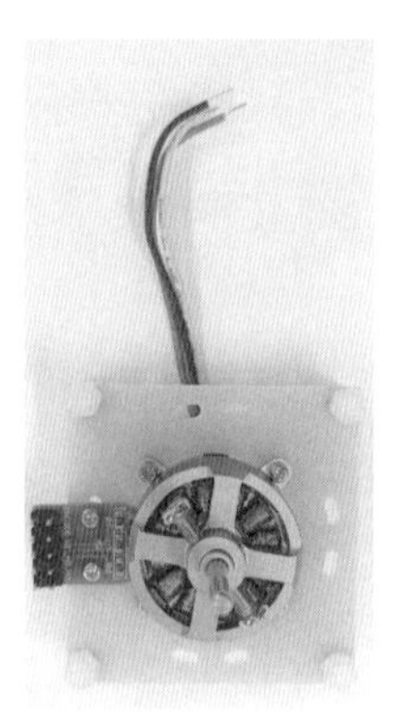

(d) (c)でダメなとき

写真2
ロータ磁石とホール・センサICの相対位置をベストに調整するためにはホール・センサ基板の位置を変えることも

● ステップ2…モータを回す

USBケーブルを外し，マイコン・ボード上のJP5をE5V側に挿します．モータ・ドライバ・ボード上のJP1，JP2，J5，J6が以下のようになっていることを確認してください．

JP1：Close，JP2：Close，J5：3Sh，J6：3Sh

54ページ図2に示したボリュームは，最小と最大の中間にします．モータ・ドライバ・ボードのJ1に9～12Vの電源を接続します．電源投入後，念のためNUCLEO-F302R8上のリセット・ボタン（黒い）を押します．

ボリュームを中点から右に回すと上から見て右に，中点から左に回すと左に回ります．左右回転がスムーズになり，さらにモータの軸を軽くつまんで回転が止まらなければ調整は成功です．

● ステップ3…位置の調整

ステップ2の際に，ホール・センサ基板を前後左右に動かしてもらうのですが，それでも上手く回らないときは，**写真2**のようにセンサの設置位置を変えてみてください．

図3　ホール・センサ基板の位置調整が正しくできているかを波形で確かめる際のピン

● 波形はモータ・ドライバ基板の端子から観測する

図3にモータ・ドライバ基板の端子名を示します．ホール・センサの位置調整時，これらの端子にプローブを当てます．

調整後のDACピンの波形を**図4**に示します．位置調整がうまくいけば，このようなSPMW（空間ベクトル駆動）の波形になります．これでホール・センサ基板の位置調整は終わりです．

本書に登場するプログラムごとの波形

念のため46ページ表1に掲載したプログラムごとの動作波形を示します．

● Nucleo_Hall_BLDC_rpm_2

矩形波駆動であり，PWM変調ではないので，直接，

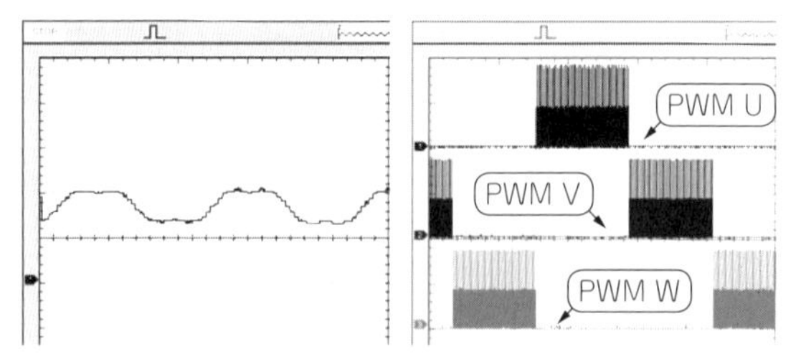

図4　Nucleo_F302R8_IHM07_Hall_Adjust_2.binを用いて位置を調整．調整が上手くいったときのDACピン波形（1V/div，5ms/div）

図5　Nucleo_Hall_BLDC_rpm_2による矩形波駆動（2V/div，2ms/div）

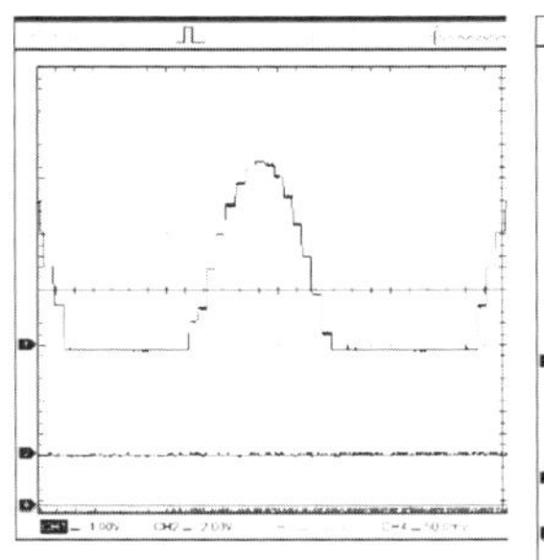

図6　算術演算正弦波のPWM変調波形（1V/div，2ms/div）

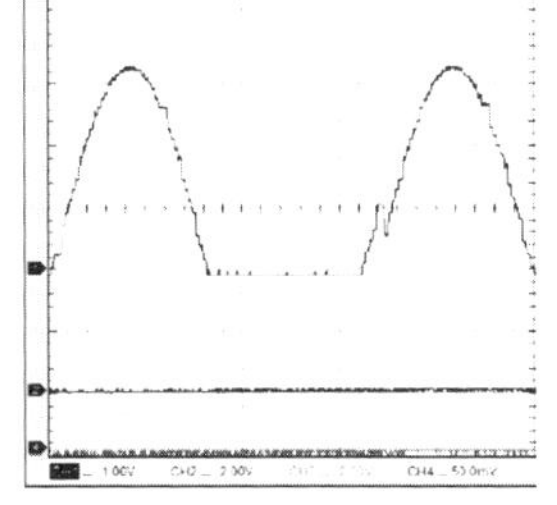

図7　z変換IIRフィルタの正弦波変調波形（1V/div，2ms/div）

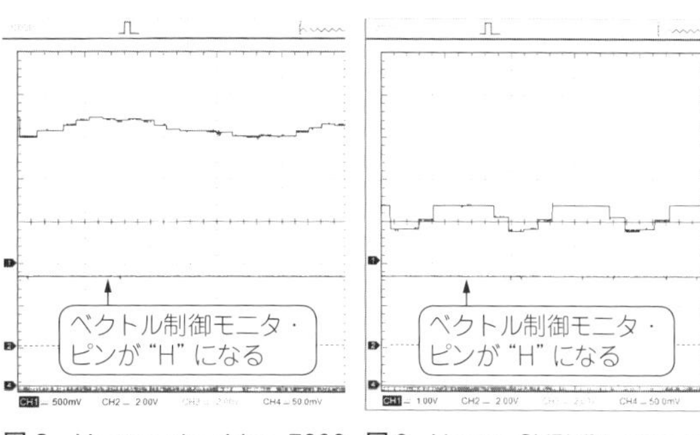

図8　Vector_sin_drive_F302R8_2のU相PWM変調波形（500mV/div，2ms/div）

図9　Vector_SVPWM_drive_F302R8_2のU相PWM変調波形（1V/div，2ms/div）

PWM U，PWM V，PWM Wピンをモニタします．調整ができていれば**図5**のように観測できます．

● Nucleo_sinwt_BLDC_

数百rpmで確認しています（**図6**）．正弦波変調を浮動小数点計算で行っていますから，プログラムへの負担が大きいです．従って1000rpm以上では波形が滑らかでなくギザギザになります．

● Nucleo_Z_SIN_hf_BLDC

波形を観測できます（**図7**）．z変換IIRフィルタで正弦波計算をします．マイコンへの計算負荷が軽減されますので約2000rpm前後で正弦波変調波形を確認します．

● Vector_sin_drive_F302R8_2

U相PWM変調波形です（**図8**）．**図3**に示すDACピンで観測できます．ベクトル制御モニタは**図3**のベクトル制御モニタ・ピンにもプローブを当てます．するとボリュームで回転数を上げ，正弦波駆動からベクトル制御に移行する際に"H"になります．

このベクトル制御モニタ・ピンが"H"になったとき，正弦波状の波形が確認できればホール・センサの位置は良好です．**図8**は正弦波とは言えない微妙な波形になっていますが，これはmbedでの制約でPWMに同期しての割り込み電流読み込みがうまく行えていないのが原因です．

● Vector_SVPWM_drive_F302R8

図9がU相PWM変調波形と，ベクトル制御モニタ波形です．DACピンとベクトル制御モニタ・ピンを利用します．ベクトル制御に移行したかどうかは，ベクトル制御モニタ・ピンが"H"になることによって確認できます．このベクトル制御モニタ・ピンが"H"になり，**図9**の台形が確認できればホール・センサの位置は良好です．

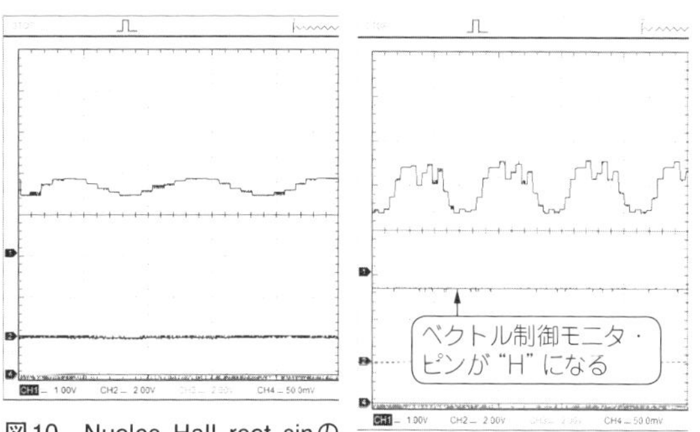

図10　Nucleo_Hall_rect_sinのU相PWM変調波形（1V/div，5ms/div）

図11　Nucleo_Hall_rect_sin_vectorのSVPWM変調波（1V/div，5ms/div）

● Nucleo_Hall_rect_sin

ボリュームを電源投入前に中間位置にしておきます．ボリュームを回すことで正転/逆転を操作できます．正弦波の生成にはz変換IIRフィルタを利用しています．

3500rpm以下は矩形波駆動で，3500rpm以上で正弦波駆動に移行します．オシロスコープを使ってDACピンを観測し，**図10**のように滑らかな正弦波が観測できればホール・センサ基板の位置は良好です．

● Nucleo_Hall_rect_sin_vector

ボリュームにてCW/CCW（正転/逆転）を操作できる矩形波→正弦波→ベクトル制御プログラムです．ボリュームは電源投入前に中間位置にしておきます．

1000rpm以下は矩形波駆動で，1000rpm以上で正弦波駆動に移行し，さらに条件が整えばベクトル制御に移行します．

ベクトル制御に移行したかどうかは，ベクトル制御モニタ・ピンが"H"になることによって確認できます．DACピンにおいて**図11**のようなSVPWM（空間ベクトル駆動）波形が確認できれば，ホール・センサ基板の位置は良好です．

第2部

第5章

少しだけ回してみる

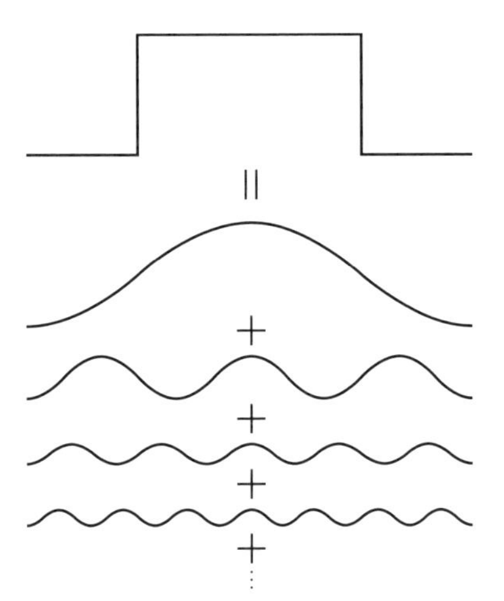

図1　マイコンがPWM信号として出力する矩形波は正弦波の集合体

図2　mbed画面から「インポート」をクリック

それでは早速，モータ制御体験キットを使ってみましょう．DCブラシレス・モータを回す駆動波形はPWM(Pulse Width Modulation)です．一定の周期でデューティを変化させることによってモータ駆動電圧を制御します．

最初に知っておいて欲しいこと…矩形波は正弦波の集合体

マイコンがPWM信号として出力する矩形波は正弦波の集合体です(**図1**)．そこでまずは，PWM矩形波を解析します．

$$f(t)=\frac{VDD}{2}-\frac{2VDD}{\pi}\sum_{n=odd}^{\infty}\frac{1}{n}\sin\omega_0 t$$

$$=\frac{VDD}{2}-\frac{2VDD}{\pi}\left(\sin\omega_0 t+\frac{1}{3}\sin 3\omega_0 t+\frac{1}{5}\sin 5\omega_0 t+\cdots\cdots\right)$$

$$=\frac{VDD}{2}-\frac{2VDD}{\pi}\sum_{n=odd}\frac{\sin(2n-1)\,\omega_0 t}{2n-1}\quad\cdots\cdots\cdots\cdots(1)$$

式(1)は矩形波を表す関数です．矩形波は周波数奇数次1，3，5…の正弦波の足し合わせになります．この奇数次3，5を高調波といいます．高調波の足し合わせを多くすればするほど矩形波に近づいていきます．式(1)の偶数次2，4，6が混入すると矩形波が乱れてきます．この乱れがモータのノイズ，異音の発生源になります．

ステップ1…駆動の矩形波を観測

ステップ1ではモータ用電源(ACアダプタまたは安定化電源)とDCブラシレス・モータは必要なしです．

● プログラムの取り込みと書き込み

mbed上で公開したプログラムを取り込みます．

① mbed画面から「インポート」をクリックする(**図2**)
② 検索タブに「`Nucleo_Fourier`」と入力し検索する
③「`Nucleo_Fourier`」を選択してダブルクリックする

すると，自身のワークスペースにプログラムがダウンロードされます．プログラムをコンパイルし，モータ・キットに書き込みます．

● 波形を観測

図3にモータ・ドライバ・ボードの部品配置を示します．**図3**のaout(PA4)がモニタするDACピンです．ボリュームを右に回すと**図4(a)**→**図4(d)**のように，

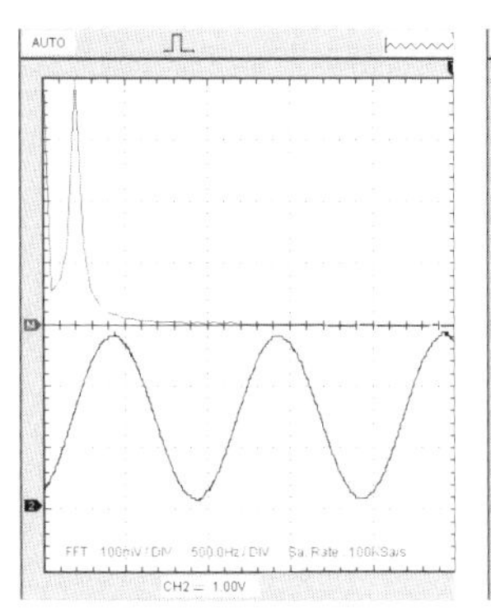

(a) 1次奇数波のみ

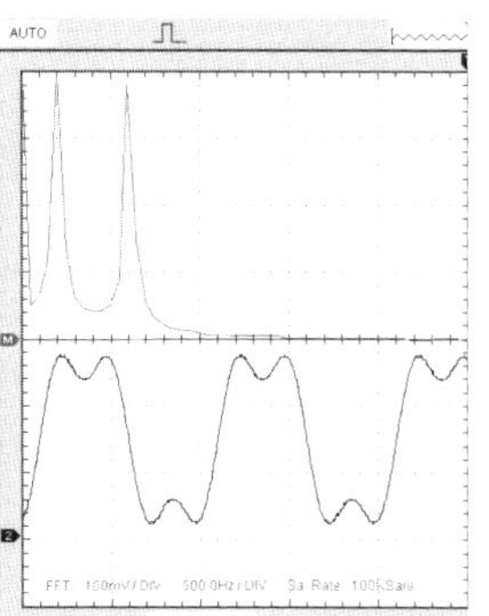

(b) 奇数次正弦波加算n=3の場合

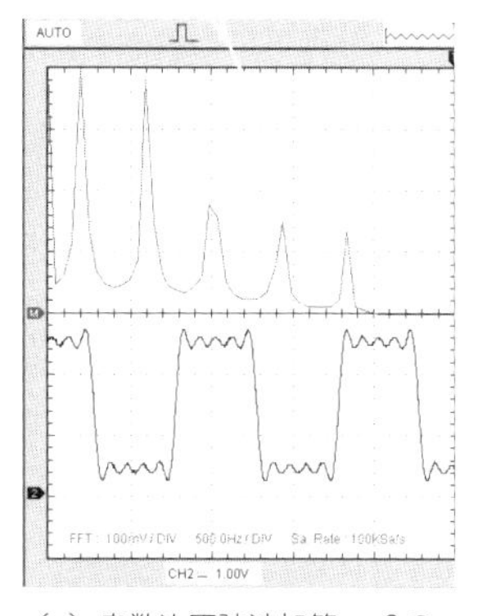

(c) 奇数次正弦波加算n=9の場合

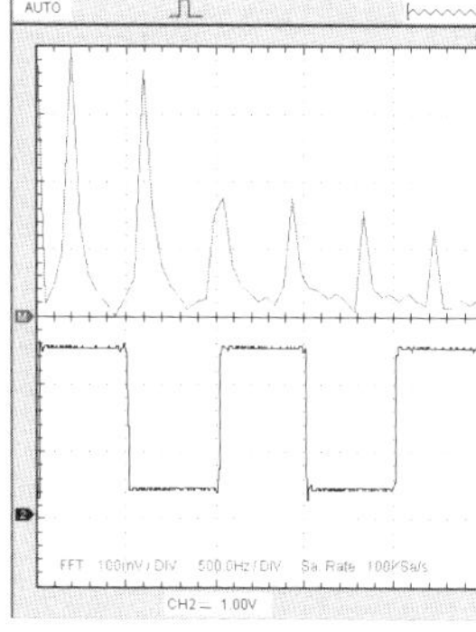

(d) 奇数次正弦波加算n=59の場合

図4 (a)→(d)の順に矩形波に近づいていく(1V/div, 500Hz/div, 10ms/div)

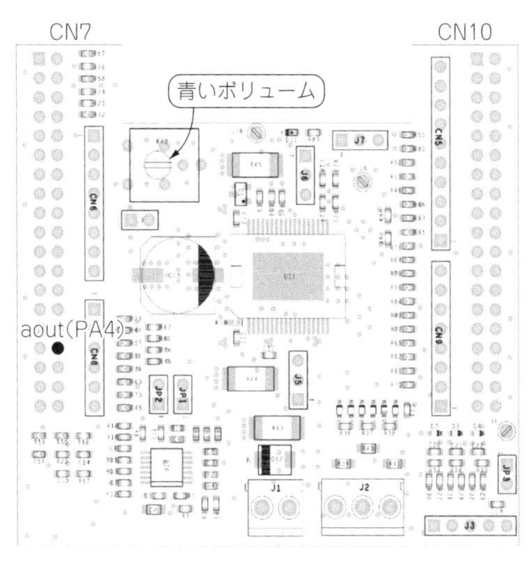

図3 モータ・ドライバ・ボードの部品配置

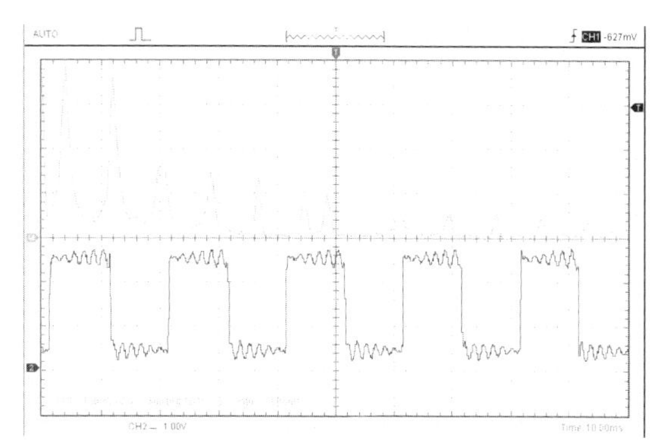

図5 偶数次 i＝12の正弦波が奇数次正弦波加算n=59に混入した場合(1V/div, 500Hz/div, 10ms/div)

駆動波形が矩形波に近づいていきます．ボリュームを右に回すことによって，式(1)における奇数次項正弦波加算数が多くなり，矩形波になっていきます．ほとんどのオシロスコープでは，観測波形の周波数スペクトルが表示できるので，表示機能をオンにして，プログラム通りにスペクトル強度のピークが出るかを確認してください．

図5は偶数次 12の正弦波が混入した場合です．**リスト1**のif(i==0)の部分をif(i==13)に書き直し，再コンパイル後，波形のひずみが**図5**のようになるかを確認してください．iをいろいろな偶数で試してみてください．

リスト1 モータを接続していない段階でマイコンからの駆動波形をモニタできるNucleo_Fourier

```
#include "mbed.h"
#include <math.h>
int i=1,N=50,q=0;
```

```
        float s = timer1.read();
        myled = ((int)s) % 2 == 0;
                                /* LED output(0.5Hz) */
        wt=fmodf(s * freq, 1) * 3.14159265359 * 2;
        for(i=1;i<=2*N-1;i=i+2){
        //aout2 = VDD/2 +2/VDD*(sin(wt)+sin(3*wt)/3+
                                  sin(5*wt)/5+.......)
        if(i==0){
              //i==値を入れると波形が乱れる様子が見れます. ★1
          aout1=sin((i-1)*wt)/(i-1);
                                           //if i==N i even
          }
          else{
```

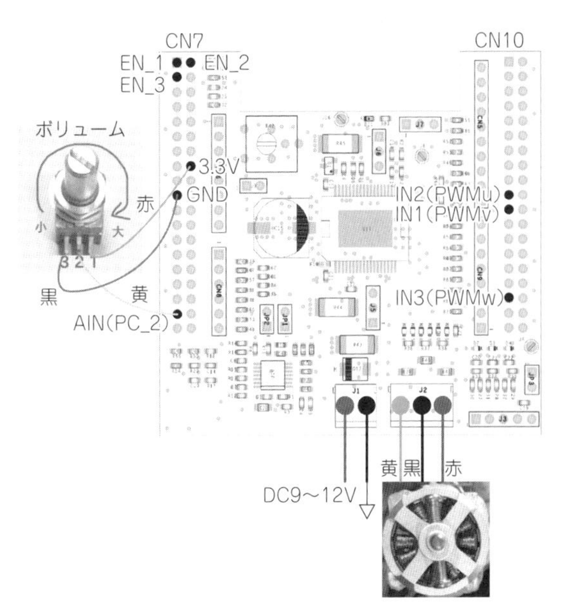

図6　DCブラシレス・モータとモータ・ドライバ・ボードの接続

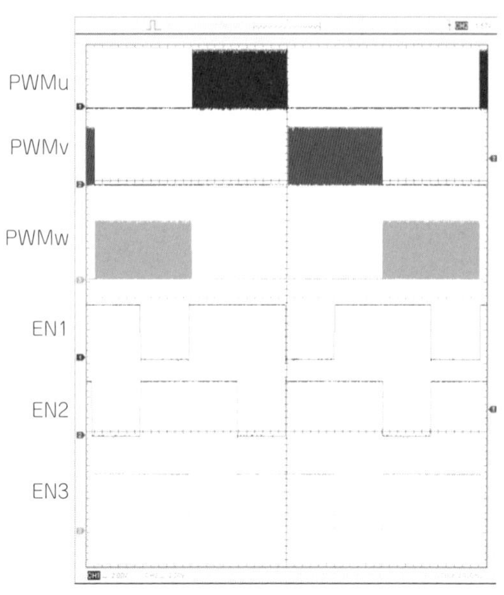

図7　PWMu, PWMv, PWMwとEN1, EN2, EN3をモニタした波形（2V/div, 2ms/div）

リスト2　ひとまずモータをオープンループで回せる**F302R8_OPEN_BLDC**

```
#include "mbed.h"
int i=0,t=0,tt=0,q=0,START=4;
unsigned int adc;
float Speed=0;
PwmOut mypwmA(PA_8); //PWM_OUT
PwmOut mypwmB(PA_9); //9
PwmOut mypwmC(PA_10);//10
DigitalOut EN1(PC_10);
DigitalOut EN2(PC_11);
DigitalOut EN3(PC_12);
AnalogIn V_adc(PC_2);
Serial pc(USBTX,USBRX);
DigitalOut myled(LED1);
float Vr_adc=0.0f;
int main() {
   EN= 0;
   EN2=0;
   EN3=0
    mypwmA.period_us(20)
    mypwmB.period_us(20);
    mypwmC.period_us(20);
 while(1) {
      Vr_adc=V_adc.read();
      adc= V_adc.read_u16()/35 ;
 while((Vr_adc>0.15f)&&(q<50)){
    EN1=1;
    EN2=1;
    EN3=0;
    mypwmA.write(0.7f);
    mypwmB=0;
    mypwmC=0;
    wait_ms(START);
         :   中略
         :   中略
if(Vr_adc < 0.005f){
          q=0;
       }
      t=3000-(adc);//ボリュームの値から転流タイミング設定
      if(t<=2){
       t=2;
       }
       tt=t;
       if(Vr_adc >0.05f){
        EN1=1; //1
        EN2=1; //1
        EN3=0; //0
        mypwmA.write(Vr_adc);
        mypwmB.write(0.0f);
        mypwmC.write(0.0f)
         wait_us(t);
         EN1=1; //1
         EN2=0; //0
         EN3=1; //1
        wait_us(tt)
        EN1=0; //0
        EN2=1; //1
        EN3=1; //1
        mypwmA.write(0.0f);
        mypwmB.write(Vr_adc);
        mypwmC.write(0.0f);
        wait_us(t);
         EN1=1; //1
         EN2=1; //1
         EN3=0; //0
         wait_us(tt);
         EN1=1; //1
         EN2=0; //0
         mypwmA.write(0.0f);
         mypwmB.write(0.0f);
         mypwmC.write(Vr_adc);
          wait_us(t);
         EN1=0; //0
         EN2=1; //1
         EN3=1; //1

         wait_us(tt);
       }
      else{
         mypwmA.write(0.0f);
         mypwmB.write(0.0f);
         mypwmC.write(0.0f);
        }
Speed=60*(1/(7.0*6*float(t)*1E-6))-476;
pc.printf("%.3f , %.3f \r" ,Speed ,Vr_adc);
      }
}
```

コラム PWMでLEDの調光に挑戦

図6に示すPWM端子(IN1 ~ IN3のいずれか)に，**図A**のように抵抗とコンデンサ，LEDを接続します．

mbed画面から「インポート」をクリックし，Nucleo_pwm_LEDを検索，インポートします．コンパイルしてマイコン・ボードにプログラムを書き込みます．

ここではLEDを光らせるだけなのでPCとモータ制御キットとをUSBでつなぐだけです．プログラム書き込みが終了するとすぐに，LEDが周期的にほんのりと点灯し，消灯していく様子を確認できます．

PWM端子とLEDのアノードをモニタすると，PWM信号のデューティ変化と，連続したアノード電圧の変化が確認できます(**図B**，**図C**)．

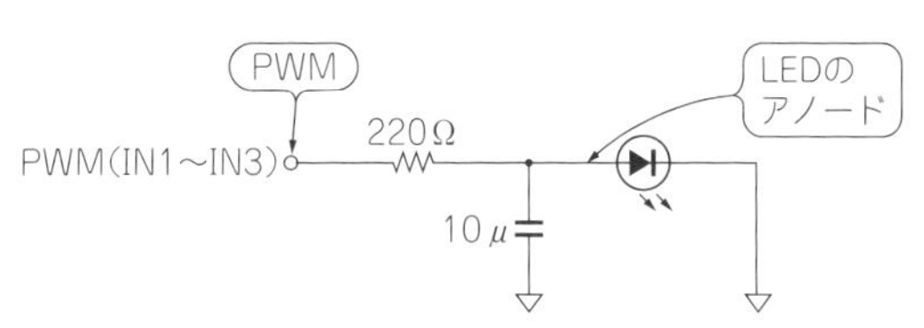

図A　IN1～IN3いずれかの端子にLEDを接続する

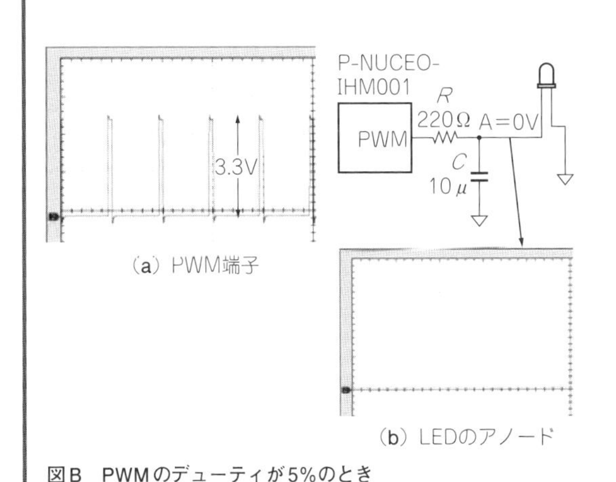

(a) PWM端子

(b) LEDのアノード

図B　PWMのデューティが5%のとき

(a) PWM端子

(b) LEDのアノード

図C　PWMのデューティが90%のとき

ステップ2…モータを回してみる

● 接続

DCブラシレス・モータとモータ・ドライバ・ボードを，**図6**のように位置と色を間違えずにつなぎます．電源は9V ~ 12Vを供給してください．CQ出版社から購入したボリュームもつなぎます．

本章ではホール・センサ基板は使用しません．もちろん，ホール・センサ基板からのコネクタを外しておけば，ホール・センサ基板がモータにセットされていても問題ありません．これでDCブラシレス・モータを回す準備ができました．

● 波形観測

mbedのインポート画面から，F302R8_OPEN_BLDCをインポートします．コンパイル後，マイコン・ボードにプログラムを書き込みます．ボリュームをゆっくり右に回してください．モータが回り始めます．回らない場合はモータおよびボリュームの接続を再確認してください．オシロスコープでPWMu，PWMv，PWMwとEN1，EN2，EN3をモニタした波形を**図7**に示します．

● プログラム

リスト2にプログラムを示します．UVW相の転流タイミングはボリュームの値から求めています．ボリューム値が大きくなるに従って転流タイミングを早くし，回転速度を上げています．

第1章

1番基本のセンサ付き制御

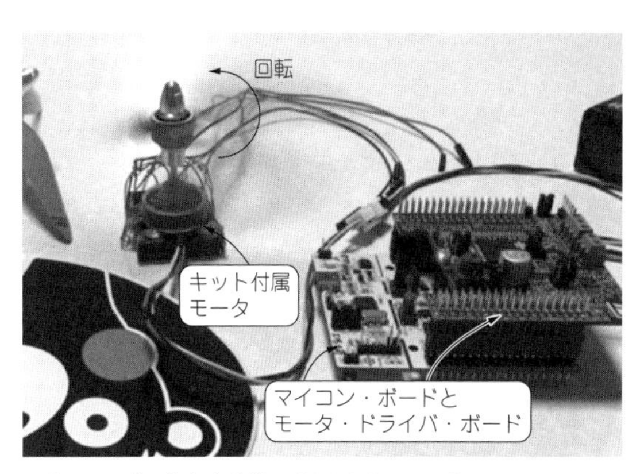

写真1　まずは基本方式「矩形波駆動」でDCブラシレス・モータを回す

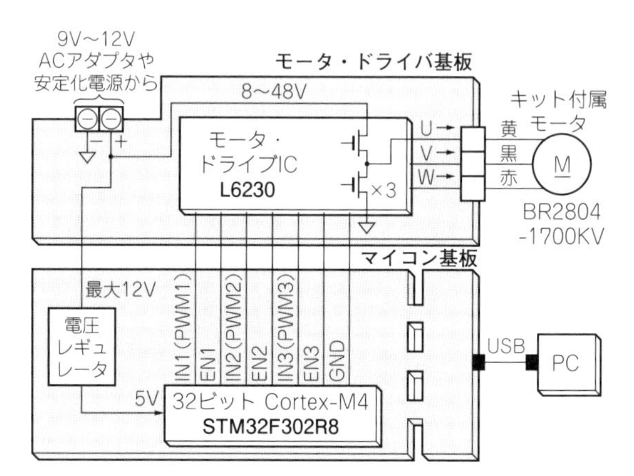

図1　DCブラシレス・モータ3大制御制覇のための実験構成

基本の「センサ付き矩形波駆動」で回してみる

DCブラシレス・モータの制御(**写真1**, **図1**, **図2**)には以下の3つがあります.

- 矩形波駆動
- 正弦波駆動
- ベクトル制御

図2の中で最も基本となるのは「矩形波駆動」です. 他の2つと比べて最も演算負荷が少なく, 8ビット・マイコンでも十分駆動できます. 演算負荷が少ない点で, 他の2方式よりも最高回転数をたたき出しやすい方式です. コスト・パフォーマンスに優れているため, 多くの機器で使われています.

PWM駆動をすることで, 回転数や出力を調整します. ただし, 静音性および効率は, のちに紹介する正弦波駆動とベクトル制御よりも劣ります.

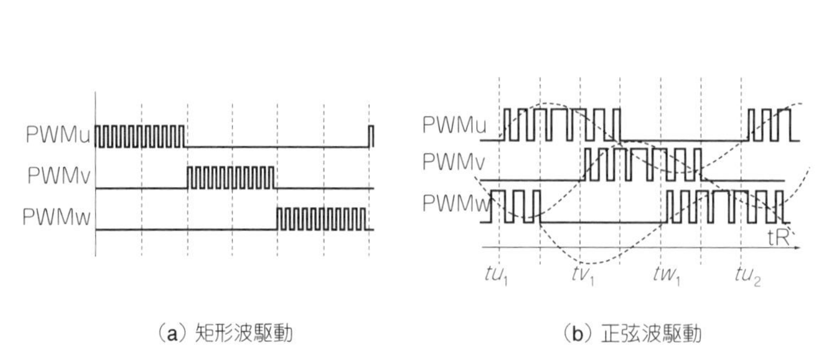

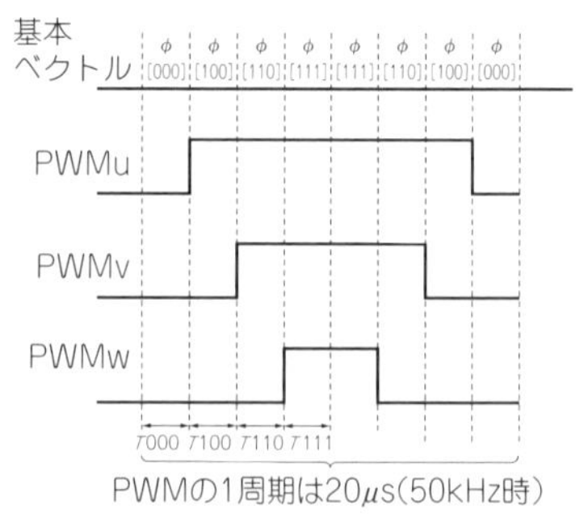

図2　PWM信号の出力を適切に制御すればいろんな駆動方式が実現できる

DCブラシレス・モータの基礎知識

● 基本構造

矩形波駆動の動作原理の説明の前に，DCブラシレス・モータの構造を確認しましょう．**図3**がDCブラシレス・モータの構造になります．回転軸は磁石になり，回転軸が中心にあるものをインナ・ロータ，回転軸が外側にあるものをアウタ・ロータといいます．

インナ・ロータは主に小型で低トルク，高速回転などの用途（掃除機など），アウタ・ロータは主に高トルク/中速回転域（電動バイクなど）の用途に向いています．

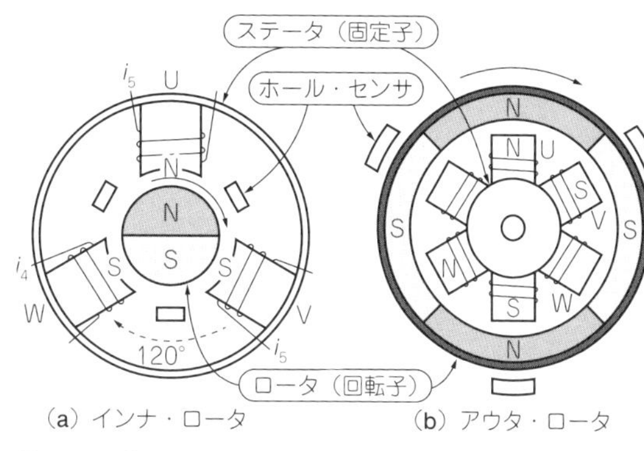

図3　DCブラシレス・モータの基本構造

● センサを使う制御と使わない制御がある

図3には回転軸の位置を検出するホール・センサを記していますが，このホール・センサを使わない制御をセンサレスといいます．

センサ付きは，プログラムが簡易であり，確実な始動で最高回転数を出すことができます．なお，ホール・センサを使わない「センサレス6ステップ矩形波駆動」については，別途，説明します．それぞれの長短所を**表1**にまとめます．

回転のメカニズム

● 原理…6個のスイッチ（MOSFET）を順番にON/OFFすると回る

今回はホール・センサを使って回転磁極位置を検出しつつモータを回転させる「6ステップ矩形波駆動」を説明します．

DCブラシレス・モータのインナ・ロータ・タイプに電流i_5を流します［**図4**(a)］．するとU相ステータがコイル電流右ねじの法則によりN極に励磁されます．同時にV相ステータがS極に励磁するように電流i_5を流します．このときのW相コイルは何も駆動しないオープン状態です．

次にW相をアクティブにし，V相をオープンにするよう電流i_4を流します．電流i_4によりW相は励磁S極になり，ロータ磁石が3分の1回転（120°）します．ここまで2ステップを行っています．

以上の同じ2ステップ操作をV相とW相に対して行い［**図4**(b)，(c)］，合計6ステップでロータ磁石が1回転（360°）します．これら電流iの切り替えを転流といいます．

なお，センサ付きでは，ホール・センサがロータ位置を検出し，それに基づいて各相の転流タイミングを細かく制御できます．そのため，センサ付き6ステップ矩形波駆動によるDCブラシレス・モータでは，最高回転数を出しやすく，かつ低速回転やゼロ速からの確実な始動を容易にします．

● 「120°矩形波通電」とも言う

図4に示した各MOSFETをON/OFF（駆動）するための出力波形を**図5**に示します．出力のUH/VH/WH，UL/VL/WLをスイッチングすることでi_1～i_6の電流の流れができます．

以上がDCブラシレス・モータの6ステップ矩形波駆動の原理になります．6ステップ矩形波駆動は，電気角で120°ごとにPWM出力するMOSFETを切り替えるため，120°矩形波通電駆動ともいいます．

表1　センサ付き制御とセンサレス制御は一長一短ある

長短所 方式	短　所	長　所	用　途
センサ付き	• 配線が多い • センサは熱に弱いので過酷な状況では使用不可	• 最高回転数を出しやすく，かつ極低速回転可能 • ゼロ速から確実な始動 • プログラム簡易	• 洗濯機 • 電動アシスト自転車 • EV
センサレス	• 逆起電力を利用するため最高回転数に限界があり，かつ低速回転は無理 • ゼロ速からの始動がしにくい • プログラムが複雑	• 配線少なくコスト重視 • センサなしにて過酷状況で使用可能	• ドローン • コンプレッサ • 扇風機 • 掃除機

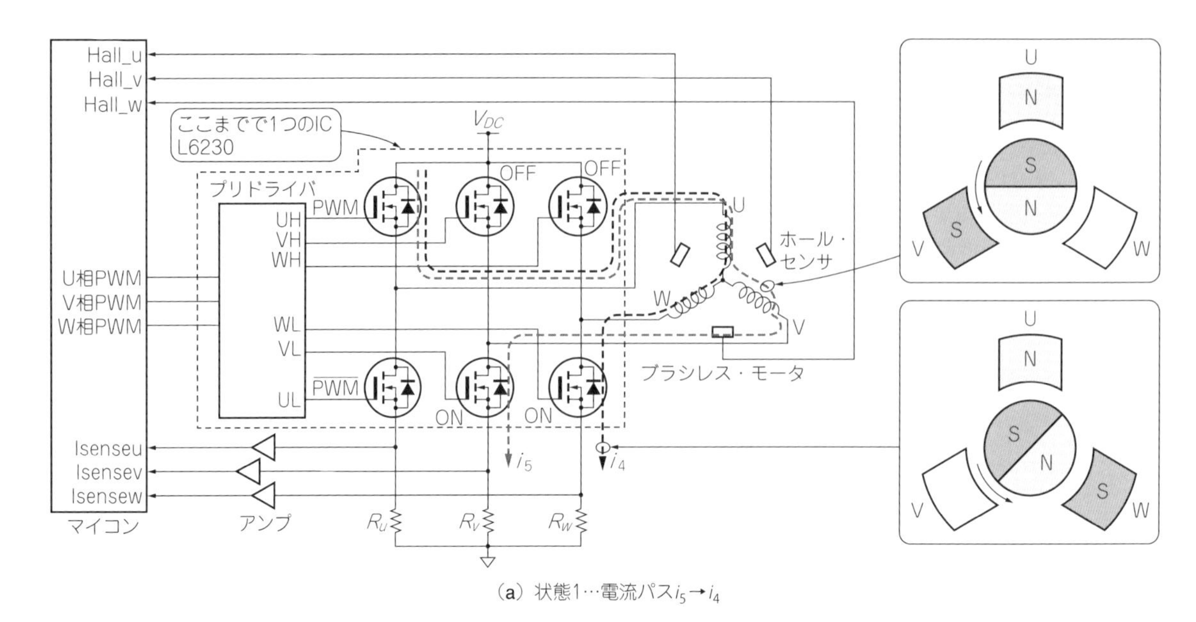

(a) 状態1…電流パス$i_5 \rightarrow i_4$

V_{DC} OFF OFF ON ON U W V ブラシレス・モータ i_2 i_6 U S N S V N W U N S V N S W

(b) 状態2…電流パス$i_6 \rightarrow i_2$

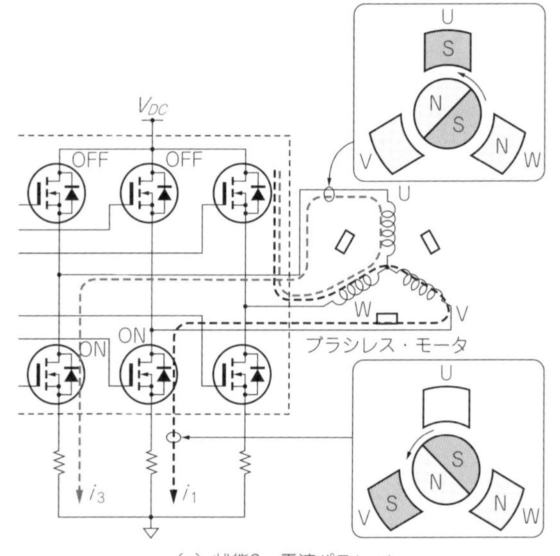

(c) 状態3…電流パス$i_3 \rightarrow i_1$

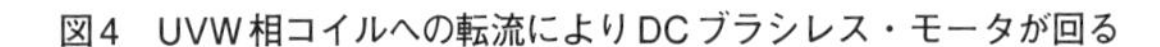
図4　UVW相コイルへの転流によりDCブラシレス・モータが回る

● 制御で怖いこと…タイミングを誤って電源とグラウンドがショートすると最悪壊れる

図5に示した通りUH，VH，WHはPWM出力になります．上側のUH，VH，WHがONしているときに，下側のUL，VL，WLがONしてしまうと，上側電源とグラウンドがショートして貫通電流が流れます．この貫通電流が発生すると，瞬時にMOSFETは破損します．

貫通電流（**図6**）防止のため，両者のMOSFETがOFFする期間である「デッド・タイム」付きの相補反転PWM出力を使うようにしています（**図7**）．

デッド・タイムはモータ・ドライブIC L6230が生成します．

図8に各相を単純に反転した場合のタイミングを示します．論理ゲートの遅延によって上側がONの後に下側がOFFになりますので，上側ON-下側ON同時期間が必ず存在します．結果，大電流が流れてMOSFETが破損に至ります．

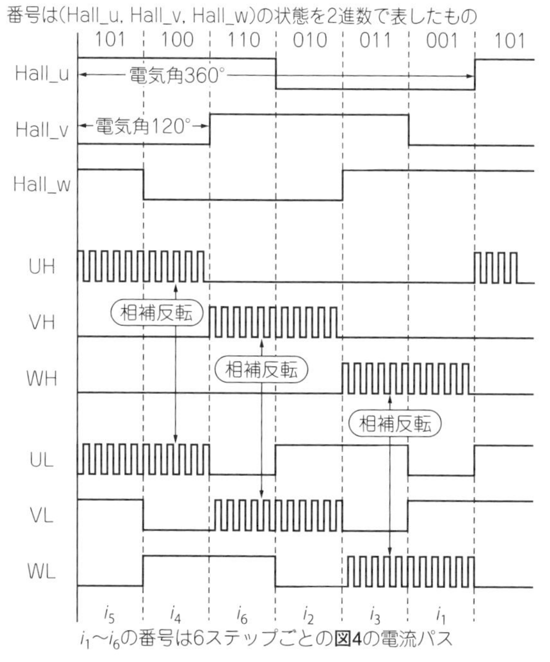

図5　6ステップ矩形波駆動のタイミング

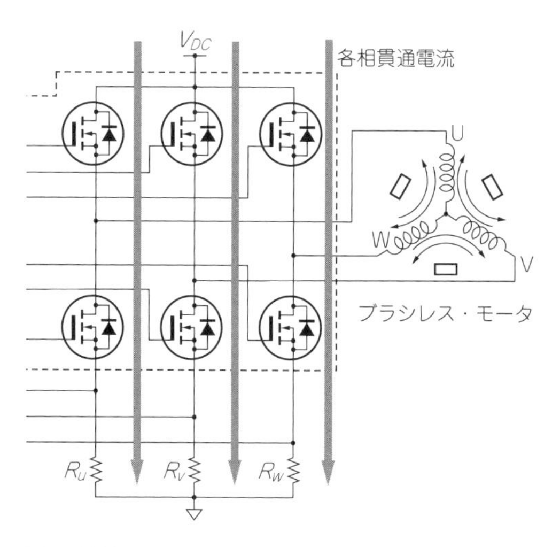

図6　絶対やってはいけないこと…タイミングを誤って上側と下側のMOSFETを同時ONすると電源とグラウンドがショートして(貫通電流が流れて)最悪壊れる

制御周期と実際のモータ回転周期の関係

図9は今回使用するDCブラシレス・モータを上から見た様子です．アウタ・ロータ型で永久磁石が7ペア(N極7個，S極7個)になります．今後の3大制御で回転数評価が一番重要になってきますので，キット

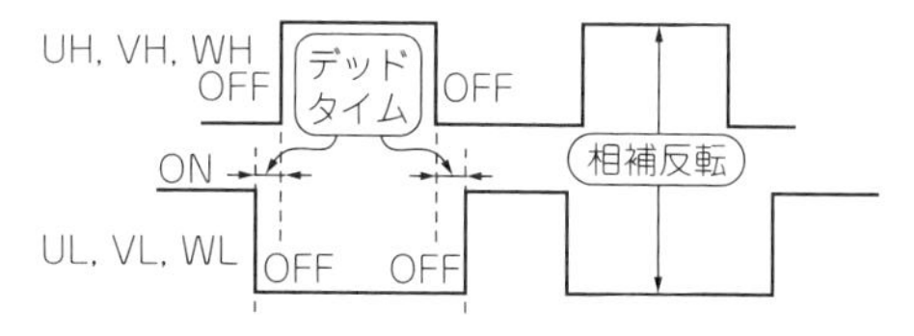

図7　貫通電流が生じないようなPWM波形を出力する相補反転PWM出力

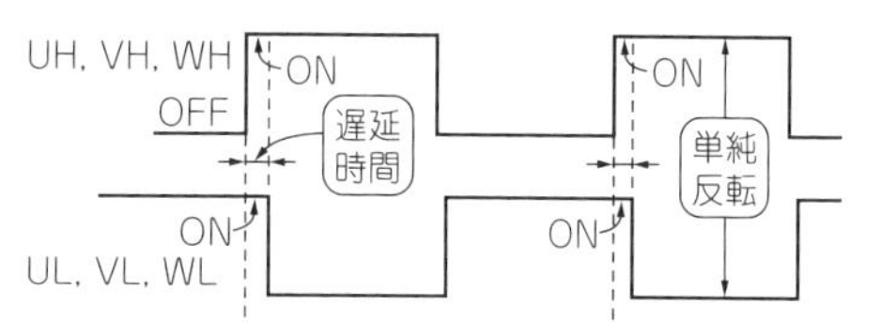

図8　これは素人考え…PWM信号を単に反転して上側と下側をON/OFFするだけだと貫通電流が生じてしまう

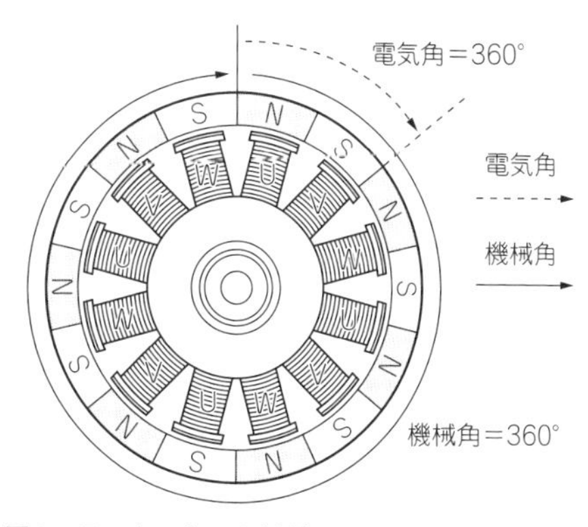

図9　モータ・キット付属のモータBR2804-1700KVはアウタ・ロータ14極(N極7，S極7)の7ペア

付属のDCブラシレス・モータ(BR2804-1700KV)の回転数をプログラムで取得する場合の要点を次に述べます．

アウタ・ロータ回転により各相に注目すると，NとS極が横切ると電気角は360°になります．機械角の360°は**図9**のように回転軸1周になります．機械角360°の中に磁極ペアは7つありますので，電気角と機械角の関係は式(1)になります．

$$\text{機械角} = \frac{\text{電気角}}{\text{磁極ペア数}} = \frac{360}{7} = 51.4 \cdots\cdots\cdots\cdots (1)$$

電気角360°で機械角は51.4°しか回りません．通常，モータの回転数は1分間の回転数[rpm]で表されます．「電気角360°時間」=「相周期時間が7回」(磁極7ペア)でロータは1回転します．ロータの回転時間t_R [s]は，

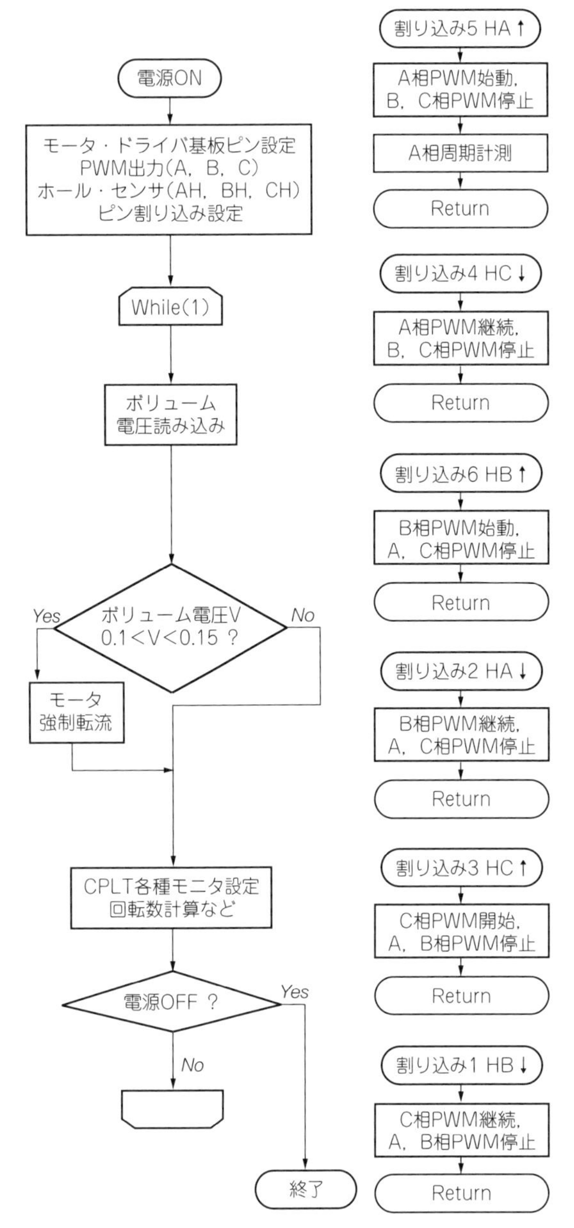

図10 6ステップ矩形波駆動(センサ付き)のフローチャート

$$t_R = P \times t_F \quad \cdots\cdots (2)$$

ただし，t_R：ロータの1回転の時間[s]，P：磁極ペア数，t_F：相周期時間[s]

になります．1分間のロータ回転数k[rpm]は，

$$k = 60 \times \frac{1}{t_R} = 60 \times \frac{1}{P \times t_F} \quad \cdots\cdots (3)$$

になります．従って付属DCブラシレス・モータの回転数は式(3)をプログラミングします．この式は次章以降も使用します．

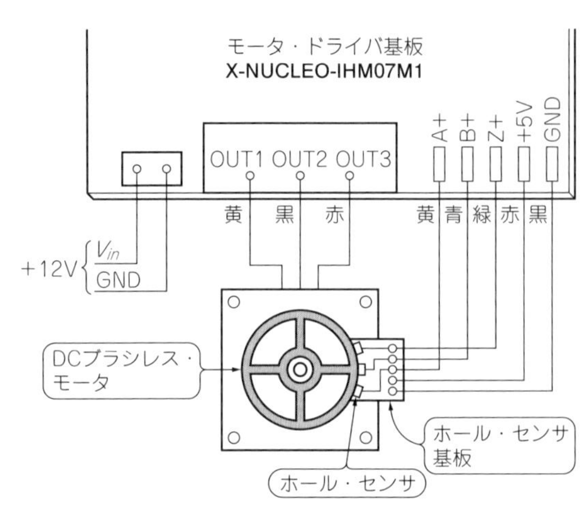

図11 モータの回転位置を知るためのセンサ回路

プログラム

● ホール・センサからのパルスで割り込みをかける

図10に6ステップ矩形波駆動のフローチャートを示します．マイコン・ポートのハードウェア・エッジ割り込みを利用します．ホール・センサ出力信号のHA，HB，HCの立ち上がり，立ち下がりエッジ信号のタイミングで各固定スロットA相，B相，C相をPWM駆動します．

● 始動は強制的に電流を流す

図5を併せて確認します．始動は回転磁極位置を無視した$i_5 \rightarrow i_4 \rightarrow i_6 \rightarrow i_2 \rightarrow i_3 \rightarrow i_1$を強制的に数十回繰り返します．これを強制転流といいます．強制転流でロータ磁石によってホール・センサの信号が発生します．この発生したホール・センサ信号のエッジでロータ位置が分かりますので，回転磁極位置と同期した各相の転流が始まります．

アルゴリズムでの信号名は実際のソースコードに合わせた名前になっています．ソースコードでU，V，W相，Hall_u，Hall_v，Hall_wの名前を使用しない理由は，後で行う進角調整の結果により，ソースコードA相がU相やV相，W相になる可能性があるからです．ホール・センサも同様です．

特筆すべき点は図5のようなUL，VL，WLの信号を作らなくても，モータ・ドライバL6230が自動でPWM相補反転や電流駆動タイミングを作成してくれますので，プログラミングがぐっと楽になります．

リスト1　矩形波6ステップ駆動のプログラム(センサ付き) Nucleo_Hall_BLDC_rpm_2

```
#include "mbed.h"
#include "rtos.h"

unsigned int q=0,r=0,s=0,START=8;
PwmOut mypwmA(PA_8); //PWM_OUT
PwmOut mypwmB(PA_9); //PWM_OUT
PwmOut mypwmC(PA_10);//PWM_OUT

DigitalOut EN1(PC_10);
DigitalOut EN2(PC_11);
DigitalOut EN3(PC_12);

InterruptIn  HA(PA_15);
InterruptIn  HB(PB_3);
InterruptIn  HC(PB_10);


AnalogIn V_adc(PC_2);        //External Volume
//AnalogIn V_adc(PB_1);      //Internal (Blue) Volume-①

Serial pc(USBTX,USBRX);
DigitalOut myled(LED1);

float Vr_adc=0.0f;
Timer uT;
float ut1=0,ut2=0,usi=0;

float Speed=0;

 void HAH(){
    s=r%2;
      if(s==0){
      ut1=uT.read_us();
      r++;
              }
      if(s==1){
      ut2=uT.read_us();
      r++;
      uT.reset();
              }
    mypwmA.write(Vr_adc);
    mypwmB.write(0);
    mypwmC.write(0);
     }
 void HAL(){
    mypwmA.write(0);
    mypwmC.write(0);
     }
 void HBH(){
    mypwmA.write(0);
    mypwmB.write(Vr_adc);
    mypwmC.write(0);
     }
 void HBL(){
   mypwmA.write(0);
   mypwmB.write(0);
      }
 void HCH(){
    mypwmA.write(0);
    mypwmB.write(0);
    mypwmC.write(Vr_adc);
     }
```

```
  void HCL(){
     mypwmB.write(0);
     mypwmC.write(0);
      }

int main() {
   pc.baud(128000);

   EN1=1;
   EN2=1;
   EN3=1;

     mypwmA.period_us(20);
     mypwmB.period_us(20);
     mypwmC.period_us(20);

 while(1) {

       Vr_adc=V_adc.read();
        uT.start();

 if((Vr_adc>0.15f)&&(q==0)){
  while(q<50){

     mypwmA.write(0.5f);
     mypwmB.write(0);
     mypwmC.write(0);
     wait_ms(START);

     mypwmA.write(0);
     mypwmB.write(0.5f);
     mypwmC.write(0);
     wait_ms(START);

     mypwmA.write(0);
     mypwmB.write(0);
     mypwmC.write(0.5f);
     wait_ms(START);
     q++;
       }
     }

         HA.rise(&HAH);
         HC.fall(&HCL);
         HB.rise(&HBH);
         HA.fall(&HAL);
         HC.rise(&HCH);
         HB.fall(&HBL);
      //  s=0;
     if(Vr_adc < 0.1f){
         q=0;
         }

       usi=abs(ut2-ut1);
       Speed=60*(1/(7.0*usi*1E-6));
       pc.printf("%.3f , %.3f \r" ,Speed ,Vr_adc);
      // UP=HA; VP=HB; WP=HC;
      // pc.printf("%d  ,%d ,%d\r" ,UP,VP,WP);
        myled = !myled;

     }
}
```

- q強制転流回転，r，s相周期変数，START強制転流速度
- L6230へ　U，V，W相イネーブル信号
- ホール・センサ信号A，B，Cポート・エッジ割り込み
- 速度ボリューム変数
- タイマ設定
- 転流時間計測変数
- 回転数の変数
- 2の余り計算
- 余り0の場合A相立ち上がりエッジ1回目
- 1回目立ち上がり時間キャプチャ
- 余り1の場合A相立ち上がりエッジ2回目
- 2回目立ち上がり時間キャプチャ
- タイマ・クリア
- PWM_Aスタート
- 電気角1周期(360°)時間計測
- PWM_Bスタート
- PWM_Cスタート
- USARTボー・レート設定
- L6230各相のイネーブル・ピン，常にイネーブルにする
- PWM周期50KHz設定
- ボリューム電圧読み込み
- タイマ・スタート
- 強制転流(50÷7)回転
- ホール・センサ・エッジ割り込みサブルーチン呼び出し
- ボリューム電圧<3.3×0.1 qを0に回転
- 電気角1周期時間
- モータ回転数算出 14極7ペア
- ホール・センサCPLTモニタ用
- 回転数CPLTモニタ用

● プログラムの入手方法

実際のプログラム「Nucleo_Hall_BLDC_rpm」をリスト1に示します．mbed.orgのプログラムのインポート画面において，「akiyoshi oguro」で検索すると見つかります．

モータ・ドライバ基板の端子配置

DCブラシレス・モータとモータ・キットを図11のようにつなぎます(モータ・キットのジャンパを設定する必要はありません)．

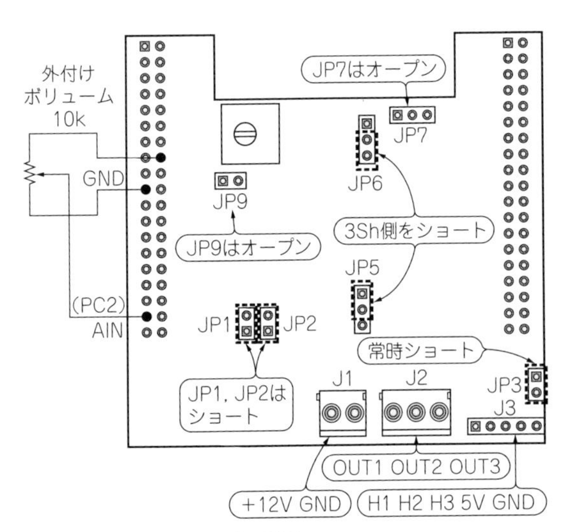

図12　実験で使う信号の端子配置

Nucleo-F302R8のピン・コネクションは**図12**を参照してください．**図12**のAIN(PC_2)には外付けボリュームを接続します(3.3VとGNDも使用)．外付けボリュームと実装された青いボリュームの切り替えは**リスト1**①で行います．使わない方をコメントアウトしてください．

回してみる

リスト1(Nucleo_Hall_BLDC_rpm)をモータ・キットに書き込みます．まず，mbed開発環境上で「akiyoshi oguro」が公開した`Nucleo_Hall_BLDC_rpm`を検索します．

①ワークスペース画面左上のインポート・タブをクリック
②検索タブに「akiyoshi oguro」と入力して検索
③`Nucleo_Hall_BLDC_rpm`を選択してダブルクリックする

すると，自分のプログラム・ワークスペースにダウンロードされます．コンパイル後，モータ・キットに実行ファイルを書き込みます．

モータ・ドライバ・ボードには，安定化電源またはACアダプタから9～12Vを投入してください．

ボリュームをゆっくり回しながら，最大にしてみましょう．16,000rpmほどまで回転します．回らない場合は，ホール・センサの位置を確認してください(第2部第4章)．

＊　＊　＊

次章はホール・センサなしで6ステップ矩形波駆動を実現するセンサレス制御について説明し，センサ付きの6ステップ矩形波駆動との評価比較を説明します．

第2章 センサレス制御

DCブラシレス・モータの駆動の基本である「矩形波駆動」は，ロータ位置をホール・センサで検出するセンサ付きの制御方式でした．今回はホール・センサを使わないで済ませられるセンサレス制御(**写真1**)について解説します．

写真1　外付けホール・センサが不要な「センサレス制御」を初体験してみる
少し面倒だったホール・センサの位置合わせが不要に

基本方式「矩形波駆動」のおさらい

● 各コイルに流す電流を6個のスイッチで切り替える

図1に6ステップ矩形波駆動回路の基本形を示します．U，V，W相のコイルに流す電流をi_5→i_4→i_6→i_2→i_3→i_1の6ステップで切り替えます(転流)．この電流により各コイルに磁界を発生させ，永久磁石であるロータが回転します．ロータをスムーズに回すためには，タイミング良く転流しなければなりません．

● 電流の切り替えタイミングを知る必要がある

転流のタイミングはロータの磁極位置によって制御します．これはセンサで取得する方法(センサ付き制御)と，回転磁石の誘起電圧(逆起電力)で取得する方法(センサレス制御)があります．センサレスでもセンサ付きのどちらでも，3相のコイルに順番に電流を流すことでロータが回ります．

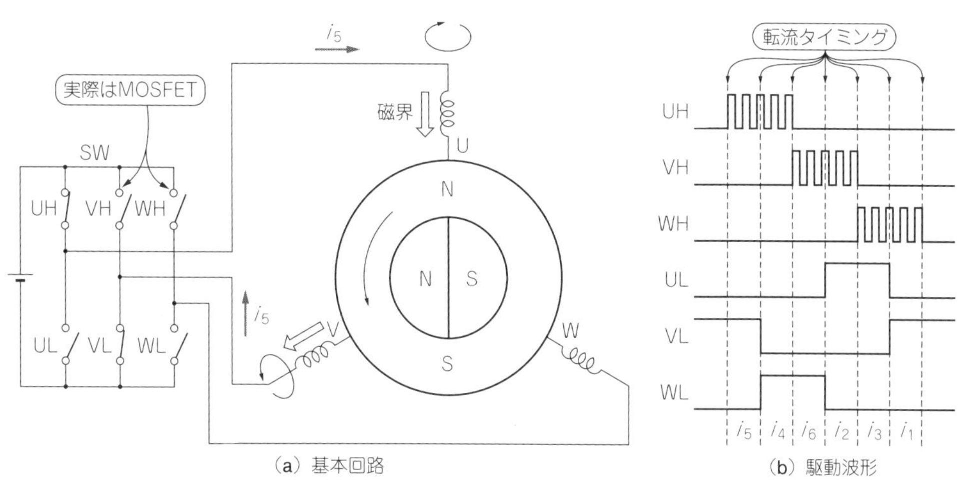

図1　おさらい…基本方式「矩形波駆動」における6ステップの上側/下側スイッチの動き

センサレス制御のメリット

前章はホール・センサにて回転する磁極位置を検出することによって，モータ電流の転流の6ステップ矩形波駆動を実現しました．このホール・センサを使わずに6ステップ矩形波駆動を実現することをセンサレス制御といいます．磁極位置の検出に使われるものはホール・センサ以外にも，ロータリ・エンコーダやレゾルバなどがあります．

ホール・センサをなくすメリットとしては，

①センサへの配線がなくなる
②熱に弱いセンサがなくなるため過酷な環境でモータを利用できる

が挙げられます．その他のメリット，デメリットは，次章，「センサ付き，センサレスの評価結果」で説明します．

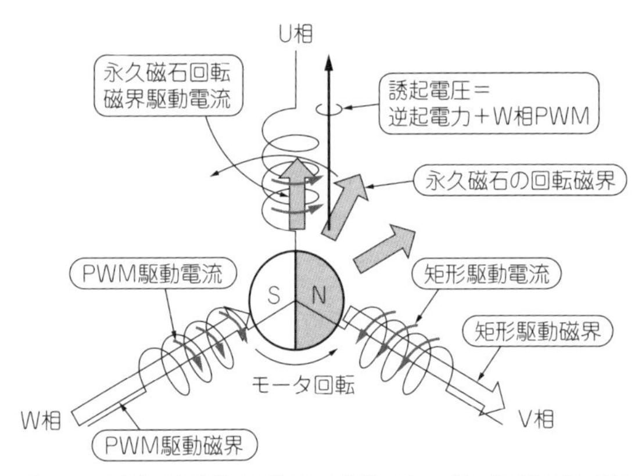

図2　U相誘起電圧（逆起電力）**の発生メカニズム**（W相PWM駆動時）

外付けセンサなしでも磁極位置が分かるメカニズム

● 逆起電力の量を見る

センサレスの場合，ロータ永久磁石の位置検出は，逆起電力（誘起電圧）をモニタすることで実現します．

回転磁石の磁界がU，V，W相を横切り，フレミング右手の法則で駆動電流と，逆方法に電流を流す起電力が発生します（**図2**）．これを逆起電力といいます．ここでは「誘起電圧＝他の相からのPWM駆動電圧＋永久磁石逆起電力」とします．

この誘起電圧が生ずるのは，**図2**（W相PWM駆動時）から見ると，回転磁石のN極がまさにU相を横切るタイミングです．この逆起電力が上がるタイミングでロータ位置を推定します．

センサレス制御ではホール・センサを使わない代わりに，このロータ位置の推定が必要となります．センサレス制御では，この逆起電力（BEMF）の大きさを判断し，これを回転位置情報として制御することになります．**図2**の例ではW相はPWM駆動，V相は矩形駆動で，U相はハイ・インピーダンス状態になります．このU相の誘起電圧をモニタすることで，ロータの磁極位置が推定できるのです．

● モータ・ドライバ・ボードとマイコンの接続

モータ制御体験キットP-NUCLEO-IHM001に含まれるモータ・ドライバ・ボードX-NUCLEO-IHM07M1には，マイコンからモータを制御するために，MOSFET 6個入りのモータ・ドライバIC L6230が搭載されています．**図3**がこの逆起電力をマイコンでモニタする際の回路です．L6230からの出力OUT1，OUT2，OUT3を，抵抗を介してマイコンのA-Dコンバータに入力し，逆起電力（BEMF）の大きさを判断

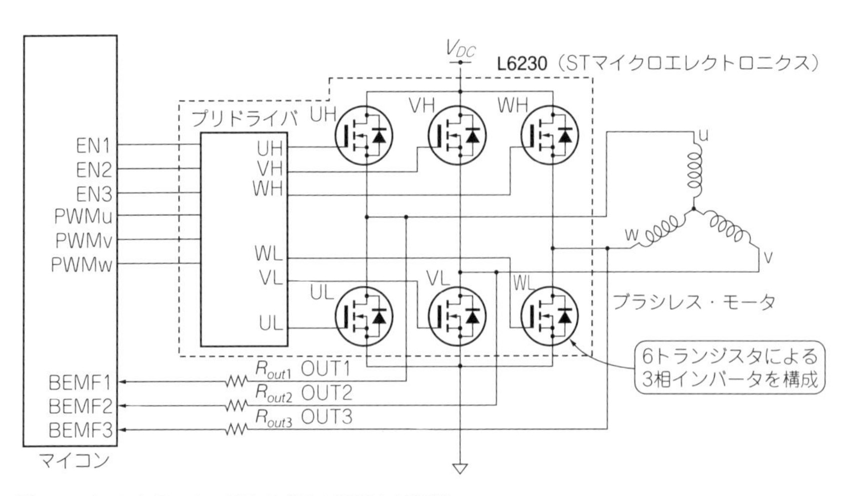

図3　マイコンとモータ・ドライバIC L6230との接続

します．

図4に逆起電圧のモニタ・メカニズムを示します．インバータ駆動UVW3相のうち，1つの相はPWM波形で駆動します．もう1つの相は駆動電流を流すパスになります．最後の相はハイ・インピーダンス（HZ）状態にすることによってマイコンのA-Dコンバータで逆起電力（BEMF）をモニタしやすい状態にします．

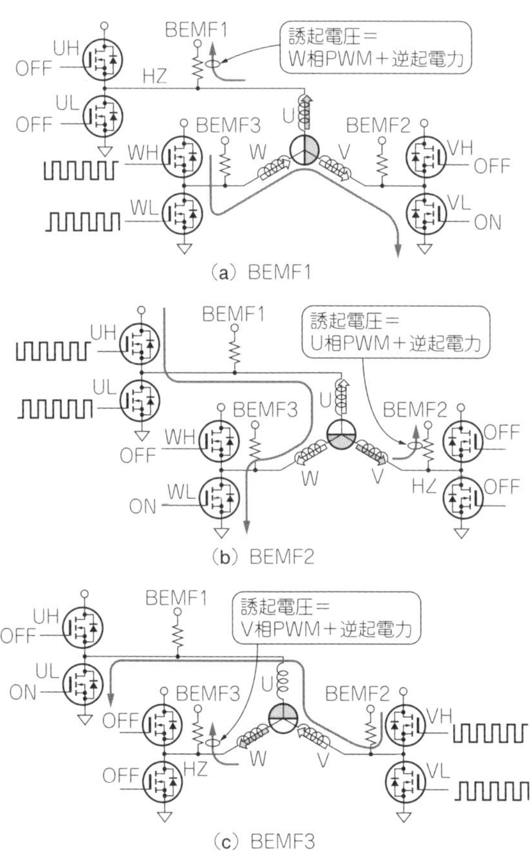

図4　逆起電力がBEMF1/BEMF2/BEMF3端子に現れるまで

● 逆起電圧はここで確認できる

図5を見るとU相PWM駆動の前ふちで「誘起電圧＝W相PWM駆動＋永久磁石逆起電力」波形が出ています．U相後ふちはV相PWM駆動波形だけが出ています（**図6**）．また，回転数が低速から高速になると，この前ふちの誘起電圧の振幅が大きくなります．

● マイコンはBEMF*x*をA-Dコンバータで取り込みPWM*x*とEN*x*を作る

モータ・ドライバ L6230のEN1，EN2，EN3の入力ピンは，'1' のときMOSFET出力をイネーブルにします．'0' のときMOSFET出力はハイ・インピー

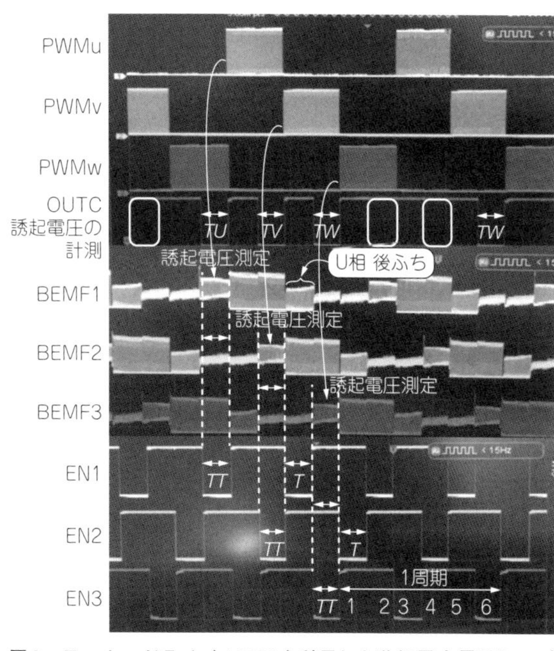

図6　モータ・ドライバ L6230を利用した逆起電力電圧キャプチャ・タイミング

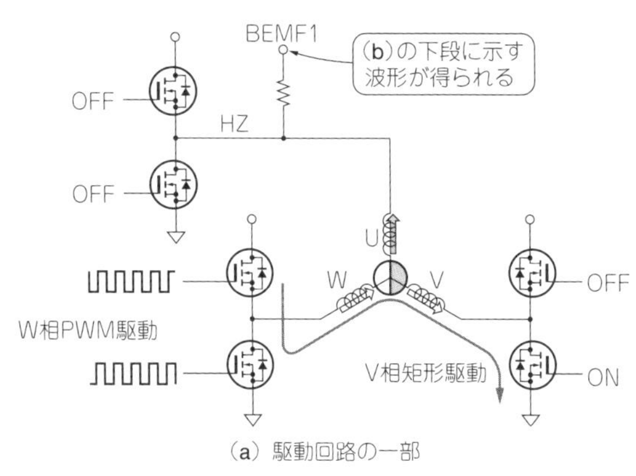

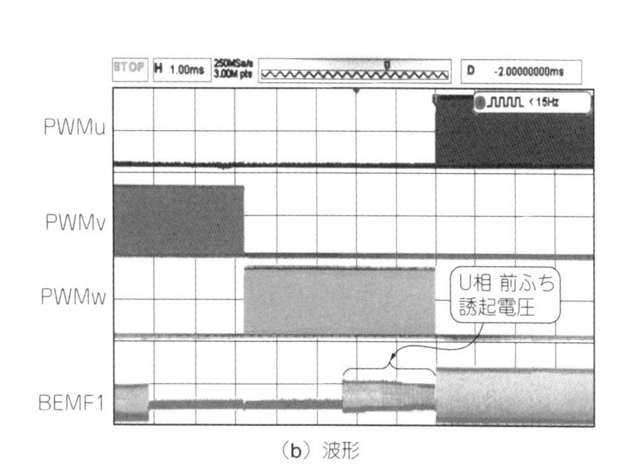

図5　逆起電圧の観測

ダンスです．ENxのタイミングを**図6**に示します．

PWMu，PWMv，PWMw駆動の前段で各ENxを'0'にしてハイ・インピーダンス状態を作り，逆起電力をマイコンのA-Dコンバータでモニタします．逆起電力をA-Dコンバータで取り込み，コンパレータで比較処理した結果が**図6**のOUTCです．このOUTCは回転位置情報かつ転流タイミングの情報をもたらしてくれます．

この各相逆起電圧モニタ結果のパルス幅TU，TV，TWを計測します．このパルス幅をENxのハイ・インピーダンス状態時間TTにフィードバックします．誘起電圧モニタ＝回転磁石の位置になりますので，このOUTCが0になる立ち下がり時間からTT秒後に各相の転流タイミングにします．

図6から分かるように$T \times 6 = 1$周期になります．誘起電圧が回転ムラやノイズの影響で誘起電圧しきい値を超えない場合があります．この場合，マイコン側のA-Dコンバータが読み込みでしきい値を設定しますので，誘起電圧モニタ結果がしきい値を超えず，**図6**の白丸のように失敗する場合があります．

新たにTTを取得するまでは前回のTTをキープし，回転位置の算出を行います．

以上のようにして，誘起電圧に基づいて回転位置情報を求めることにより，センサレス制御でもモータの回転を制御できます．

回してみる

● モータ・ドライバ・ボードの設定

モータ・ドライバ・ボードをセンサレス駆動モードに設定します．**図7**に設定およびモニタ・ピンを示します．**JP1**，**JP2**はオープンです．**J5**，**J6**は1 Sh側に接続します．逆起電力モニタ結果ピンはCN10の2番ピンになります．

速度調整に外付けボリュームが必要になります．備え付けの青いボリュームはセンサレスでの進角調整に利用します．今回はセンサレスですのでホール・センサ・ピン J3への接続は不要です．

● 矩形波駆動のアルゴリズム

続いて，センサレス6ステップ矩形波駆動のアルゴリズムを説明します．

図8～**図10**にセンサレス6ステップ矩形波駆動のフローチャートを示します．本プログラムの最大の特徴は，回転位置検出をENxの制御によって回転軸N極がステータを横切る時間幅Tで表している点にあります．この方式ならN極がステータを横切る瞬間を利用するエッジ方式よりも若干，誤差が出ますが，TT（**リスト1**の`wait tt`）の時間を削減し，転流駆動を早めることによって（進角調整），この誤差を無くすようにできます．

このアルゴリズムでは，**図8**のフローチャートに示すように，900rpm以上で逆起電力のフィードバック

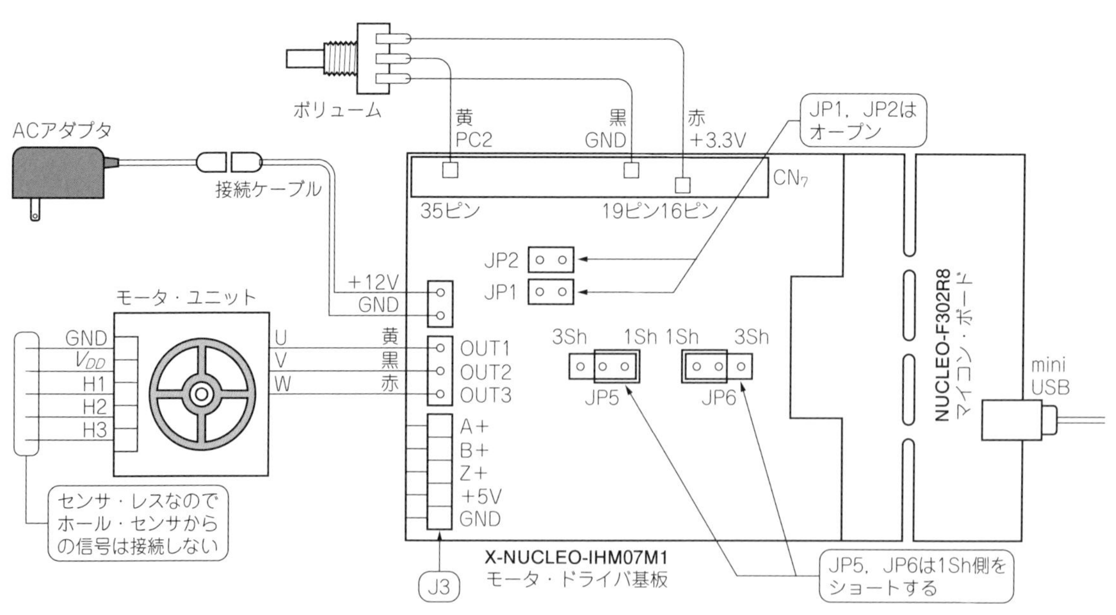

図7　モータ・ドライバ基板の使用端子

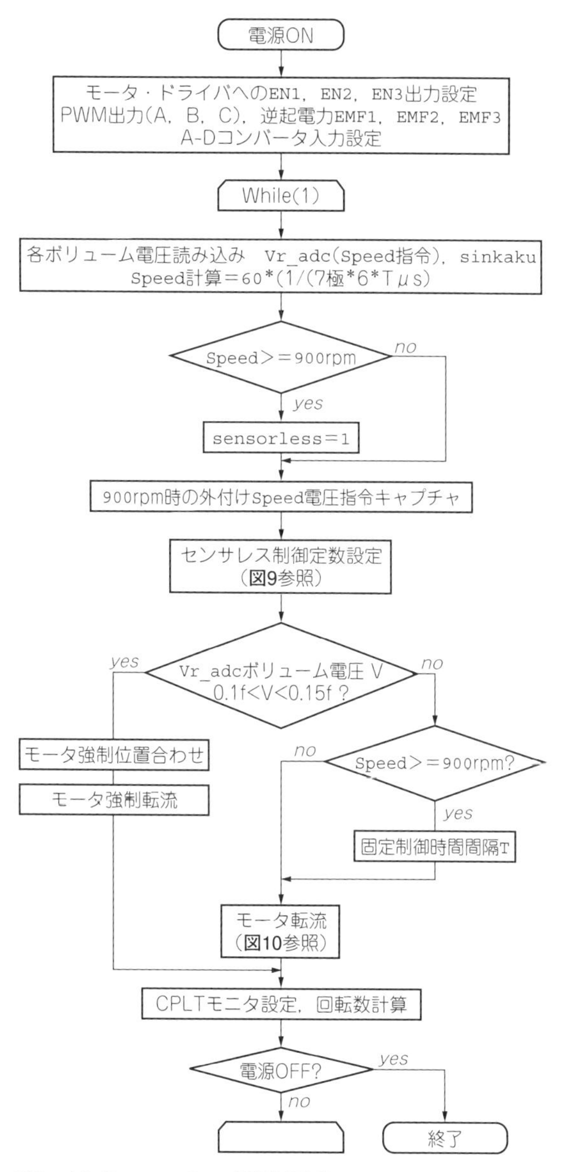

図8　センサレス6ステップ矩形波駆動のフローチャート

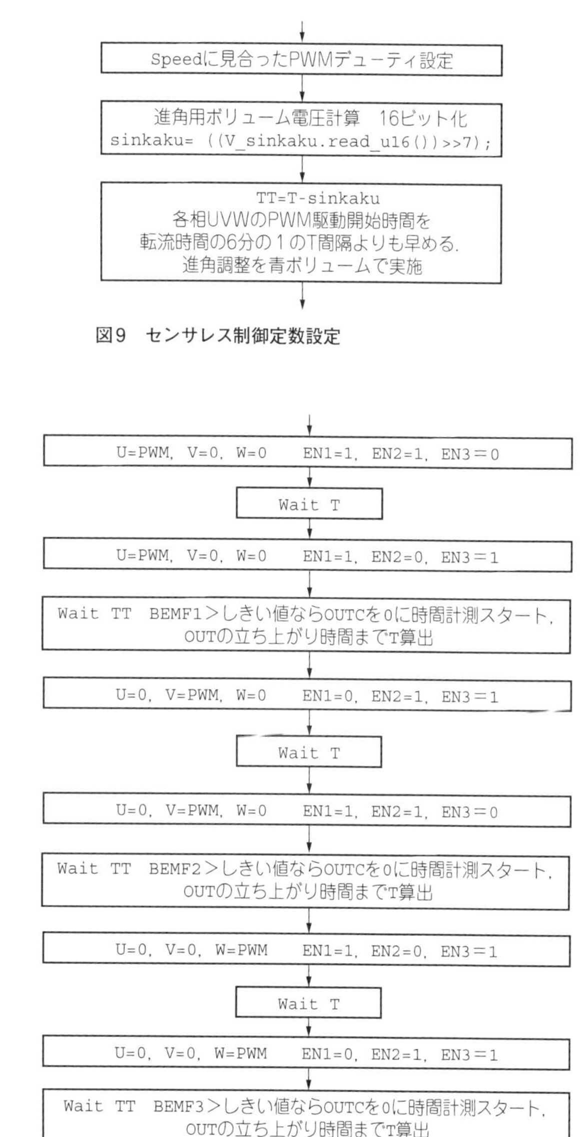

図9　センサレス制御定数設定

図10　モータ転流アルゴリズム

のセンサレス制御，900rpm以下でオープン・ループ制御になります．誘起電圧はある程度回転速度が上がらないと上がらないため，900回転をオープン・ループ→センサレス制御切り替えのしきい値にしています．sensorless(PC_4)の信号をモニタすると，オープン・ループからセンサレス制御に移行する状態が観察され，センサレス制御に移行すると波形が‘1’になります．

sensorless(PC_4);をモニタすると，センサ付きでは0，センサレスに移行すると1になり，センサ付きからセンサレスに移行したかを確認することができます(**図11**)．

● センサレス進角調整は自分でアレンジする

センサレス制御においても，マイコンからの転流指令遅れでの最高回転数と効率劣化対策のために，進角調整が必要となります．マイコン基板上の青いボリュームは，ホール・センサの転流タイミングを早める進角調整をします．始動時はボリューム0にしてください．速度調整ボリュームで速度を最高にします．次に青い進角調整ボリュームを上げることによって，回転数が上がってきます．回転数が上がっても電流が下がる点または音が静かになる点で青いボリュームを停止するなど，いろいろ試すことができます．これは青いボリュームによってプログラム中のTTを制御し，

リスト1　センサレス6ステップ矩形波駆動のプログラム Nucleo_Sensorless_Blushless_DC_（抜粋）

```
…略…
int main() {
…略…
  /*RtosTimer RtosTimerTS1(timerTS1);
   RtosTimerTS1.start((unsigned int)(TS1*5000));
   Thread::wait(100); */

 while(1) {

     HA.rise(&HAH);
     Vr_adc=V_adc.read();
     adc= V_adc.read_u16()>>4 ;

     sinkaku=((V_sinkaku.read_u16())>>7);

  if(i==0){
   mypwmA.write(0.5f);
   wait_ms(100);
   i=1;
   }

   tp=3300-(adc);

   if(sensorless==0){
     t=tp;
     tt=t;
   }

   Speed=60*(1/(7.0*6.0*t*1E-6));
   Speed_h=60*(1/(7.0*usi*1E-6));

   if(Speed<900){
     // t=tp;
      sensorless=0;
      s=1;
      }
   if(Speed>=900){

         if(s==1){
         ad_sensorless=Vr_adc;
         s=0;
         sensorless=1;
         t1=(abs(wsj-wsi));

         t=t1;
       // tt=t;
          }

    if((Speed >= 900)&&(Speed<=1500)){
      power=0.5;
      }
      if((Speed >= 1500)&&(Speed<=2000)){
      power=0.5;
      }
     if((Speed >= 2000)&&(Speed<=2500)){
      power=0.6;
      }
      if((Speed >= 2500)){
      power=0.7;

      }

     adc_s=Vr_adc-ad_sensorless;

     if(adc_s < -0.01){
       t2=t1+100;
       t=t2;
       tt=t-sinkaku;
        }

    if((adc_s > 0.0)&&(adc_s <= 0.05)){
       t2=t1-200;
       t=t2;
        tt=t-sinkaku;
       }
    if((adc_s > 0.05)&&(adc_s <= 0.1)){
       t3=t2-150; //100
       t=t3;
        tt=t-sinkaku;
       }
         :
      省略
         :
         :
       if((adc_s > 0.35)&&(adc_s <= 0.4)){
       t9=t8-70; //70
       t=t9;
        tt=t-sinkaku;
       }
      if((adc_s > 0.4)&&(adc_s <= 0.45)){
      t10=t9-40;
      t=t10;
       tt=t-sinkaku;
       }
      if(adc_s > 0.45){
      t=t10-30;
       tt=t-sinkaku;
       }
    }
     :
     :
 if(Vr_adc >0.05f){     //
      EN1=1;
      EN2=1;
      EN3=0;

      mypwmA.write(Vr_adc*power);
      mypwmB.write(0.0f);
      mypwmC.write(0.0f);

      wait_us(t);
       EN1=1;
       EN2=0;
       EN3=1;
    if(BEMF1>0.5f){
          OUTC=0;
      wsi=timer2.read_us();
          }
      wait_us(tt);
      if(OUTC==0){
      wsj=timer2.read_us();
      }
      OUTC=1;

      EN1=0;
      EN2=1;
      EN3=1;
       mypwmA.write(0.0f);
       mypwmB.write(Vr_adc*power);
       mypwmC.write(0.0f);

      wait_us(t);
      EN1=1;
      EN2=1;
      EN3=0;

    if(BEMF2>0.5f){
          OUTC=0;
      wsi=timer2.read_us();
          }
      wait_us(tt);
      if(OUTC==0){
      wsj=timer2.read_us();
      }
      OUTC=1;
       EN1=1;
       EN2=0;
       EN3=1;
       mypwmA.write(0.0f);
       mypwmB.write(0.0f);
       mypwmC.write(Vr_adc*power);

        wait_us(t);
       EN1=0;
       EN2=1;
       EN3=1;
    if(BEMF3>0.5f){
          OUTC=0;
      wsi=timer2.read_us();
          }
      wait_us(tt);
      if(OUTC==0){
      wsj=timer2.read_us();
      }
      OUTC=1;
          }

         Sensorless=sensorless;
         usi=abs(ut2-ut1);
         Speed_h=60*(1/(7.0*usi*1E-6));
         Speed=60*(1/(7.0*6.0*t*1E-6));
            :
    }
}
```

1. Rtosタイマ
回転数測定以外はコメントで可．回転数測定時センサレス駆動がうまくいかない場合もコメントにする

ホール・センサU相立ち上がりエッジ検出，回転数計測用

速度ボリューム読み込み

速度値　16ビット固定小数点化

進角値　13ビット固定小数点化

U相に回転子強制位置合わせ

2. 初期オープン・ループ用tp設定，うまく回らない場合3300～4000範囲で変更

オープン・ループ制御ならtpを採用

回転数算出

回転数算出　ホール・センサより

900回転以下ならオープン・ループ制御

900回転以上ならセンサレス制御に移行．
移行時の速度ボリューム値をセンサレス制御に渡す(ad_sensorless)．
センサレス・フラグを1に．
逆起電力時間 T を計算

回転数に応じたPWM駆動デューティ係数Powerを設定する

センサレスに移行した速度ボリューム値から現在のボリューム値算出，adc_sとする

センサレスに移行した時点の速度ボリューム値から現在のボリューム値が低い場合 T を固定

センサレスに移行した時点の速度ボリューム値から現在のボリューム値が高い場合 T の時間を減らし，回転速度をアップする．
進角調整ボリュームの値に応じて T から進角値を減算し TT を決定

時間 T 設定

U相誘起電圧時間測定

3. 誘起電圧U相＞(3.3V÷2)Vの場合，誘起電圧モニタOUTCを0にする

誘起電圧モニタ開始時間wsiキャプチャ

時間 TT 設定

誘起電圧発生の場合OUTC＝0からの時間をwsjとしてキャプチャ

誘起電圧モニタOUTCを1に戻す

時間 T 設定

V相誘起電圧時間測定

時間 TT 設定

時間 T 設定

W相誘起電圧時間測定

時間 TT 設定

センサレス動作移行フラグ．1でセンサレス動作

回転周期算出

回転速度計算[rpm]．ホール・センサより

回転速度計算[rpm]．時間 T より

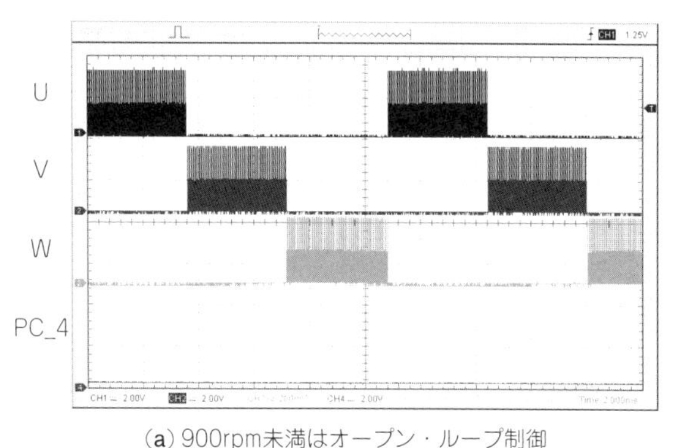

(a) 900rpm未満はオープン・ループ制御

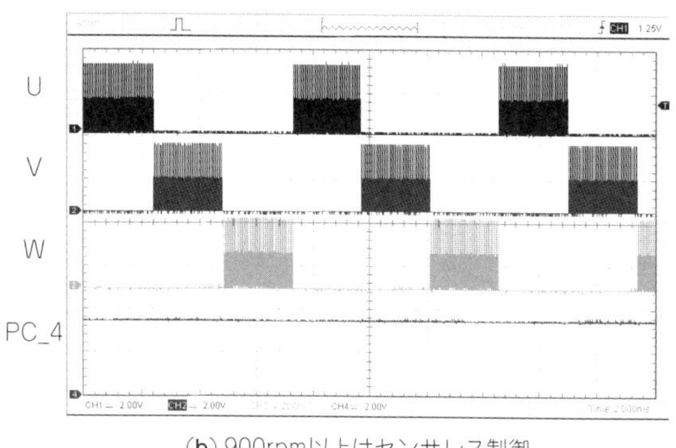

(b) 900rpm以上はセンサレス制御

図11　オープン・ループ制御とセンサレス制御の波形

U，V，W相のPWM駆動開始タイミングを制御していることになります．時間TTをU，V，W相個別に設定すると，回転数がぐっと上がり，ホール・センサ並みの回転数を出すことができます．

このソフトウェアの改変は，皆さん，練習で行ってみてください．また，この時間幅TTを自由に変えることにより，回転にどのような影響があるかなど，DCブラシレス・モータの理解につながります．

● センサレス6ステップ矩形波駆動のプログラミングと実装

続いて実際のセンサレス6ステップ矩形波駆動のプログラムについて説明します(**リスト1**)．前章のセンサ付き矩形波駆動からの追加分を掲載します．主な追加点は，

- オープン・ループからセンサレス矩形波駆動へ
- 回転数に応じたPWM駆動デューティ係数`Power`の設定
- 速度ボリュームと進角ボリュームの設定
- UVW相誘起電圧時間の測定を記述
- CPLTでの回転数取得のRTOSタイマ`TS1`を追加

になります．最も注目する点はモータ・ドライバL6230へのイネーブル信号`EN1`，`EN2`，`EN3`になります．

前章のセンサ付き矩形波駆動ではEN_x=1の固定でしたが，誘起電圧をモニタするために**図6**のタイミングで各相の転流タイミングでEN_xを変化させます．

● 回すために…センサレス制御ならではの注意点

センサレス制御はかなり敏感です．下記に注意点を示します(**リスト1**の吹き出し1～3も参照)．

1. 回転数をCPLTで観測しようとすると`TT`測定の乱れが生じ，モータ回転が脱調する確率が高くなりますのでコメント・アウトで実行することをお勧めします．
2. うまく回らない場合`3300`～`4000`の間で変更してください，数値が低いほど高速回転になります．
3. 現状は$0.5f = 3.3/2 = 1.65$Vのしきい値で誘起電圧をモニタしていますが，うまく回らないときは少しだけ変更してみてください．ボリュームの操作はゆっくりでお願いします．

第3部

第3章

センサ付き/センサレス制御の特徴

モータ・ドライバ基板と
ホール・センサ基板とを接続

(a) センサ付き

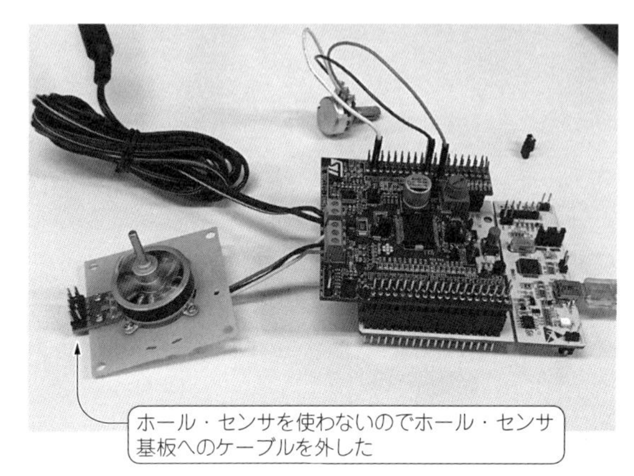
ホール・センサを使わないのでホール・センサ
基板へのケーブルを外した

(b) センサレス

写真1　センサ付きとセンサレス両方の矩形波駆動の実験を通してそれぞれにどのような用途に向くのかを探る

1章と2章で矩形波駆動におけるセンサ付き制御，センサレス制御の仕組みとプログラムについて解説しました．本章ではセンサ付きとセンサレスのメリット/デメリットを確かめるために，幾つかの実験を行います．**図1**に実験時のハードウェア構成を，**写真1**に実験の様子を示します．

比較1…無負荷最高回転数

● 回転数の導出式

今回はオシロスコープにてPWM駆動周期を測定します[注1]．**図2**から回転数は次式で表されます．センサ付き最高回転数N_{smax}[rpm]は，

$N_{smax} = 1/(0.6 \times 10^{-3} \times 7) \times 60 = 14,285$

になり，センサレス最高回転数N_{rmax}[rpm]は，

$N_{rmax} = 1/(1.8 \times 10^{-3} \times 7) \times 60 = 4,762$

となりました．上式中の7は極ペア数，60は1分間の秒数になります．

注1：CPLTモニタで測定すると，センサレスの場合にタイムラグが発生し純粋な最高回転数が取得できないため．

● センサ付き…10000回転超

図2(**a**)のセンサ付き矩形波駆動のU相が，V相，W相よりも駆動時間が短くなっています．ホール・センサの位置調整(進角調整)をしっかり行うと15000回転になります．小さいモータ(直径25mm)ですので，回転磁石14個の設置ばらつきで，進角調整後はモータ個体別で矩形波駆動の形(UVW相PWM駆動時間)が変わるようです．

● センサレス…回転が上らない，不安定

センサレス制御は，センサ付きよりも回転数が少なく，かつ不安定です(実験では約5000rpm)．前章で述べたようにセンサレスでの進角調整がU，V，W相で一律になっていることが原因です．各相で進角調整できるソフトウェアは今後の課題にします．

ちなみにセンサレス制御でU相のPWM駆動時間を故意に削った結果は**図3**のようになり，同じ消費電力で回転数が上がりました．

$N_{rmax} = 1/(1.5 \times 10^{-3} \times 7) \times 60 = 5,714$

となり，約1000rpmアップしました．

モータ・サイズが小さいため，ロータの磁石設置にばらつきがあり，「均等にU，V，W相を駆動すると

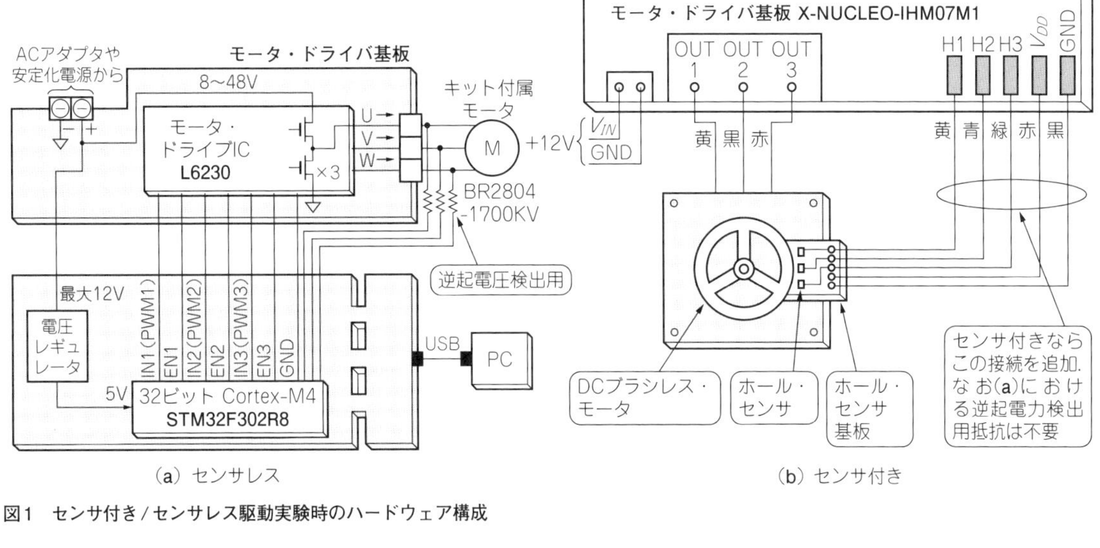

(a) センサレス　　(b) センサ付き

図1　センサ付き/センサレス駆動実験時のハードウェア構成

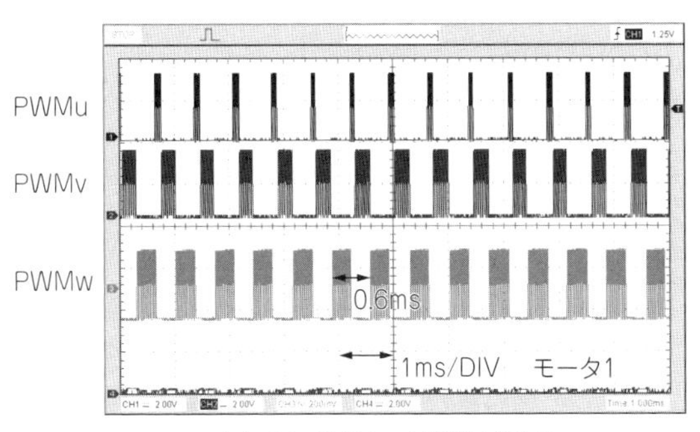

(a) センサ付き…1周期は約0.6ms

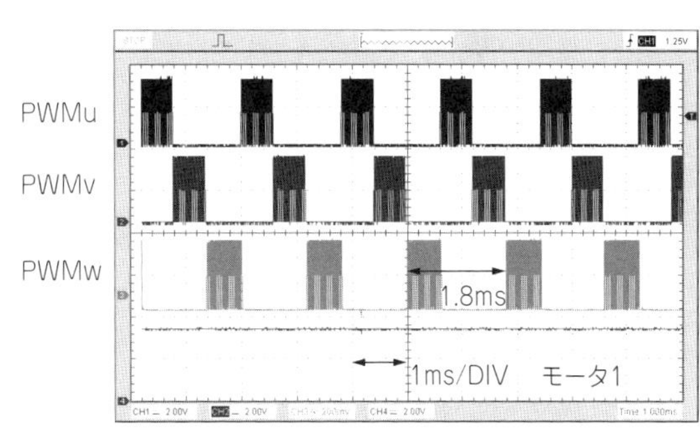

(b) センサレス…1周期は約1.8ms

図2　最高回転駆動時の様子(2V/div, 1ms/div)

良い」とはいかないようです．またセンサレスの場合，センサ付きの最高回転数の半分以下です．これは回転数を上げると誘起電圧にノイズが乗り，誘起電圧と駆動電圧の境界が曖昧になることに起因すると思われます．

比較2…モータ音の測定

iPhoneのフリー・ソフトウェアを使ってモータ音を比較しました．アップルストアでフリーのものがたくさんあるので，好みのもので行ってください．モータから1m離し測定した結果を図4に示します．なお，センサレス制御での測定は4762rpmまでです．

参考までにdB値と数値から受ける感覚は以下の通りです．

80dB：地下鉄の車内，電車の車内，ピアノ(正面1m)
70dB：ステレオ(正面1m)，騒々しい事務所の中，騒々しい街頭
60dB：静かな乗用車，普通の会話
50dB：静かな事務所，クーラ(屋外機，始動時)
40dB：市内の深夜，図書館，静かな住宅の昼

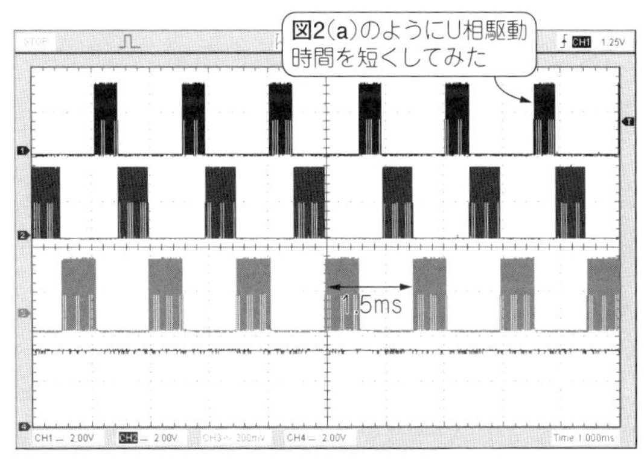

図3　図2(b)を(a)のセンサ付きのタイミングに近づけてみた
(2V/div, 1ms/div)

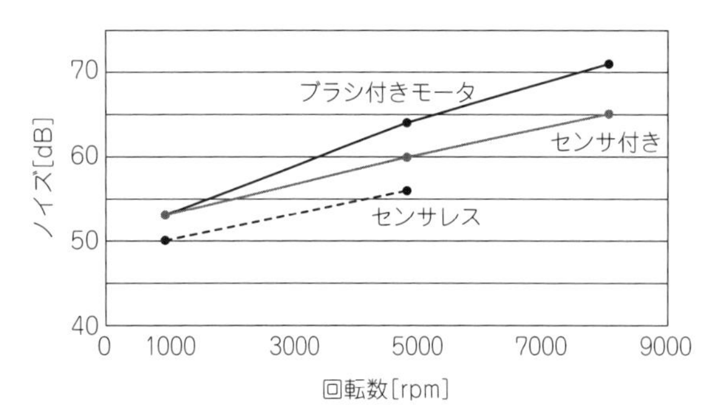

図4　モータおよび駆動方法別の騒音

● センサレスが静か

4762rpmにおける各騒音の差は4dBくらいで，約1.58倍の差があります．従ってセンサレス制御とブラシ付きモータの騒音は3倍以上あります．

現在のところ6ステップ矩形波駆動センサレスが一番静かのようです．これはモータ転流タイミングを逆起電力でセンスしていることが静音につながることを示しています．

比較3…駆動（＝停止）トルクの測定

図5に停止トルクの測定方法を示します．**写真2**に測定時の様子を示します．DCブラシレス・モータとトルク計測用ブラシ付きモータを，ゴム・チューブなどでカップリングします．測定手順は以下になります．

1. ブラシ付きモータを安定化電源につながない状態でモータ・キットにてボリュームを最高値まで回し，DCブラシレス・モータを最高回転数にします．センサレスの場合は青い進角調整ボリュームも最高回転数になるポイントまで回します．
2. ブラシ付きモータを安定化電源に接続します．このときの注意点は，ブラシ付きモータの回転方向はDCブラシレス・モータと逆にすることです．
3. DCブラシレス・モータに負荷を掛けるため安定化電源の出力を0Vから徐々に上げていきます．
4. DCブラシレス・モータが停止，または逆回転を始めたとき，ブラシ付きモータを起動している安定化電源の電流値を記録します．ブラシ付きモータはRE-280（秋月電子通商で購入した）を利用します．RE-280の特性は**図6**になります．

写真2　ブラシ付きモータを用いてDCブラシレス・モータの駆動トルクを測定している

測定結果を**表1**に示します．DCブラシレス・モータ駆動方式ごとのブラシ付きモータの無負荷時の回転数とブラシ付きモータがDCブラシレス・モータを停止させた電流値から**図6**を基にDCブラシレス・モータの停止トルクを抽出します．センサ付きの停止トルクは35gcm，センサレスの停止トルクは73gcmになりました．停止トルク＝起動トルクです．両者トルクとも回転数0速ですので理解できます．

表1からモータ制御キット付属のDCブラシレス・モータのセンサ付き/センサレスでの特性曲線を描いてみましょう．無負荷時最高回転数，停止トルク，停止電流は実験により求めました．DCモータですのでトルク対電流はプラス比例，トルク対回転数はマイナス比例ですので，対最大出力P［W］を求めると，効率以外の曲線は描けそうです．

モータ出力は式（1）になります．

$$P = 2\pi \cdot \frac{1}{60} \cdot NT \quad \cdots\cdots (1)$$

ただし，N：1分間の回転数［rpm］，T：トルク［Nm］です．

小型モータでよく使われるトルクTが［gcm］で表されている場合は，

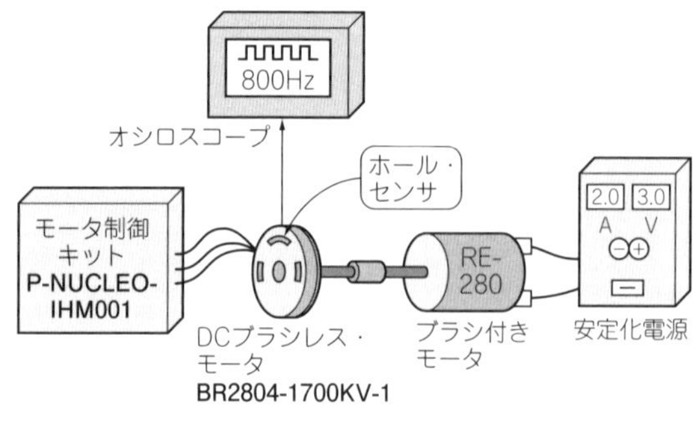

図5　停止トルク測定のためにブラシ付きモータを接続した

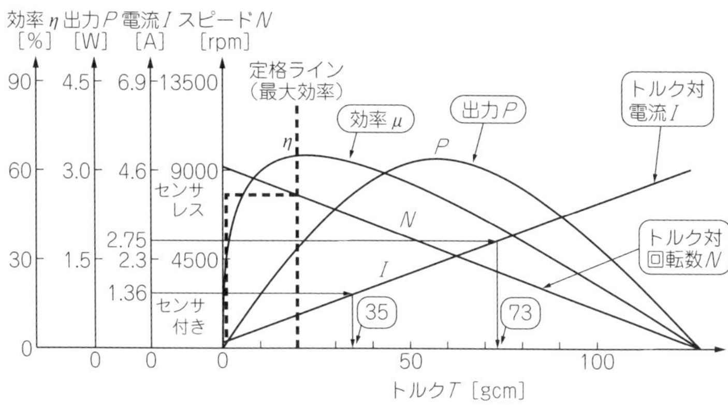

図6　ブラシ付きモータ RE-280の特性曲線からDCブラシレス・モータの停止トルクを導出

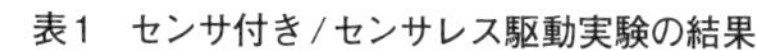
表1　センサ付き/センサレス駆動実験の結果

駆動方式	無負荷時最高回転数 [rpm]	ブラシ付きモータが止めた電流 [A]	ブラシ付きモータが止めた出力トルク [gcm]
センサ付き	14,285	1.36	35
センサレス	4,762	2.75	73

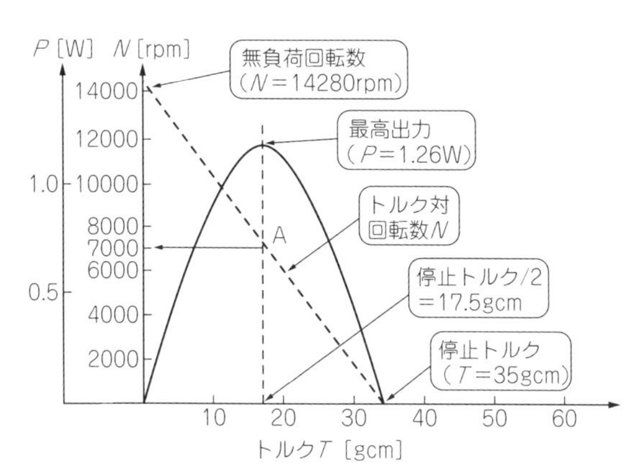

図7　センサ付き制御におけるDCブラシレス・モータのトルクと出力

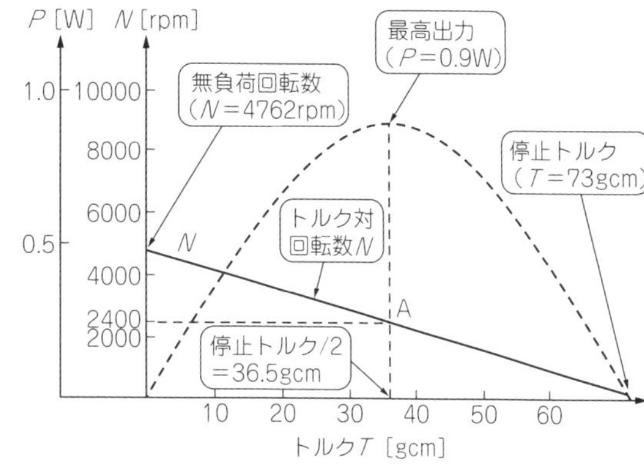

図8　センサレス制御におけるDCブラシレス・モータのトルクと出力

$$P=2\pi\cdot\frac{1}{60}\cdot NT\times10^{-5}\times9.8 \quad\cdots\cdots\cdots\cdots\cdots\cdots (2)$$

になります．式(2)の10^{-5}はグラムからキロ・グラムへと，センチ・メートルからメートルへの変換です．あと，重力加速度が抜けていますので9.8m/s^{2}を掛けます．それでは実際に最大モータ出力を求めてみましょう．

● センサ付き…トルク大

まず停止トルクの1/2がモータ出力の最大値ですので**図6**の35gcmの半分，17.5gcmの垂線と回転数N_1との交点Aを求め(**図7**)，A点から水平に回転数軸の数値を読み取ります．この場合約7000回転ですので，モータ出力P[W]は式(2)より，

$$P=0.1047\times7000\times1.75\times10^{-5}\times9.8=1.26$$
$$\because 2\pi\cdot\frac{1}{60}=0.1047 \quad\cdots\cdots\cdots\cdots\cdots\cdots (3)$$

になり，無負荷回転14,280rpmの最大モータ出力は1.26Wになりました．

● センサレス…トルクやや小

センサ付きと同じように計算すると(**図8**)，

$$P=0.1047\times2400\times36.5\times10^{-5}\times9.8=0.9 \quad\cdots\cdots (4)$$

になります．センサレスの場合，最高回転数が低いので，センサ付きの場合と比べて出力は劣ってるようです．

考察

センサレスは高回転で負荷があまりかからない用途，例えば掃除機，ドローンに向いているようです．

センサ付きは回転数をあまり必要としないトルク重視の用途，例えばEVなどに向いているようです．

上記は今回のソフトウェア(アルゴリズム)に左右されるのか，駆動方式に左右されるのか，今後の正弦波駆動，ベクトル制御を通して詰めていきたいと思います．

第1章
算術三角関数による駆動

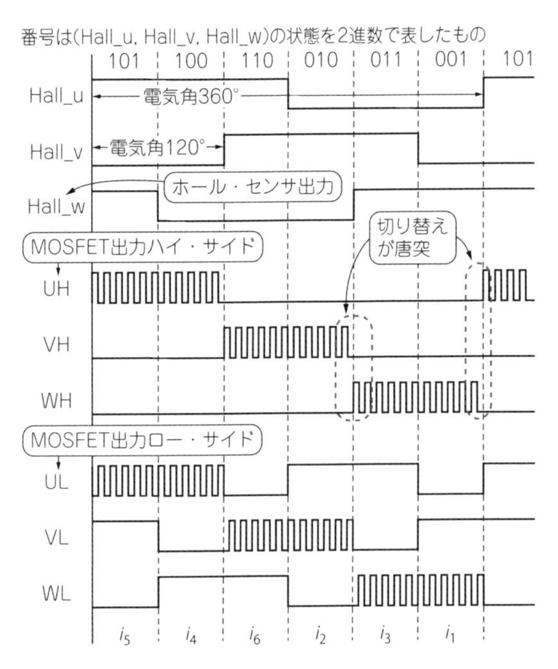

図1　今までの矩形波駆動(6ステップ)の制御ON/OFFタイミング…切り替えるときに滑らかさがなくて効率が良くないという課題がある

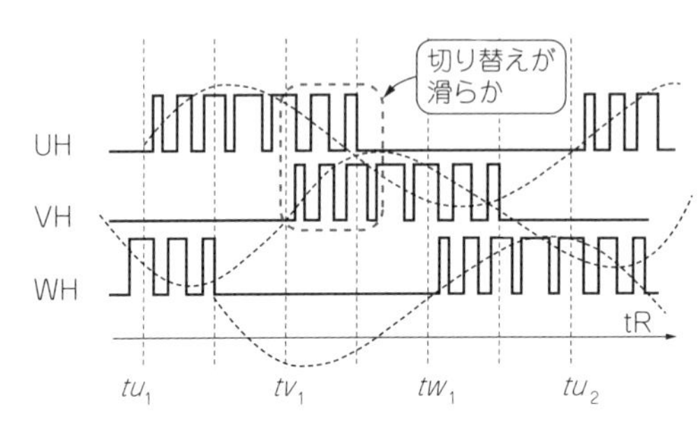

図2　本章で解説する正弦波駆動は駆動電流を滑らかに切り替えることで高効率&静かに回せる

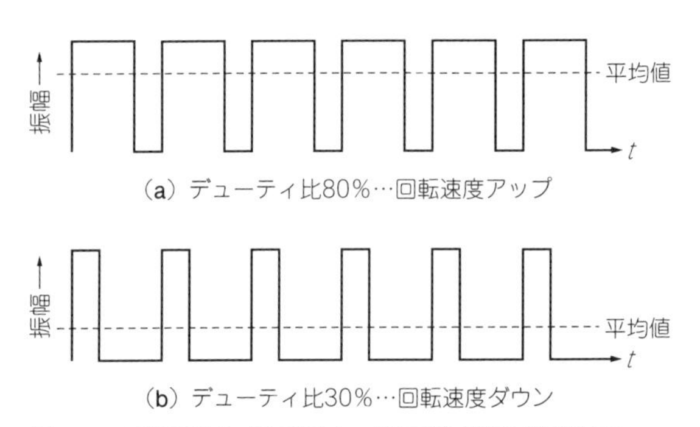

図3　PWM駆動時のパルス幅でコイルに流す電流を調整する

正弦波駆動とは

前章まではDCブラシレス・モータを矩形波駆動(6ステップ)にて回しました(**図1**). 今回はPWM波形を工夫して正弦波駆動することで，より静音化，より低消費電力化(高効率化)を図ってみます(**図2**).

● これまでの矩形波駆動

図1は前章のPWM波形です．回転数を一定に保つ場合，一定の周期でU，V，W相を駆動します．回転速度を上げたい場合は一定周期の“H”の期間を長く[**図3(a)**]，回転数を下げたい場合は“H”の期間を短くします[**図3(b)**].

図4のホール・センサ信号が(Hall_u, Hall_v, Hall_w) = (1, 0, 0) = 4のタイミングで，ロータ磁石が**図5(a)**の位置に来るようにすると，トルクが最大になります．

U相はPWM駆動で**図5(a)**の矢印方向に電流を流すとフレミングの右ねじの法則でPWM駆動磁界は回転磁石方向にN極が発生します．この駆動磁界N極は回転磁石のS極に対して吸引，N極に対しては反発になりますので，**図5(a)**のように回転磁石のN極とS極の境界で駆動磁界N極を発生すると最大のトルクになります．このことは回転磁石が作る磁界に対して90°の駆動磁界Nになるように各相ステータ・コイルを転流することが最適制御であることを示しています．

次に**図4**のホール・センサ信号(Hall_u, Hall_v, Hall_w) = (1, 1, 0) = 6のタイミングを見てみます．**図5(a)**

から回転磁石を60°移動した矩形波駆動は**図5(b)**になります．このタイミングでV相にPWM駆動が完全に移っています．よく見るとV相のPWM駆動電流による駆動磁界N極と回転磁石N極が対抗しています．この場合ほとんどのトルク(力)が回転方向に寄与しない方向に発生してしまいます．従って**図5(b)**の矩形波のV相へのPWM駆動は「無駄な力を加えている」状態になっています．**図5(c)**でやっとV相のPWM駆動がトルク最大になります．

● 本章からの正弦波駆動…相切り替えが滑らか

図5(b)矩形波のタイミングでV相へのPWM駆動効率が悪くなっていますので，改善するために**図4**の(Hall_u, Hall_v, Hall_w)＝(1, 1, 0)＝6＝「**図5(b)**矩形波」のタイミングで，PWM駆動を弱めることが考えられます．

このPWM駆動効率を改善したものが，**図5(d)**になります．**図6**のようにホール・センサHall_u, Hall_v, Hall_wの立ち上がりタイミングで正弦波を生成します．各相の正弦波開始タイミングは，電気角120°ごとに置かれたホール・センサHall_u, Hall_v, Hall_wの立ち上がりに同期しますので，この方式を120°通電正弦波駆動といいます．

図6のようにPWM駆動出力が正弦波の波高に応じて一定周期下で1の幅が変化します．特にこの効果は**図6**のi_6のタイミング，**図5(d)**のU相からV相への切り替わりにて駆動チャネル重複とPWM駆動を弱めることにより，転流をスムーズに行うことができ，静音性を高めることができます．

前回の矩形波駆動のディジタル的な駆動チャネル切り替え(転流)ではなく，回転子の磁極位置に合わせ，強弱を持ったアナログ的な駆動チャネル切り替えになりますので，効率アップが期待できます．ちなみに，このように正弦波で駆動をするとき，業界の人たちは「DCブラシレス・モータの駆動」と言わずに，「ACブラシレス・モータの駆動」と呼びます．

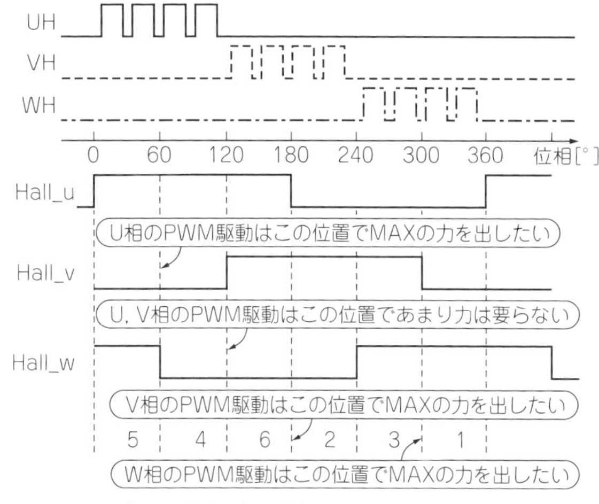

図4　UVW相を駆動する矩形波とホール・センサ信号との関係
ホール・センサの値を見ながらUVW相の通電タイミングを決めている

実験の課題

● 弱点…マイコンの負荷が大きい

正弦波駆動にするとよいことずくめのような感じがしますが，正弦波発生のためのマイコンの負荷が大きくなります．FPU(浮動小数点演算器)を持たない32ビット・マイコンは演算の固定小数点化が必要になります．性能が低い8ビット，16ビット・マイコンなら三角関数をテーブル化(昔は主にコレだがメモリ読み

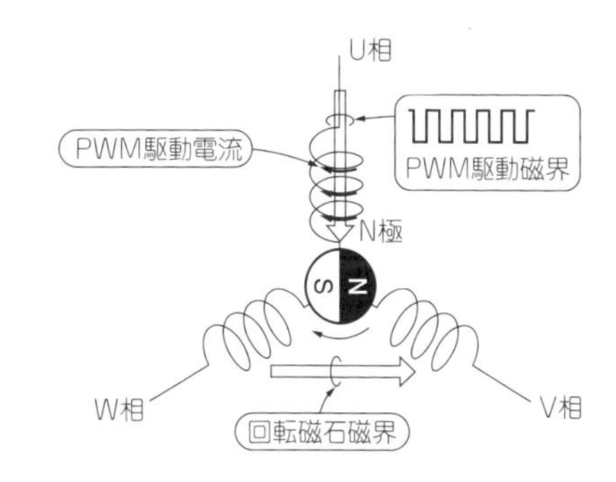

(a) UH, VH, WH＝(1, 0, 0)

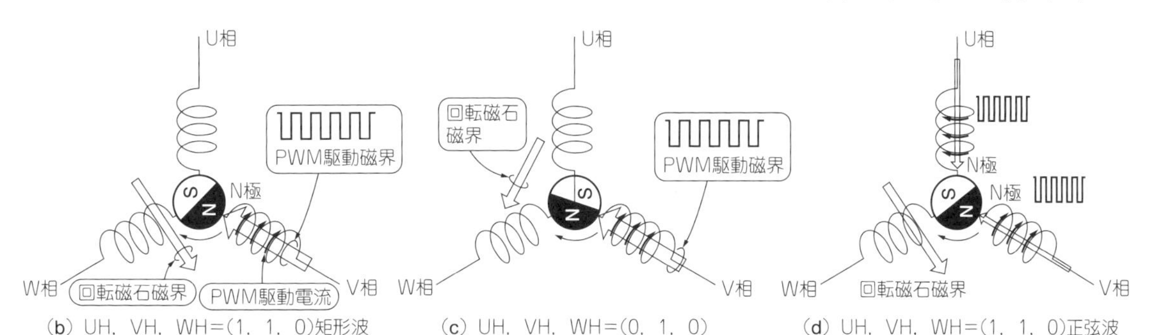

(b) UH, VH, WH＝(1, 1, 0)矩形波　(c) UH, VH, WH＝(0, 1, 0)　(d) UH, VH, WH＝(1, 1, 0)正弦波

図5　DCブラシレス・モータPWM駆動時の駆動電流と回転磁界との関係

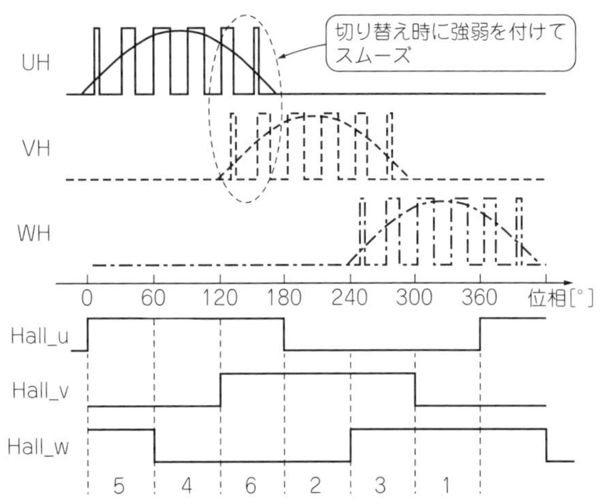

図6　UVW相を駆動する正弦波とホール・センサ信号との関係

出しタイムラグが発生）しないとACブラシレス・モータを中速回転以上で回すのが難しくなります．今回紹介しているモータ制御キットP-NUCLEO-IHM001（STマイクロエレクトロニクス）に搭載する32ビット・マイコンはFPU付きですが，動作周波数が72MHzであり，現状では高速とは言えません．

この点を踏まえて120°通電 正弦波駆動を**表1**の2通りの方式でプログラムを作成しました．浮動小数点で十分高速回転を得られると楽ですが，固定小数点演算によるz変換ソフトウェアも作成します．

● 実際の波形から見てみる

図6はPWM駆動波形をかなり抽象化していますので，参考のため**図7**に正弦波駆動の実波形を示します．PWM駆動50kHz（周期20μs）の例です．マイコン内部で生成している正弦波は，V相だけをオシロスコープで表示しています．本書で利用しているモータ制御キットのアナログ出力ピンは1つしかありませんので，他のU相，W相を同時に見られないのが残念です．当然，U相，W相の正弦波も120°間隔で同時に生成しています．

表1　モータ制御キット搭載マイコンで正弦波を発生させる
STM32F302R8の性能を勘案しこの数学を用いた

正弦波発生方式	利用資源	利用数学	ソース名称
算術演算	浮動小数点演算器	三角関数	Nucleo_sinwt_BLDC_
IIRディジタル・フィルタ	固定小数点演算器	z変換	Nucleo_Z_SIN_hf_BLDC

本章ではこれ（算術演算）

▶切り替え時に駆動チャネルが重複している

図7（a）のV相，W相の転流期間を拡大すると，一定周期下で1の幅が正弦波の波高に従って変化してるのが見えます［**図7（b）**］．

▶正弦波駆動は余分な周波数成分が少ない

図8に矩形波駆動と正弦波駆動のスペクトルを比較しています．**図8（b）**の矩形波駆動のスペクトルは高周波奇数次が満遍なく出ていますが，**図8（a）**の正弦波駆動は1次の基本周波数が突出しています．

▶駆動電流の切り替えも滑らか

図9に矩形波駆動と正弦波駆動[注1]におけるV相電流を比較します．**図9（b）**の矩形波駆動電流は急激に変化しているのに対して，**図9（a）**の正弦波駆動電流は正弦波に追従して滑らかに変化しています[注2]．

● 必要なもの…ホール・センサの準備

今回もモータ制御キット P-NUCLEO-IHM001に付属するDCブラシレス・モータを利用します．モータの制御にはホール・センサが必要になります．

注1：正弦波駆動は後ほど解説するz変換による正弦波駆動プログラム（Nucleo_Z_SIN_hf__BLDC_）を利用している．

注2：測定条件：モータ制御キットに付属するモータ・ドライバ基板のJP1，JP2をショート．J5，J6をベクトル制御側（シルクは3Sh側）に接続することでシャント電流を各相個別にモニタできる．V相はCN7の36ピン，U相は28ピン，W相は38ピン．

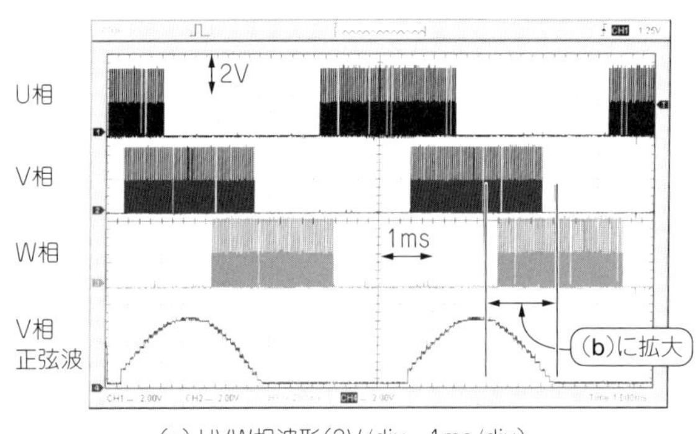

（a）UVW相波形（2V/div，1ms/div）

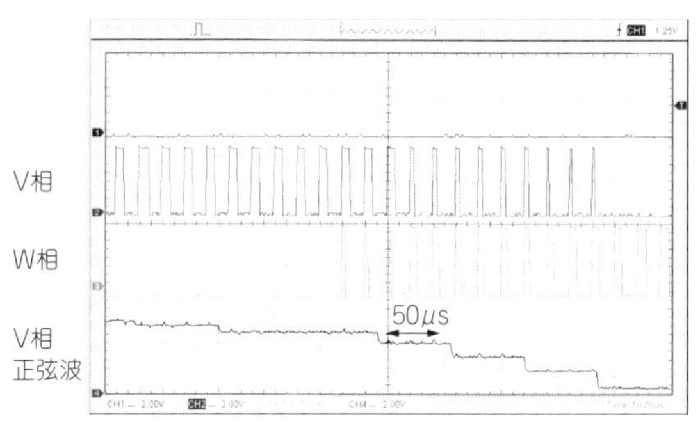

（b）時間軸を拡大（50μs/div）

図7　120°通電 正弦波駆動波形（PWM = 50kHz）

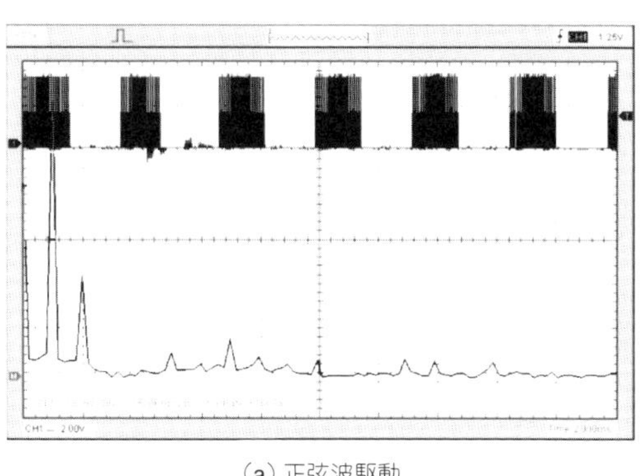

(a) 正弦波駆動

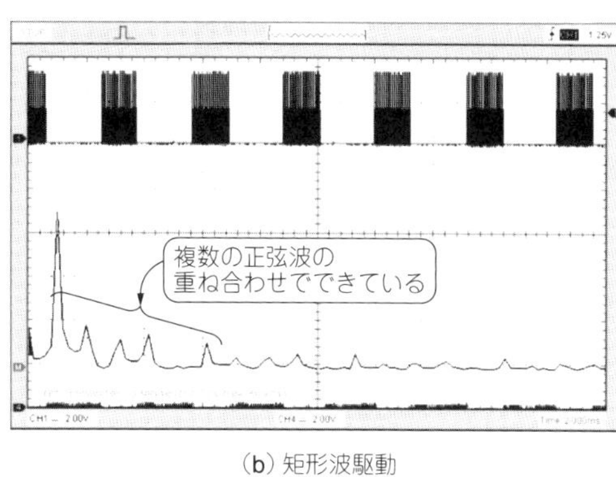

(b) 矩形波駆動

図8　矩形波駆動と正弦波駆動のスペクトル比較(2.5MHz/div)

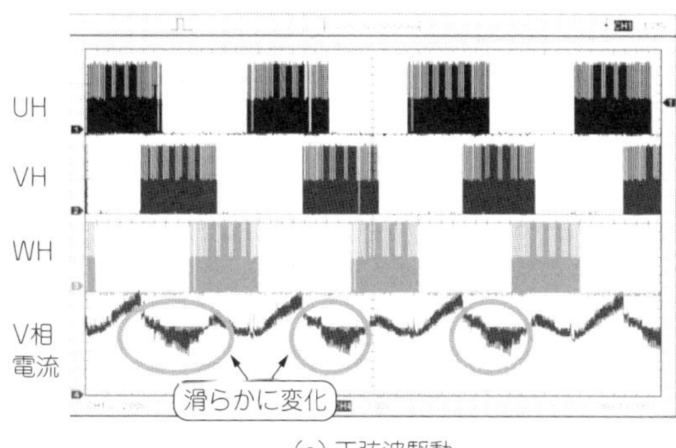

(a) 正弦波駆動

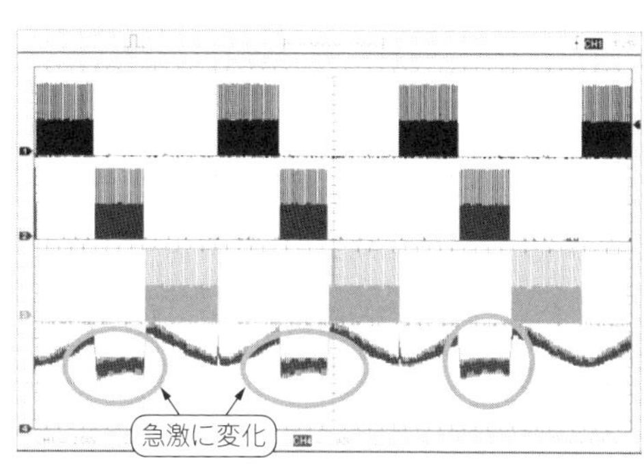

(b) 矩形波駆動

図9　矩形波駆動と正弦波駆動の電流波形を比較(2v/div, 1ms/div)

正弦波駆動アルゴリズムの実装

● 算術三角関数を利用した正弦波の生成

UVW相で利用する計算後の正弦波は図10になります．ホール・センサ Hall_u，Hall_v，Hall_wの立ち上がりと立ち下がりエッジの時間間隔をポートの割り込み機能を使い測定します．この時間間隔は正弦波半周期分になりますので正弦波の計算はU相ホール・センサの立ち上がり時間を$ut1$，立ち下がり時間を$ut2$とすると式(1)になります．

$$\sin(\omega t) = \sin(2\pi f t) = \sin\left(2\pi \frac{1}{1\text{周期}} t\right)$$

$$= \sin\left(2\pi \frac{1}{2\times(ut1-ut2)} t\right) \quad \cdots\cdots\cdots\cdots\cdots (1)$$

$ut1-ut2$は生成するU相正弦波の半周期になりますので2倍します．重要な点は，実際に現れる正弦波は計算上マイナス側も計算していますが，図10のように0V以上の波形だけ現れ，マイナス側の正弦波は現れません．

この正弦波と速度調整ボリュームの値を掛け合わせでPWMのデューティを決めます．ホール・センサは電気角120°間隔ですので，120°通電正弦波駆動といいます．

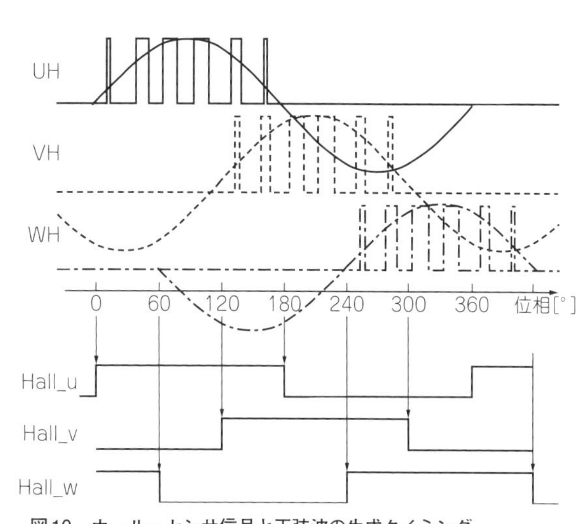

図10　ホール・センサ信号と正弦波の生成タイミング

● PWMデューティの決定

図11に算術三角関数を利用した正弦波駆動フロー

チャートを示します．まず，ボリューム電圧が0.1V～0.15Vの範囲内では強制転流を行います．強制転流時，UVW相3つのホール・センサからの立ち上がり，立ち下がりエッジ・ポート割り込みで自発的回転動作が始まります．ポート割り込みが発生した時間のキャプチャ間隔から周期を求めます．この周期の逆数が周波数fになりますので，$\sin(2\pi f)t$の時間粒度tから各UVW相の正弦波を生成することができ，この生成された正弦波とボリューム電圧を掛け合わせ，UVW相のPWMのデューティを決定します．

● 肝はホール・センサ信号をベースにした割り込み生成

リスト1にプログラム`Nucleo_sinwt_BLDC_`を示します．

核となる記述はホール・センサ・エッジ検出によるポート割り込みになります．`InterruptIn`にてポート割り込みエッジのピンの定義を行います．次に各UVW相ホール・センサ時間計測サブルーチンを記述します．`Hx.rise`(立ち上がり)，`Hx.fall`(立ち下がり)記述にてホール・センサ時間計測サブルーチンを呼び出してから，電気角半周期から正弦波を生成します．この生成された正弦波とボリューム電圧を掛け合わせ，UVW相のPWMのデューティを決定します．

SWAVE(PA_4)ピンで正弦波の駆動波形が見られます．U相(su)，V相(sv)，W相(sw)ですのでモニタしたい相は`SWAVE=su`の記述を書き換えてください．

回してみる

● 実験構成

図12にDCブラシレス・モータ制御実験の構成を示します．開発環境はmbedになります．コンパイル後の実行ファイルはUSB経由でモータ制御キットにダウンロードします．波形モニタはUSBオシロスコープで行っています．

● モータ・ドライブ基板の設定

図13にモータ・ドライバ基板の設定およびモニタ・ピンを示します．各相の正弦波駆動電流をモニタできるように，ベクトル制御のJP1，JP2をショートします．JP5，JP6は3Sh側(基板のシルク表記)に接続します．

● あれれ…回転数を稼げない

紹介したアルゴリズムである算術三角関数では，正

電源ON

モータ・ドライバ基板のピン設定
PWM出力(U，V，W)の初期設定
ホール・センサ(UH，VH，WH)のピン割り込み設定
ホール・センサ・エッジ検出タイマ・スタート

while(1)

ボリューム電圧V読み込み

ボリューム電圧 V 0.1<V<0.15？
yes
no
モータ強制転流

U，V，W相半周期計算

U，V，W相正弦波計算
Sin_U=Sin(2π(1/(2＊U半周期)＊t)
Sin_V=Sin(2π(1/(2＊V半周期)＊t)
Sin_W=Sin(2π(1/(2＊W半周期)＊t)

PWM_U=Sin_U＊速度ボリューム
PWM_V=Sin_V＊速度ボリューム
PWM_W=Sin_W＊速度ボリューム

電源OFF ？
yes
no
終　了

図11　算術三角関数を利用した正弦波駆動フローチャート

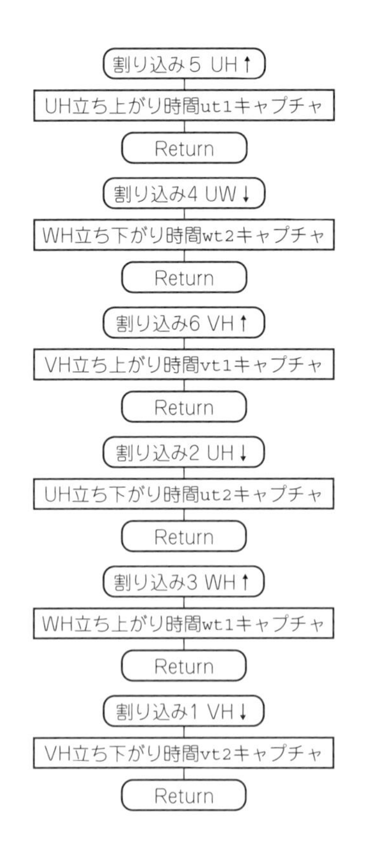

リスト1　算術三角関数を用いたモータ駆動プログラム Nucleo_sinwt_BLDC_

```
#include "mbed.h"
#include "rtos.h"
#include <math.h>
#define TS1 0.2
int q=0,START=15;                         ← START＝強制転流時間間隔［ms］
float ut1=0,ut2=0,usi=0;
float vt1=0,vt2=0,vsi=0;                  ← 各ホール・センサ周期計算変数［μs］
float wt1=0,wt2=0,wsi=0;
float ui=0,vi=0,wi=0;                     ← 正弦波計算用インクリメント変数
float su,sv,sw;                           ← 正弦波計算結果変数
float PI=3.141592;

float Speed;
PwmOut mypwmA(PA_8); //PWM_OUT 8
PwmOut mypwmB(PA_9); //9                  ← PWM出力ピン定義
PwmOut mypwmC(PA_10);//10
                                          ← U相Pイネーブル信号
DigitalOut EN1(PC_10);
DigitalOut EN2(PC_11);                    ← V相Pイネーブル信号
DigitalOut EN3(PC_12);                    ← W相Pイネーブル信号

InterruptIn  HA(PA_15);
InterruptIn  HB(PB_3);                    ← ポート割り込みエッジのピン定義
InterruptIn  HC(PB_10);

AnalogIn V_adc(PC_2);  //外付け Potention
//AnalogIn V_adc(PB_1);  // 青い Volume
Timer uT;
Timer vT;                                 ← 各ホール・センサ周期計測用タイマ
Timer wT;
AnalogOut SWAVE(PA_4);                    ← 生成正弦波モニタ・ピン

Serial pc(USBTX,USBRX);

DigitalOut myled(LED1);

float Vr_adc=0.0f;                        ← 速度ボリューム変数

void HAH(){
   ut1=uT.read_us();
   ui=0;
   }                                      ← U相ホール・センサ時間計測タイマ・キャプチャ
void HAL(){
   ut2=uT.read_us();
   uT.reset();
   }
void HBH(){
   vt1=vT.read_us();
   vi=0;
   }                                      ← V相ホール・センサ時間計測タイマ・キャプチャ
void HBL(){
   vt2=vT.read_us();
   vT.reset();
   }
void HCH(){
   wt1=wT.read_us();
   wi=0;
   }                                      ← W相ホール・センサ時間計測タイマ・キャプチャ
void HCL(){
   wt2=wT.read_us();
   wT.reset();
   }
                                          ← CPLTモニタ回転数，ボリューム
void CPLT(){
  pc.printf("%.3f , %.3f \r" ,Speed ,Vr_adc);
 }

void timerTS1(void const*argument){      ← RTOS呼び出し割り込みサブルーチン
   CPLT();
 }


int main() {

  pc.baud(128000);

  EN1=1;
  EN2=1;
  EN3=1;

 mypwmA.period_us(20);
 mypwmB.period_us(20);                    ← PWM周期を50kHzに設定
 mypwmC.period_us(20);

 uT.start();
 vT.start();                              ← 各タイマ・スタート
 wT.start();


 RtosTimer RtosTimerTS1(timerTS1);
 RtosTimerTS1.start((unsigned int)(TS1*3000));   ← RTOS周期設定
 Thread::wait(100);

 while(1) {

   Vr_adc=V_adc.read();

   if((Vr_adc>0.15f)&&(q==0)){

     while(q<30){

       mypwmA.write(0.5f);
       mypwmB.write(0);
       mypwmC.write(0);
       wait_ms(START);

       mypwmA.write(0);
       mypwmB.write(0.5f);                ← 強制転流(30÷7)回転
       mypwmC.write(0);
       wait_ms(START);

       mypwmA.write(0);
       mypwmB.write(0);
       mypwmC.write(0.5f);
       wait_ms(START);
       q++;

       }
     q=31;
   }

   HA.rise(&HAH);
   HC.fall(&HCL);
   HB.rise(&HBH);                         ← ホール・センサ・エッジ割り込みサブルーチン呼び出し
   HA.fall(&HAL);
   HC.rise(&HCH);
   HB.fall(&HBL);

   if(Vr_adc < 0.05f){
     q=0;

   }

   ui=ui+1;
   vi=vi+1;                               ← 正弦波計算用変数インクリメント
   wi=wi+1;

   usi=ut2-ut1;
   vsi=vt2-vt1;                           ← 電気角半周期
   wsi=wt2-wt1;

   if(q>=31){                             ← 強制転流終了後正弦波駆動へ

     su=sin(2*PI*((1/(2*usi*1E-6))*ui*2.26E-4));
     sv=sin(2*PI*((1/(2*vsi*1E-6))*vi*2.26E-4));   ← 正弦波計算用変数インクリメント×計算粒度2.26×10⁻⁴にて正弦波をデフォルト関数で正弦波生成
     sw=sin(2*PI*((1/(2*wsi*1E-6))*wi*2.26E-4));

   }

   mypwmA.write(su*Vr_adc);
   mypwmB.write(sv*Vr_adc);               ← 生成した正弦波をスピード制御電圧に掛けデューティを制御する
   mypwmC.write(sw*Vr_adc);

   SWAVE=su;                              ← 生成した正弦波をモニタ

   Speed=60*(1/(7.0*2.0*usi*1E-6));       ← モータ回転数算出　14極7ペア

   myled = !myled;

  }
}
```

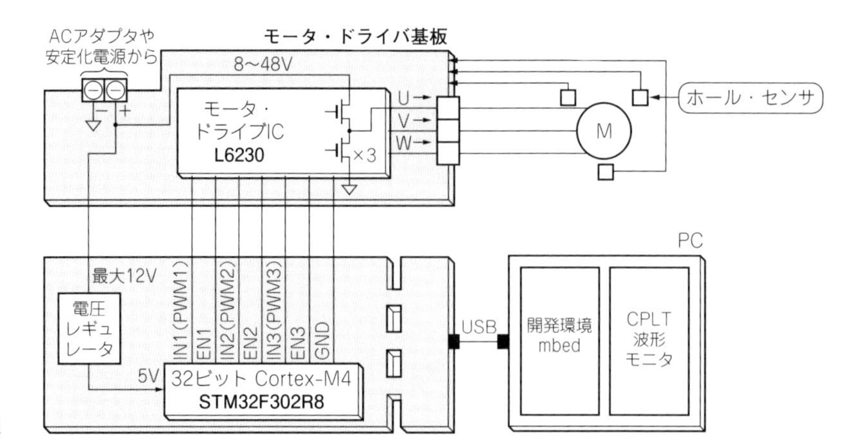

図12
実験のハードウェア構成

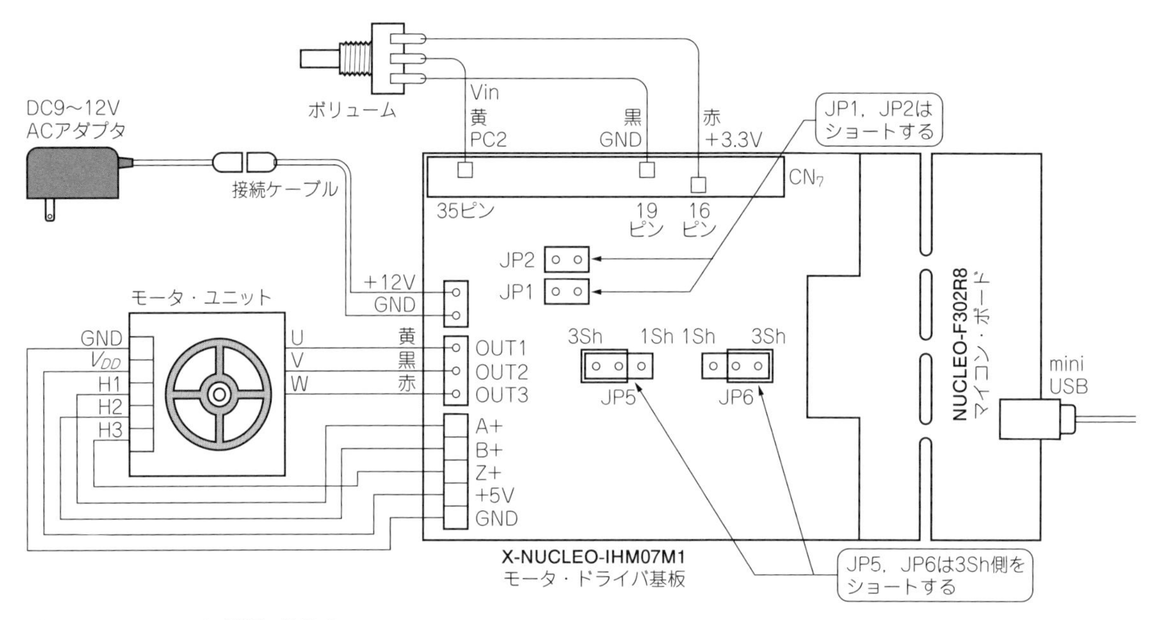

図13　モータ・ドライバ基板の使用ピン

弦波算出のための時間粒度tは，マイコンの処理能力に制限されます．モータ制御キットのマイコンSTM32F302R8(72MHz)は，浮動小数点ユニット(FPU)を持っていますが単精度です．mbedでのコンパイルでは算術三角関数演算を倍精度で行うため，2倍のオーバヘッドがマイコンにかかります．従って矩形波駆動のような1万回転以上は望めなくなります．今回の時間粒度t[s]は探索の結果，

$t = 2.26 \times 10^{-4} = 0.226$m

になりました．倍精度FPUまたは最高動作周波数が100MHz以上のマイコンになると，この時間粒度は小さくなり，最高回転数もアップします．また，読者の手持ちモータごとに回転磁極位置のばらつきがあります．筆者は時間粒度$t = 0.226$mがベストでしたが，読者のベストt[s]は異なると思います．$t = 0.15$m～0.3mの間で，**リスト1**中の計算粒度`2.26E-4`を読者自身で書き換えることにより，もっとスムーズに回る可能性があります．

次章のz変換を利用した正弦波生成アルゴリズムを用いると，回転数は9000～10000rpmになります．

第4部

第2章

z変換による駆動

今回の実験

前章ではDCブラシレス・モータのU，V，W相を駆動する際の波形を，矩形波から正弦波に置き換える方法について解説しました(**図1**)．その際に正弦波を通常のsin関数にて生成しましたが，マイコンの性能不足から演算処理にリミットがかかり，ブラシレス・モータの回転数を上げる際の足かせになっていました．

今回，改善案として，固定小数点演算にて，「再帰フィルタ法」なる方式で正弦波を生成してみます．処理は離散時間のディジタル処理を行うためにz変換を利用します．

● 前章の算術三角関数の課題…xの値が大きいときに処理時間が長くなる

主にC言語では算術三角関数sinの計算の実装は，テイラー展開の無限級数で**図2(b)**のような数式になっています．無限級数ですので，どこかで丸めが必要となり，主にdouble型の桁数に合うようにnの次数を決めます．xが大きいほど収束性が悪くなり，nの次数を大きくするため，処理時間が長くなります．

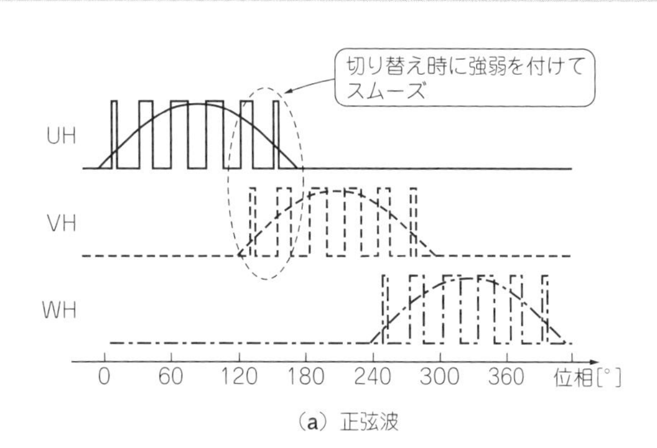

(a) 正弦波

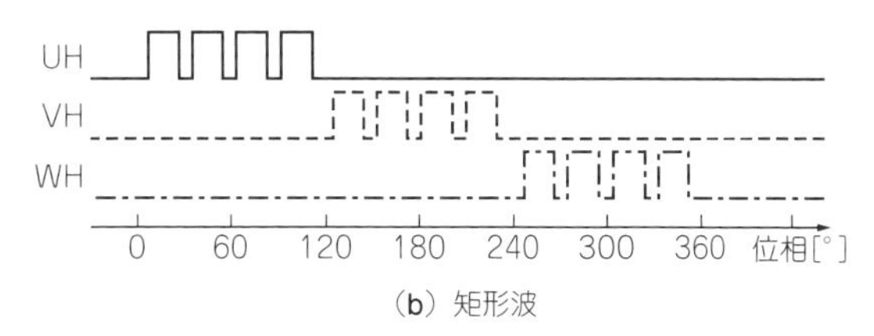

(b) 矩形波

図1 正弦波駆動は矩形波駆動よりもなめらかで効率がよい

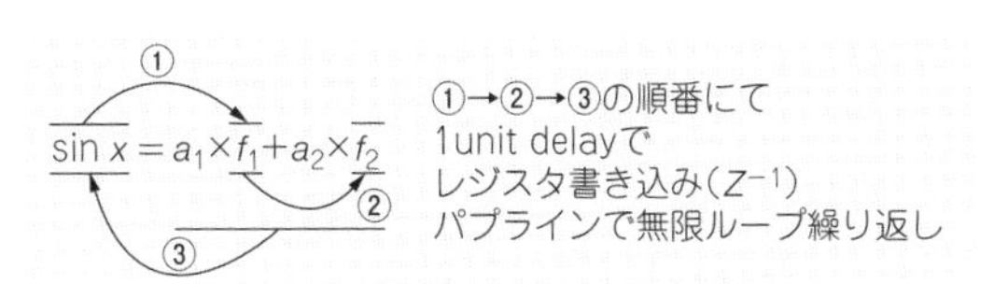

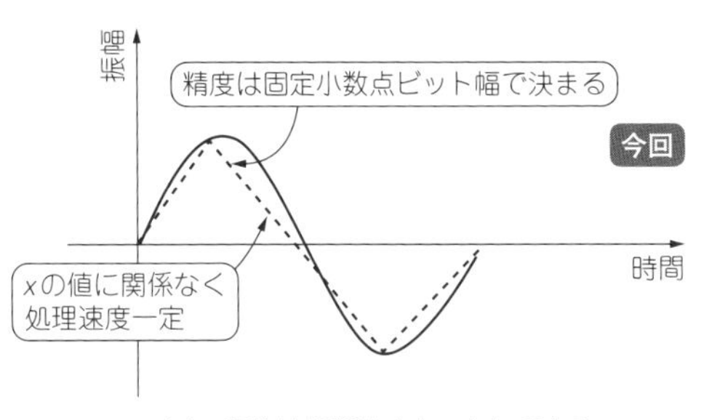

(a) z変換は処理速度を一定にできる

$$\sin x = \sum_{n=0}^{\infty} \frac{(-1)^n}{(2n+1)!} x^{2n+1}$$

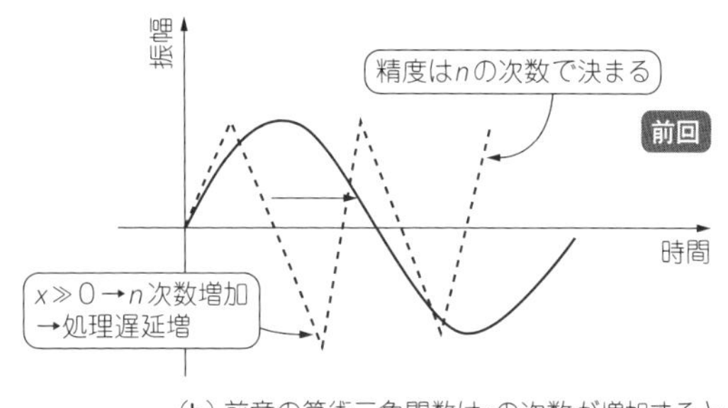

(b) 前章の算術三角関数はnの次数が増加すると処理の遅延が発生

図2 z変換による正弦波駆動だと処理時間がボトルネックになりにくくて現実的

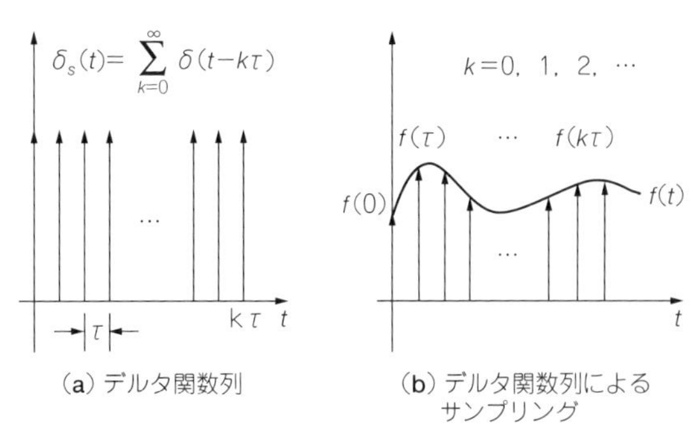

(a) デルタ関数列

(b) デルタ関数列による サンプリング

図3　デルタ関数列によるサンプリング過程

● 今回のz変換のメリット…処理時間が一定

この処理時間が長くなる問題を解決するために，離散時間を扱うIIR (Infinite Impulse Response) ディジタル・フィルタ法なるものを導入します．**図2**(a) を見ると，掛け算と足し算，レジスタだけで，かつ繰り返しで正弦波を生成します．レジスタを直接扱いたいので固定小数点で実行します．**図2**(a) と (b) の式を比較してもIIRディジタル・フィルタの方が速くなりそうです．IIRディジタル・フィルタの導出と効果は後ほど紹介します．

z変換による正弦波駆動アルゴリズム

● 定義式

z変換の定義式を説明します．

信号$f(t)$ をデルタ関数列間隔τでサンプリングした信号は (**図3**)，

$$f(t)\delta(t-k\tau)=\sum_{k=0}^{\infty}f(k\tau)\delta(t-k\tau) \quad\cdots\cdots (1)$$

になります．この式の右辺をラプラス変換すると，

$$\sum_{k=0}^{\infty}f[k\tau]\int_0^{\infty}\delta(t-k\tau)e^{-st}dt \quad\cdots\cdots (2)$$

の形になります．デルタ関数の性質$t=\tau$以外では関数$\Phi(t)$ はゼロを利用すると，

$$\int_0^{\infty}\phi(t)\delta(t-\tau)dt=\phi(\tau) \quad\cdots\cdots (3)$$

になりますので式 (2) は，

$$\sum_{k=0}^{\infty}f[k\tau]\int_0^{\infty}\delta(t-k\tau)e^{-st}dt=\sum_{k=0}^{\infty}f[k\tau]e^{-sk\tau} \quad\cdots\cdots (4)$$

になります．ここで，$z=e^{s\tau}$と置くと，

$$F(z)=\sum_{k=0}^{\infty}f[k]z^{-k} \quad\cdots\cdots (5)$$

のz変換の定義式が得られます．

● 正弦波をz変換

それではいよいよ正弦波にz変換を施します (**図4**)．正弦波を発生するシステムへの入力はデルタ関数である単位インパルス信号になります．入力$x(k\tau)=\delta(k\tau)$ のz変換は，

$$X(z)=\sum_{k=0}^{\infty}\delta(k\tau)z^{-k}=1\cdot z^0=1 \quad\cdots\cdots (6)$$

になります．伝達関数である正弦波をサンプル離散時間信号で表すと，オイラーの公式から，

$$f(t)=\sin\omega t\rightarrow\quad f(k\tau)=\sin\omega k\tau=\frac{1}{2j}(e^{j\omega k\tau}-e^{-j\omega k\tau})\cdots (7)$$

になります．ここで式 (6) 中の$e^{j\omega kt}$のz変換は，

$$F(z)=\sum_{k=0}^{\infty}e^{j\omega k\tau}z^{-k} \quad\cdots\cdots (8)$$

になります．ここで$b=e^{j\omega t}$と置くと式 (8) は，

$$\sum_{k=0}^{\infty}b^kz^{-k}=\sum_{k=0}^{\infty}\left(\frac{b}{z}\right)^k=\frac{1}{1-\frac{b}{z}}=\frac{z}{z-b}=\frac{z}{z-e^{j\omega\tau}} \quad\cdots\cdots (9)$$

になります．同じように$e^{-j\omega kt}$のz変換は，

(a) 実離散時間の世界

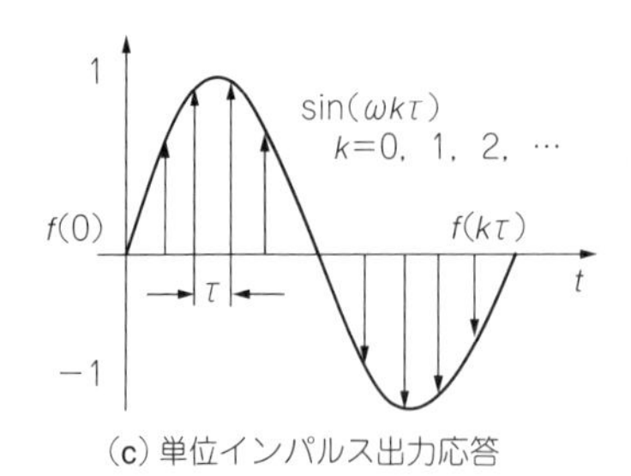

(c) 単位インパルス出力応答

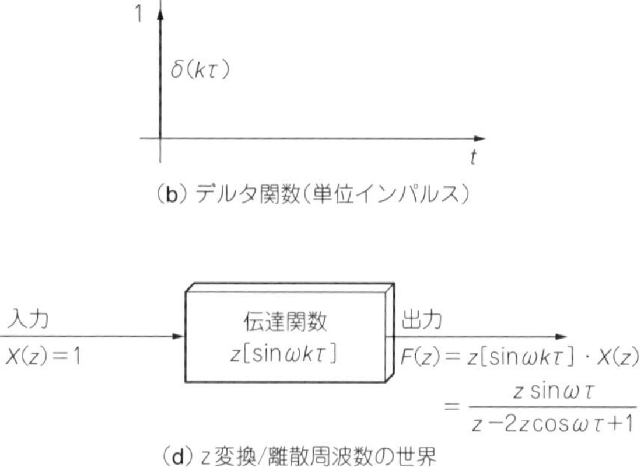

(b) デルタ関数(単位インパルス)

(d) z変換/離散周波数の世界

図4　実離散時間とz変換離散周波数の関係

$$\sum_{k=0}^{\infty} b^k z^{-k} = \frac{z}{z-e^{-j\omega\tau}} \cdots\cdots(10)$$

になります．式(9)，式(10)のz変換の結果を式(7)に代入すると，

$$z[\sin\omega k\tau] = \frac{1}{2j}\left(\frac{z}{z-e^{j\omega\tau}} - \frac{z}{z-e^{-j\omega\tau}}\right)$$

$$= \left(\frac{z}{2j}\ \frac{z-e^{-j\omega\tau}-z+e^{j\omega\tau}}{z^2-z(e^{j\omega t}+e^{-j\omega t})+1}\right)$$

$$= \frac{z(e^{j\omega t}-e^{-j\omega t})}{2j}\ \frac{1}{z^2-2z\left(\frac{e^{j\omega t}+e^{-j\omega t}}{2}\right)+1}$$

$$= \frac{z\sin\omega\tau}{z-2z\cos\omega\tau+1} \cdots\cdots(11)$$

となり，これがシステムの伝達関数z変換になります．従ってz変換後の世界では入力$X(z)=1$と出力$F(z)$の関係は，

$$F(z) = z[\sin\omega k\tau]\cdot X(z)$$

$$= \frac{z\sin\omega\tau}{z-2z\cos\omega\tau+1}$$

$$= \frac{\sin(\omega\tau)z^{-1}}{1-2\cos\omega\tau z^{-1}+z^{-2}} \cdots\cdots(12)$$

より，

$$(1-2\cos(\omega\tau)z^{-1}+z^{-2})F(z) = \sin(\omega\tau)z^{-1}X(z)$$

$$F(z)-2\cos(\omega\tau)z^{-1}F(z)+z^{-2}F(z) = \sin(\omega\tau)z^{-1}X(z) \cdots(13)$$

になります．

● 推移定理

次に信号$f(k\tau)$を時間的に2τだけ遅れている信号$f(k\tau-2\tau)$のz変換を考えます．

$$z[f(k\tau-2\tau)] = \sum_{k=0}^{\infty} f(k\tau-2\tau)z^{-k}$$

$$= \sum_{k=0}^{\infty} f((k-2)\tau)z^{-(k-2)}z^{-2}$$

$$= F(z)z^{-2} \cdots\cdots(14)$$

$f(k\tau-2\tau)$のz変換は，信号$f(k\tau)$のz変換にz^{-2}を掛けたものになります．一般に，離散信号$f(k\tau)$より$m\tau$だけ遅らせた信号$f(k\tau-m\tau)$のz変換は，

$$z[f(k\tau-m\tau)] = \sum_{k=0}^{\infty} f(k\tau-m\tau)z^{-k} = \sum_{k=0}^{\infty} f((k\tau-m)\tau)z^{-(k-m)}z^{-m}$$

$$= F(z)z^{-m} \cdots\cdots(15)$$

でz^{-m}を掛けたものになります．これは推移定理というz変換の重要事項です．

● z変換からの実離散時間の信号処理

z変換の推移定理の式(15)を参考に式(13)を実時間現実の世界に戻すと(逆z変換)，

$$F(z) = 2\cos(\omega\tau)F(z)z^{-1} - F(z)z^{-2} + \sin(\omega\tau)X(z)z^{-1}$$

$$y(k\tau) = a_1 f((k-1)\tau) + a_2 f((k-2)\tau) + b_1 x((k-1)\tau) \cdots\cdots(16)$$

となります．ただし，

$$\begin{cases} a_1 = 2\cos(\omega\tau) \\ a_2 = -1 \\ b_1 = \sin(\omega\tau) \end{cases} \cdots\cdots(17)$$

です．実時間に戻した式(16)の第3項$b_1 x((k-1)\tau)$は計算スタート・トリガ入力となるインパルス1発だけなので，$k=1$以外のときはゼロになります．従って時刻$k=1$のときの出力$y(\tau)$は別にします．$k>1$以降の時間の出力$y(k\tau)$は，

$$y(k\tau) = a_1 f((k-1)\tau) + a_2 f((k-2)\tau) \quad (k>1)$$

$$\begin{cases} a_1 = 2\cos(\omega\tau) \\ a_2 = -1 \end{cases} \cdots\cdots(18)$$

です．$k=1$のとき式(16)は，

$$y(\tau) = a_1 f(0) + a_2 f(-1) + b_1 x(0)$$

になり，計算スタートの瞬間なので$f(0)=0$という因果関数なので，過去を現す$f(-1)$も0になります．$x(0)$はインパルス関数で時刻0で1です．従って，

$$y(\tau) = \sin(\omega\tau) \cdots\cdots(19)$$

になります．

これで離散時間での正弦波システムの伝達関数を求めます．このことは離散時間を扱うディジタル処理(DSPやマイコン)で算術演算に頼らず正弦波を発生できるシステムを手に入れたことになります．

● z変換処理は実際にはメモリに書いて読むだけ

では，この正弦波発生のディジタル・システムをどのように実装するかですが，発生アルゴリズムは図5になります．$f(k\tau)\to f_0$，$f((k-1)\tau)\to f_1$，$f((k-2)\tau)\to f_2$とします．f_1はf_0より1単位時間(τ)遅れるわけですからz^{-1}を利用します．

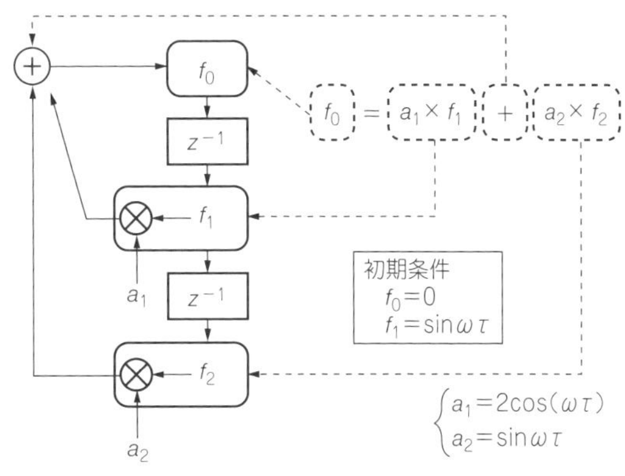

図5　正弦波発生器のアルゴリズム

基礎知識　実験準備　矩形波　正弦波　ベクトル

表1　正弦波発生の初期値設定

正弦波周期 [μs]	回転数 [rpm]	f_1= sinωτ	a_1= 2cosωτ	f_2	a_2	f_0
4000	2143	0.0628	1.996	0	−1	0
3000	2857	0.0837	1.993	0	−1	0
2000	4286	0.1253	1.984	0	−1	0
1000	8571	0.2487	1.937	0	−1	0

DCブラシレス・モータ14極7ペアの回転数

$k=2$以降はf_2以降を生成することになります．最初のf_2を生成するために，f_0，$f_1=\sin(\omega\tau)$を初期条件として与えます．

マイコンやDSPでのz^{-1}の実現は，f_0，f_1，f_2をレジスタまたはメモリに置き，サンプリング間隔(τ)で読み書きすることだけで実現します．簡単ですね!

このような処理は，デルタ関数のインパルス応答での無限ループ応答(Infinite Impulse Response)を使った「再帰フィルタ法」と呼びます．離散時間を扱うマイコンやDSPではIIRディジタル・フィルタ法と呼ばれています．音声のサウンド発生器にも盛んに使用されているポピュラな技術です．

プログラム

正弦波発生のアルゴリズムとz変換ダイヤグラムができましたので，いよいよプログラミングです．z変換の最も重要なサンプリング時間を25kHzにするとτ＝1/25kHz＝40μsになります．この40μsが**図4(c)**のインパルス間隔τになります．ACブラシレス・モータ駆動のための正弦波の周波数はホール・センサから取得します．

ただし，この計算はモータ制御キットP-NUCLEO-IHM001に搭載するマイコンSTM32F302R8の性能限界40μsで行っています．始動しづらい，またはできない場合，計算粒度は粗くなりますがτの値を順次大きくしてください．τ＝250μsまで大きくするとほぼ確実に始動します．

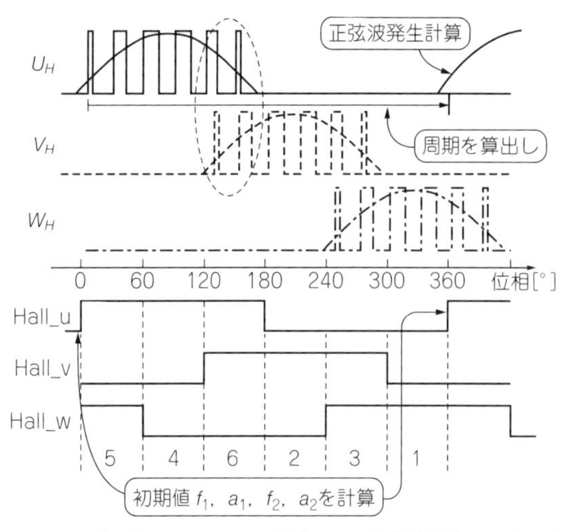

図6　IIRディジタル・フィルタ計算による初期値設定タイミングとz変換計算範囲

● 正弦波発生の初期値設定

▶計算例

モータ制御キットに付属するDCブラシレス・モータの磁石は14極です．ホール・センサの周期から正弦波をIIRフィルタ演算で発生します．**表1**の周期4000μsの場合を計算してみます．

$f_0=a_1\times f_1+a_2\times f_2$

各初期値は，

$f_1=\sin(\omega\tau)=\sin(2\pi f\tau)$
$=\sin(2\pi((1/4000\times10^{-6})\times40\times10^{-6})$
$=0.0628$

$a_1=2\cos(\omega\tau)=2\cos(2\pi f\tau)$
$=2\cos(2\pi((1/4000\times10^{-6})\times40\times10^{-6})$
$=1.996$

になります．f_2，f_0の初期値は0です．a_2は式(17)から−1になります．**表1**に各周期の初期値を示します．

▶設定タイミング

各パラメータ初期設定のタイミングは**図6**のようにホール・センサの立ち上がりから次の立ち上がり，ホール・センサの周期ごとに初期化します．現立ち上がりエッジ初期化から次の立ち上がりエッジまで**図6**の正弦波発生z変換ダイヤグラムに従い正弦波発生計算を行います．速度ボリュームでの指令に応じて可変するホール・センサ周期ごとにIIRディジタル・フィルタ正弦波の周波数を高速に順次変えていきます．

● 固定小数点化でディジタル処理の高速化!

z変換によるディジタル処理をより高速化するためにIIRディジタル・フィルタの固定小数点化を図ります(**表2**)．今回は16ビット幅で行います．mbedでの型宣言はshortで16ビット幅になります．

表1の周期4000μs時の各初期値をQ14フォーマッ

表2　z変換によるディジタル処理をより高速化するために表1に対してIIRディジタル・フィルタの固定小数点化を図る

周期 [μs]	回転数 [rpm]	f_1= sinωτ	a_1= 2cosωτ	f_2	a_2	f_0
4000	2143	0x0405	0x7F6C	0	0xC000	0
3000	2857	0x055B	0x7F8B	0	0xC000	0
2000	4286	0x0805	0x7EF7	0	0xC000	0
1000	8571	0x0FEA	0x7BF5	0	0xC000	0

トで固定小数点化します．Q15フォーマットなら－1～＋1の表現範囲になりますが，a_1の範囲が1を超えていますのでQ14フォーマットの－2～＋2の表現範囲にします．0x……は16進数表現ですよという意味です．

$f_1 = 0.0628 \times 16383 \fallingdotseq 0x0405$
$a_1 = 1.996 \times 16383 \fallingdotseq 0x7F6C$
$a_1 = -1 \fallingdotseq 0xC000$

図7に1.996＝0x7F6CのQ14フォーマット例を示します．2進数表現で小数点以下n個の数字のとき「Qnフォーマット」といいます．

以上のようにz変換でのIIRディジタル・フィルタはQ14フォーマットの固定小数点演算で高速化を図ります．

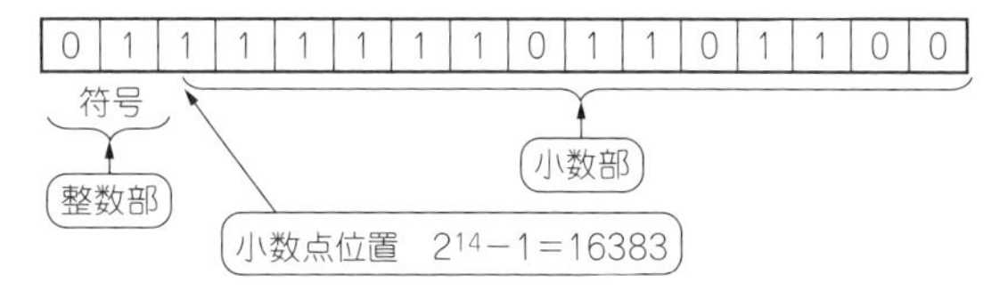

図7　Qnフォーマットで正のとき
2進数表現小数点以下n個の数字のときQnフォーマットという

コンパイラにて浮動小数点数型を宣言すると全ての数値計算結果は－1＜浮動小数点＜1に正規化されます．例えば浮動小数点数と固定小数点のQ14フォーマットでの相互変換やり取りは，次の通りです．

リスト1　z変換を利用した正弦波生成プログラム Nucleo_Z_SIN_hf_BLDC

```
#include "mbed.h"
#include <math.h>
#include "rtos.h"
    :
    :略
float Speed;
float tau=60;
    :
    :略
AnalogIn Current_W(PC_0);

float Vr_adc,output,Current_Ws;
float zint=tau*1E-6;

Ticker zt;
    :
    :略
     short u[5]={0x7FFF,0xC000,0,0x0001,0};
                                        //a1,a2,f0,f1,f2
     short v[5]={0x7FFF,0xC000,0,0x0001,0};
                                        //a1,a2,f0,f1,f2
     short w[5]={0x7FFF,0xC000,0,0x0001,0};
                                        //a1,a2,f0,f1,f2

void ztrans(){

    u[2] = ((u[1]*u[4])>>14) + ((u[0]*u[3])>>14);
    u[4] = u[3];
    u[3] = u[2];

    v[2] = ((v[1]*v[4])>>14) + ((v[0]*v[3])>>14);
    v[4] = v[3];
    v[3] = v[2];

     w[2] = ((w[1]*w[4])>>14) + ((w[0]*w[3])>>14);
     w[4] = w[3];
     w[3] = w[2];

    }

void HAH(){
    ut1=uT.read_us();

     f1=(sin(2*3.14159*(1/(usi*1E-6))*zint)*16384);
     a1=(2*cos(2*3.14159*(1/(usi*1E-6))*zint)*16384);

      u[0]=a1;u[1]=0xC000;u[2]=0; u[3]=f1; u[4]=0;
      }
 void HAL(){
    ut2=uT.read_us();
      uT.reset();
       }
    :v相，W相も同様に
    :略
int main(){
    :略
    zt.attach us(&ztrans, tau);
while(1){
    :略
         usi=2*(ut2-ut1);
         vsi=2*(vt2-vt1);
         wsi=2*(wt2-wt1);


         if((u[2])<=0){    //飽和処理
              u[2]=0;
           }
           if(u[2]>=16383){
                u[2]=16383;
                }

           if(v[2]<=0){    //飽和処理
              v[2] =0;
           }
           if(v[2]>=16383){
                v[2]=16383;
                }
           if(w[2]<=0){  //飽和処理
               w[2]=0;
           }
           if(w[2]>=16383){
                w[2]=16383;
                }

            aout=(float(v[2])/16383);

         mypwmA.write((float(u[2])/16383)*(Vr_adc));

         mypwmB.write((float (v[2])/16383)*(Vr_adc));

         mypwmC.write((float(w[2])/16383)*(Vr_adc));

         Speed=60*(1/(7.0*usi*1E-6));

            myled = !myled;

       }

}
```

z変換IIRディジタル・フィルタ計算単位μs　40～250

正弦波駆動電流モニタ・ピン

z変換計算単位μs

z変換IIRディジタル・フィルタ固定小数点領域確保およびゼロ速初期値設定．16ビットQ14フォーマット

各相z変換IIRディジタル・フィルタ計算

U相ホール・センサ立ち上がりタイマ・キャプチャおよび立ち上がりごとにf_1とa_1の初期値再設定しz変換IIRフィルタ計算領域に再代入．固定小数点化

Ticker tau時間間隔z変換サブルーチン呼び出し

z変換IIRディジタル変換初期値正弦波計算用1周期時間

正弦波計算結果飽和処理．0以下の場合に0，16383以上の場合は16383にする

V相正弦波モニタ固定小数点から浮動小数点へ

回転数計算rpm　14極7ペア

各相正弦波z変換IIRディジタル・フィルタ計算．固定小数点から浮動小数点化を行う．スピード制御電圧を掛けてPWMdutyを制御する

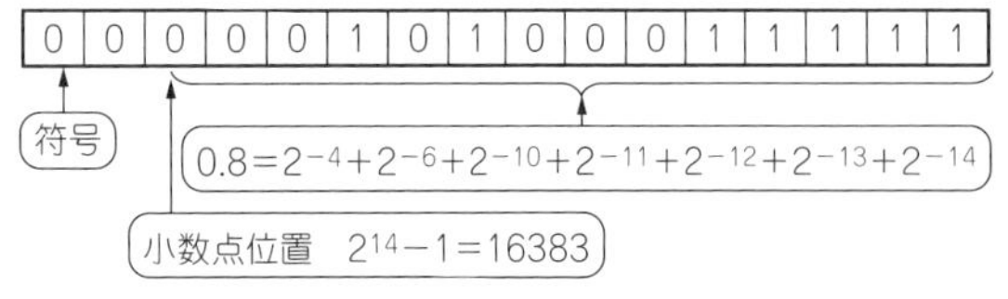

図8 Qnフォーマットで負のとき

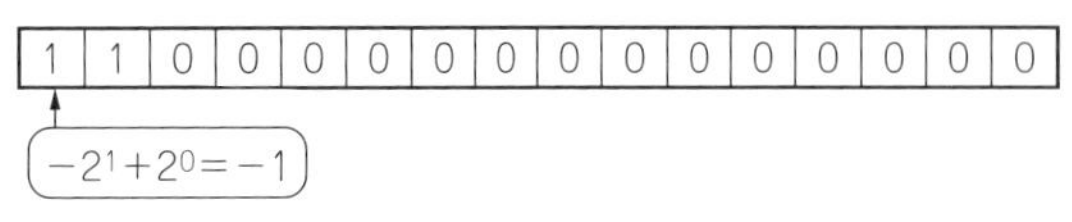

図9 Q14フォーマットで`0xC000`を2進数で表す

$0.08 = 0.8E-1 \times 16383 = 1310.64 \fallingdotseq 1311$

$= 0x051F\ (Q14)$

$0x051F = 1311/16383 = 0.08002 \fallingdotseq 0.8E-1 = 0.08$

Q14フォーマットで0x051Fを2進数で表すと**図8**に，Q14フォーマットで0xC000を2進数で表すと**図9**となります．

● フローチャート

ここまで説明してきた内容を**図10**のフローチャートで示します．z変換処理は繰り返しタイマ割り込みTickerを利用します．一定間隔で正弦波IIRフィルタ計算を呼び出します(**図10**の例は40μs間隔)タイマで呼び出された瞬間をインパルス応答と理解してよいと思います．つまり40μsのユニット・ディレイ(Z^{-1})で変数f_0，f_1，f_2を再帰的に計算していきます．

今回ホール・センサからのポート・エッジ割り込み処理は，DCブラシレス・モータの周期を計算しますが，各相のホール・センサ立ち上がりごとにIIRフィルタ計算の初期化および各変数a_1，f_1の初期値をDCブラシレス・モータの周期を基に再計算します．

● プログラム

プログラムを**リスト1**(前頁)に示します．ここでの着眼点はTicker宣言とIIRディジタル・フィルタ計算のための固定小数点化になります．Tickerの名前を`zt`とし，

```
zt.attach_us(&ztrans, tau);
```

と記述すると`tau`マイクロ秒間隔でサブルーチン`ztrans`を処理することになります．

型およびa_1，a_2，f_1，f_2初期値を`short`(16ビット)Q14フォーマットで表しています．各相ともに

```
short U,V,W[5]={0x7FFF,0xC000,
0,0x0001,0};//a1,a2,f0,f1,f2
```

の記述によって固定小数点変数領域を5個確保しています．

また，サブルーチン`ztrans`の乗算部の`u[1]*u[4])>>14`は，Qフォーマットの掛け算で表すとQ14×Q14＝Q28なりますので，14ビット右シフトし，`Q28>>14=Q14`に戻します．

また，積和演算の正弦波計算結果 `u,v,W[2]=((u[1]*u[4])>>14)+((u[0]*u[3])>>14)` の計算がオーバフロー，アンダフローしたときの対策として飽和処理(0以下は0，16383以上は16383)を施しています．固定小数点Q14フォーマットでは，

「浮動小数点→固定小数点」の変換は$16384 = 2^{14}$

と乗算し，

「固定小数点→浮動小数点」の変換は$16383 = 2^{14} - 1$

を除算します．

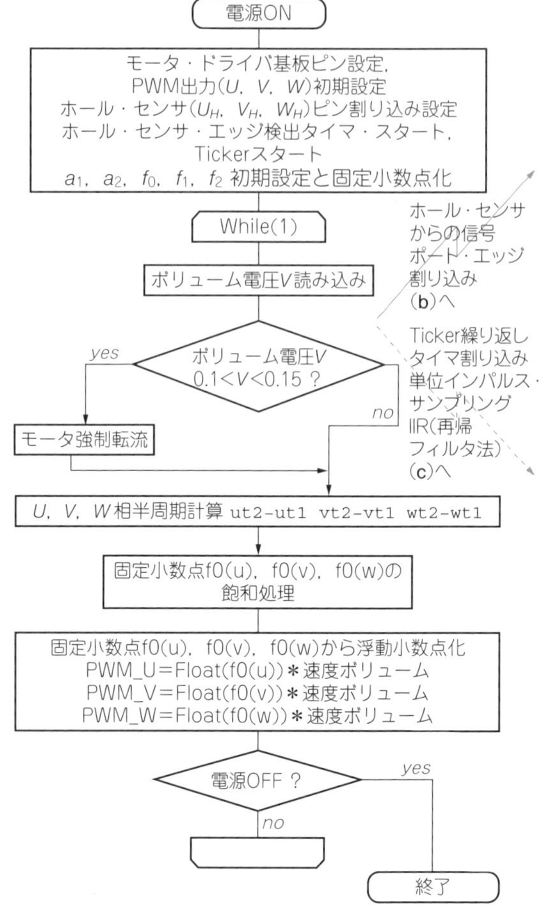

(a) z変換正弦波DCブラシレス・モータ駆動メイン・ループ

図10 フローチャート

ソフト実装後の正弦波駆動DCブラシレス・モータ評価

● 最高回転数

▶算術三角関数(前章にて解説)

算術三角関数では，正弦波算出のための時間粒度tは，CPUの処理能力に制限されます．STM32F302R8

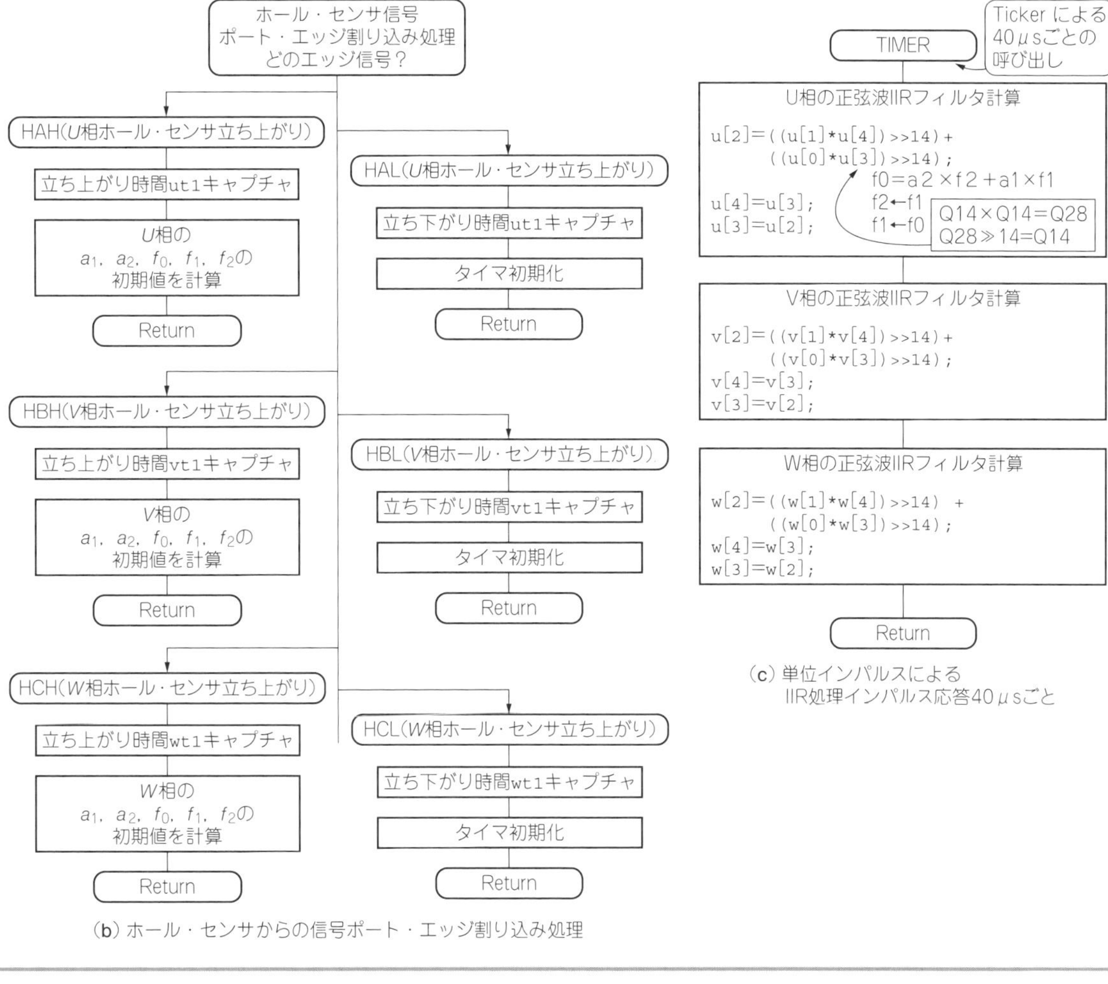

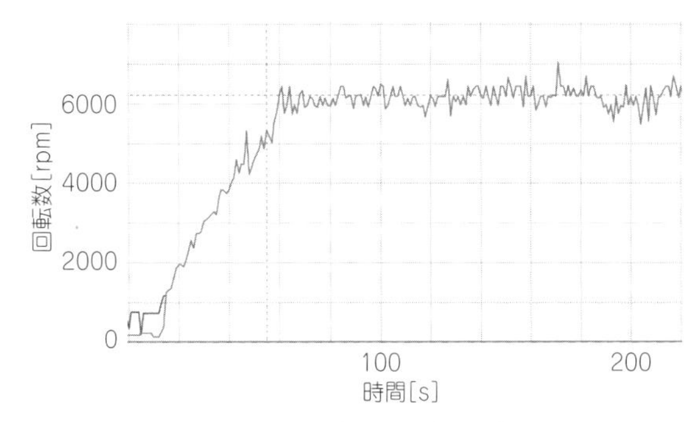

図11　算術三角関数アルゴリズムでの最高回転数
CPUの処理能力により6200rpmが最高回転数となる

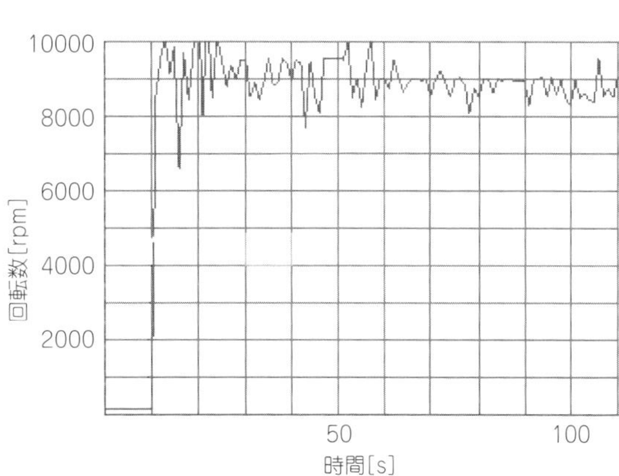

図12　z変換正弦波発生アルゴリズムでの最高回転数
z変換を使うと9000rpmまで最高回転数が増加する

(72MHz)は，浮動小数点ユニット(FPU)を持っていますが単精度です．mbedでのコンパイルでは算術三角関数演算を倍精度で行うため，2倍のオーバヘッドがCPUにかかります．従って矩形波駆動のような1万回転以上は望めなくなります．本章の時間粒度t[s]は探索の結果，

```
t=2.26E-4=0.226m
```

になりました．倍精度FPUまたは最高周波数が100MHz以上のCPUになると，この時間粒度は小さくなり，最高回転数もアップします．本章で紹介したCPUと三角関数

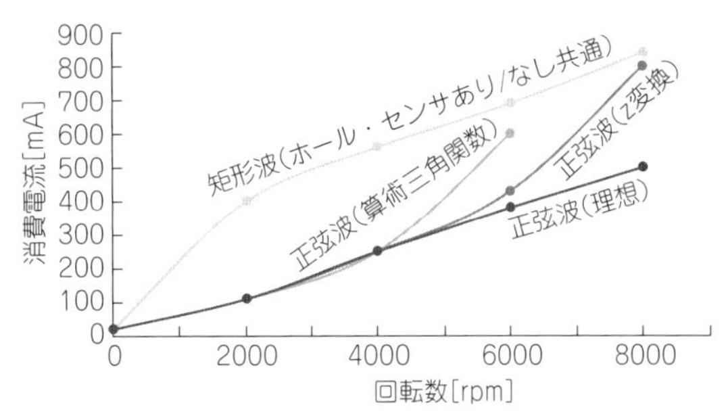

図13　矩形波駆動より正弦波駆動の方がずいぶんと消費電流が小さくて済む

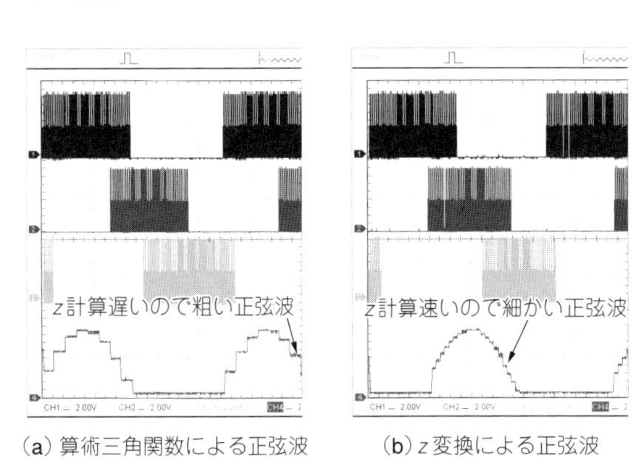

(a) 算術三角関数による正弦波　(b) z変換による正弦波

図15　2000rpmのときは正弦波駆動の計算に余裕があった(2V/div，1ms/div)

算術演算での最高回転数は**図11**のように約6200rpmになります．

▶ z変換

一方，z変換での最高回転数は，三角関数演算をz変換の固定小数点数で高速回転が実現できました．**図12**のように最高回転数は9000～10000rpmになります．RTOSによってCPLT出力しますが`printf`関数での呼び出しタイマ・オーバヘッドのため周期時間計測が中断され，回転ムラが大きくなっています．CPLTモニタを外した状態でオシロスコープを見ると10000rpmは出ているようです．中速回転域5000rpmでは影響は少ないようです．

● 駆動方式別消費電流…マイコンのクロック周波数が高い方が有利

図13に120° 6ステップ矩形波駆動と正弦波駆動との消費電流を同回転数で比較しています．正弦波で4000回転までの消費電流は矩形波駆動の半分になっています．正弦波の低消費電流効果は絶大です．

正弦波の4000(算術三角関数)および6000回転(z変換)付近から急に矩形波駆動の消費電流に追い付いていきます．これは**図14**の正弦波駆動6000回転を見ると分かるように，**図15**の2000回転では正弦波駆動を余裕で行っていましたが，回転数が上がるに従って演

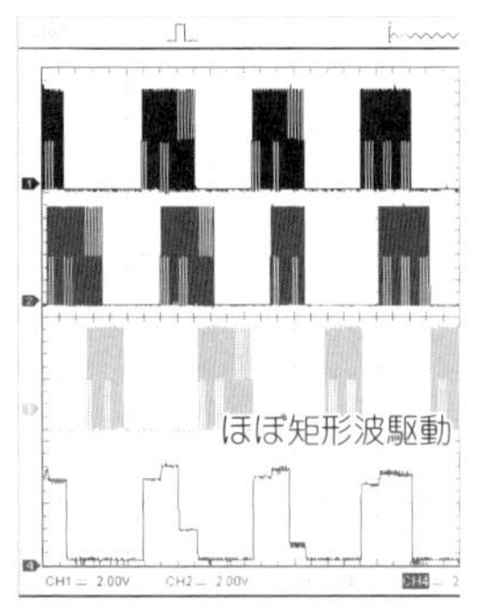

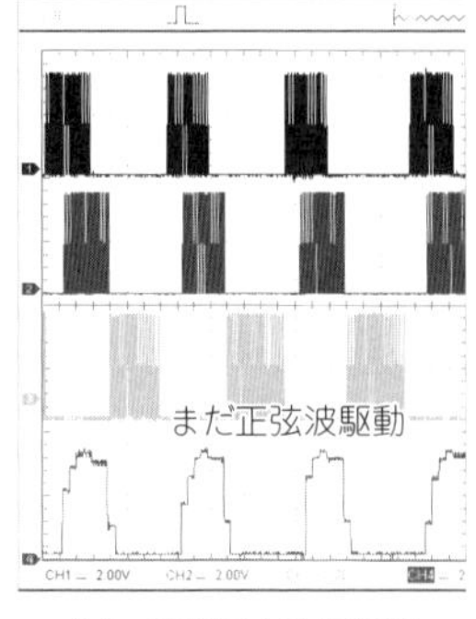

(a) 算術三角関数による正弦波　(b) z変換による正弦波

図14　6000rpmの正弦波駆動はz変換でないと間に合わない(2V/div，1ms/div)

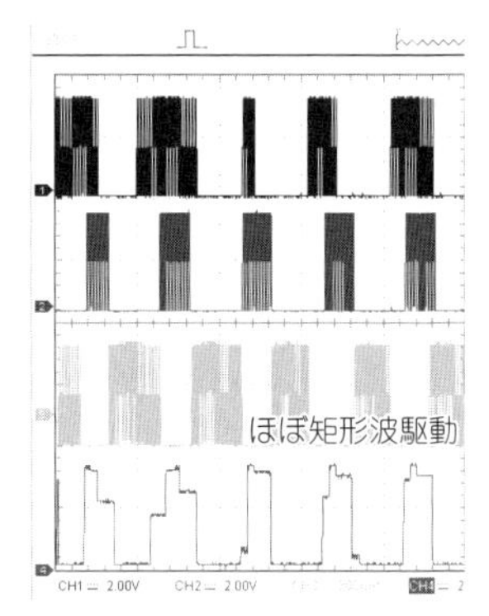

図16　8000rpmではz変換正弦波による駆動でも処理が間に合わない(2V/div，1ms/div)

算速度が追い付かず矩形波のような形になるからです．算術三角関数による正弦波は6000回転になるとほぼ矩形波で，矩形波駆動時の消費電流と同じになります．

z変換の正弦波生成処理能力が算術三角関数よりも上のため，矩形波駆動消費電流と同じになる回転数は8000回転になります(**図16**)．

このことは，モータ制御キットに搭載するマイコンSTM32F302R8のクロック72MHzより2倍以上高い180MHz品(STM32F446RET6)を利用すると，8000回転で約480mAとなり，**図13**の正弦波(理想)ラインに乗ってきます．**図16**の今回評価対象である72MHz品(STM32F302R8)と比較しても，8000回転で，まだ余裕で正弦波の計算をこなしています．ちなみに最高回転数は12000回転でした．正弦波駆動においてはCPUクロックが高いほど低消費電流になりそうです．CPU(3.3V)の高速化でCPU自身の消費電流は増えますが，モータ電圧は11.1Vですので低消費電流効果は大きくなります．

● モータ音の測定

前章と同様に正弦波駆動時のモータ音を測定し，ブ

表3　矩形波駆動/正弦波駆動の始動トルクを測定

6ステップ正弦波駆動方式	ACブラシレス・モータ無負荷時最高回転数［rpm］	ブラシ付きモータが止めた電流［A］	ブラシ付きモータが止めた出力トルク［gcm］
算術正弦波	6,400	1.65	48（停止トルク）
z変換正弦波	9,000	1.76	55（停止トルク）

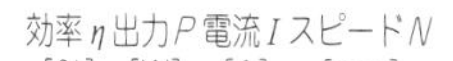

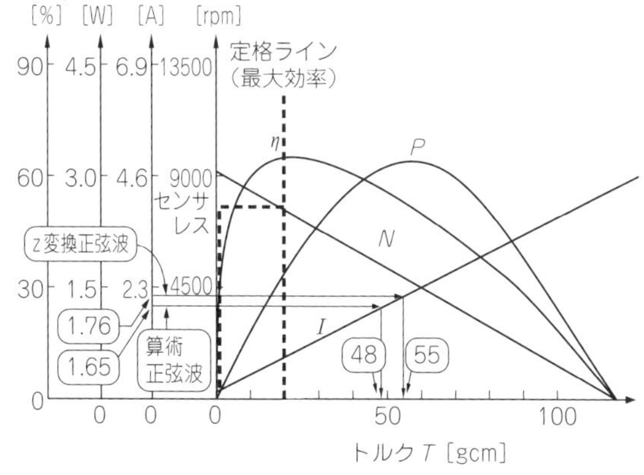

図18　DCブラシ付きモータ RE-280の特性曲線からDCブラシレス・モータの停止トルクを導出

ラシ付きモータおよび矩形波駆動時と比較した結果が**図17**になります．

正弦波駆動でかなり静かになっているようです．**図13**の消費電流のグラフを見ると**図17**の駆動方式別の騒音と似ています．騒音と消費電流は相関性がありそうです．

● 始動（＝停止）トルクの測定

第3部第3章の矩形波駆動と同じように始動トルクを測定します．測定結果は**表3**になります．

DCブラシレス・モータに対向して設置したブラシ付きモータの無負荷回転数と，ブラシ付きモータがACブラシレス・モータを停止させた電流値から，**図18**を参照しつつACブラシレス・モータの始動（停止）トルクを抽出します．算術三角関数方式の停止トルクは48gcm，z変換方式の停止トルクは55gcmになりました．停止トルク＝起動トルクです．両者トルクとも回転数0速ですので理解できます．

出力の計算は第3部第3章と同じように，

$$P[\mathrm{W}]=2\pi=\frac{1}{60}\times N\times T\times 10^{-5}\times 9.8[\mathrm{m/s^2}]$$

で求めます．

$$0.1047\times 3200\times 24\times 10^{-5}\times 9.8=0.788[\mathrm{W}]$$

$$\because\ 2\pi\times\frac{1}{60}=0.1047$$

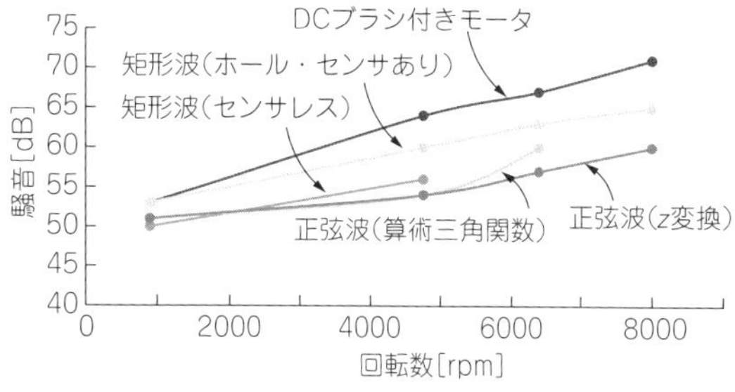

図17　DCブラシレス・モータ駆動方式別騒音

iPhoneを使いモータから1m離した状態で測定

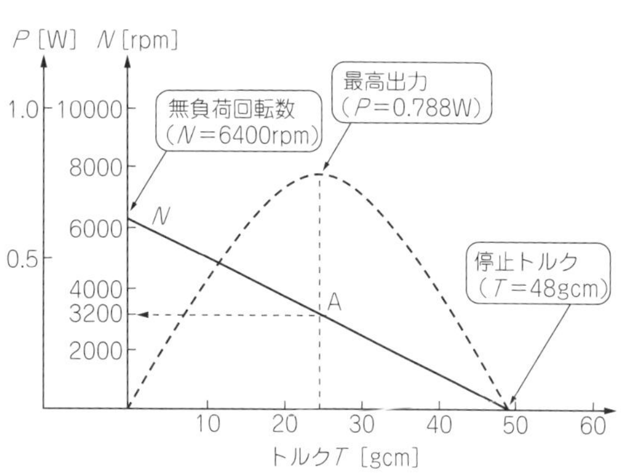

図19　算術三角関数で作った正弦波で駆動したDCブラシレス・モータのトルクと出力

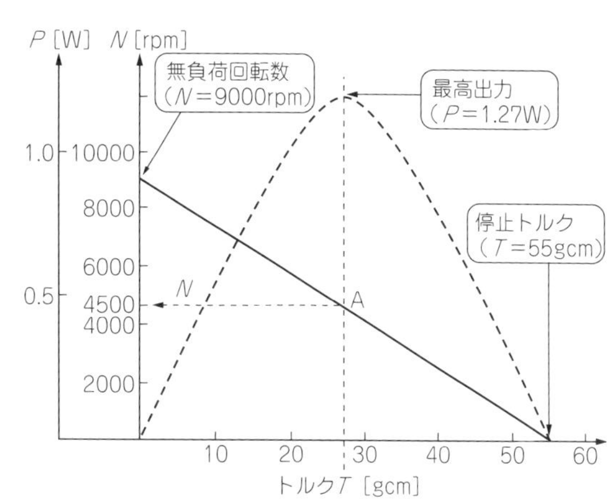

図20　z変換で作った正弦波で駆動したDCブラシレス・モータのトルクと出力

$$0.1047\times 4500\times 27.5\times 10^{-5}\times 9.8=1.27[\mathrm{W}]$$

$$\because\ 2\pi\times\frac{1}{60}=0.1047$$

図19に算術三角関数による正弦波で駆動したDCブラシレス・モータのトルクと出力，**図20**にz変換演算正弦波で駆動したACブラシレス・モータのトルクと出力を示します．

第1章

高効率駆動のメカニズム

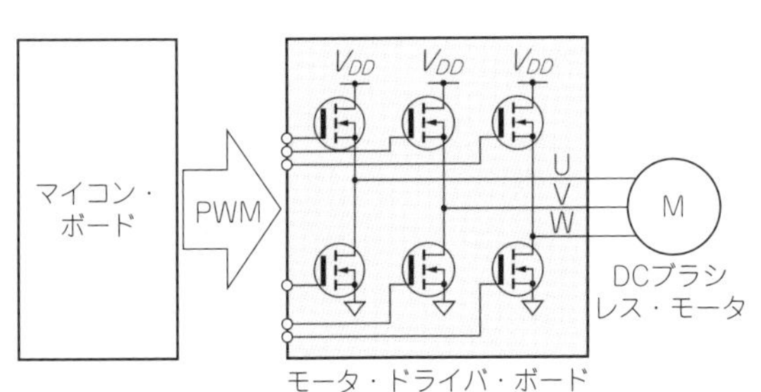

(a) 駆動回路は共通

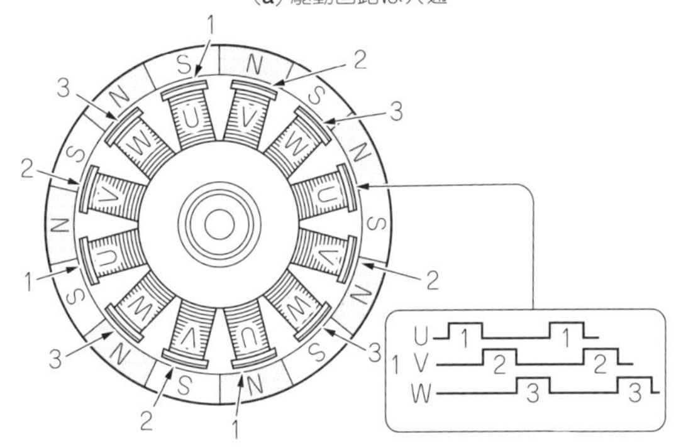

(b) 矩形波駆動や正弦波駆動はコイルに順番に電流を流す

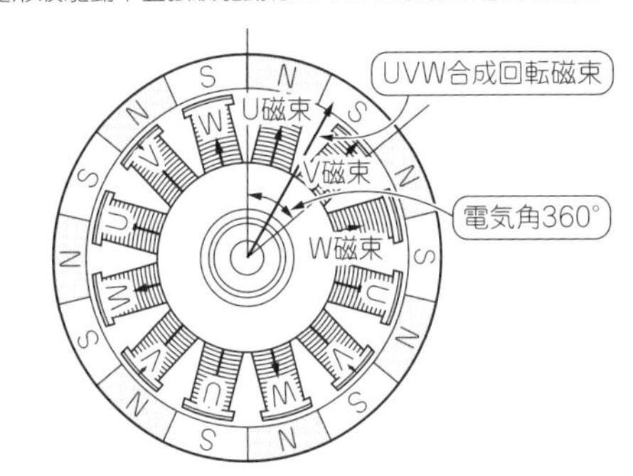

(c) UVW3相に同時に電流を流してベストな場所に合成磁束を作るベクトル制御

図1 「ベクトル制御」はUVW相に同時に電流を流すため相間切り替えが滑らかで正弦波駆動より効率がよい

表1　ベクトル制御は効率が良く音も静か

駆動方法	全高調波ひずみ率［%］	効率［%］
矩形波	200以上	70～80
正弦波	140前後	75～85
ベクトル制御（空間ベクトル制御）	110前後	80～90

紹介する高効率「ベクトル制御」とは

ここで紹介する「ベクトル制御」は高効率で静かです．**表1**にこれまでの制御との違いをまとめました．空間ベクトル駆動は，UVW相の切れ目がなく，常にUVW相を同時に駆動しているため，相間駆動切り替え時のノイズがなく，滑らかな制御を実現しています．従ってエネルギー効率が良く，モータを静かに回せます．まずはベクトル制御を行うマイコン・ボード上の信号の流れについて説明します．

基本メカニズム

● これまでの制御との違い

これまでに紹介した矩形波駆動や正弦波駆動との違いを**図1**に示します．**図1**(**a**)の回路でモータをUVWの3相で回す際に，矩形波&正弦波駆動では，**図1**(**b**)のようにUVW相を順番にON/OFFしていました．

今回から紹介するベクトル制御は，**図1**(**c**)のように，UVW相の磁束を同時に制御します．同時にインバータ電圧が発生することによって合成磁界を発生させます．この合成磁界を回転させるように，各MOS FETを制御することを，空間ベクトル駆動(Space Vector PWM；SVPWM)と言います．

● 電流制御によってトルクを制御する

図2の磁極N極の一つN'に注目します．UVWのスロットルは固定状態です．アウタ・ロータである永久磁石の回転と同期してd軸q軸が回転します．

固定子のα軸からの角度θを制御してq軸を常に永久

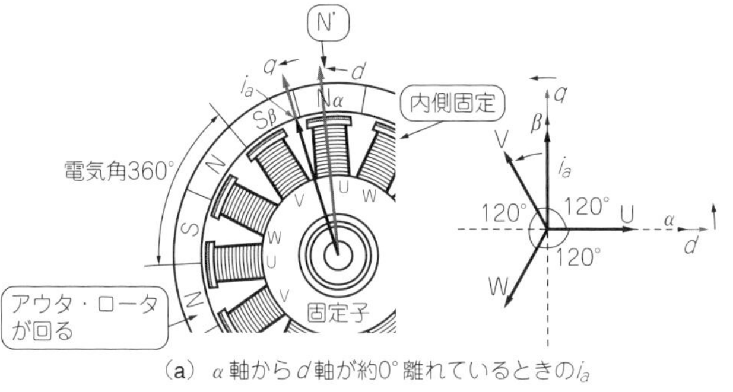

(a) α軸からd軸が約0°離れているときのi_a

(b) α軸からd軸が約45°離れているときのi_a

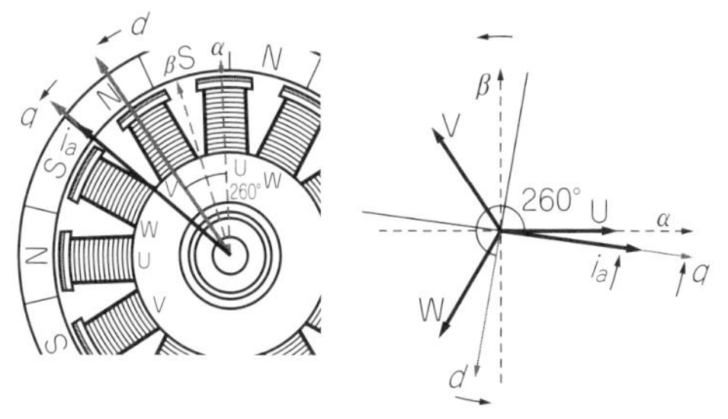

(c) α軸からd軸が約260°離れているときのi_a

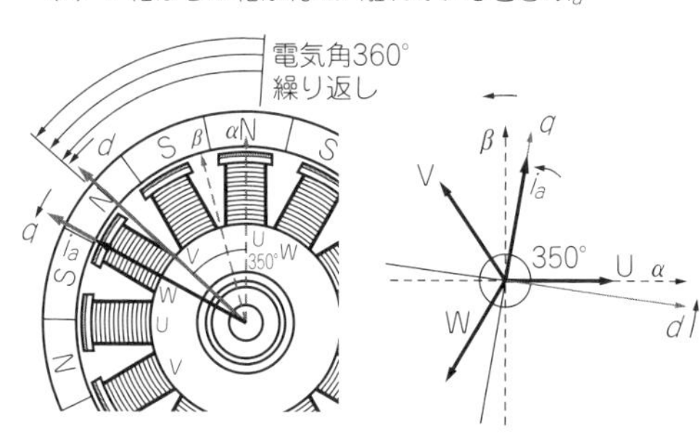

(d) α軸からd軸が約350°離れているときのi_a

図2 ベクトル制御では常に回転子NとSの間に合成磁束i_aが生ずるように電流i_qをコントロールする

磁石NとS極の境界にくるようにコントロールしています．コイル・スロットUVW1組でこの動作を電気角360°周期で繰り返し行います．

dはdirect（直接），qはquadratic（2次的）の意味になります．d軸上での電流は常にゼロにします．q軸上の電流i_aを制御することによりトルクを制御できます．

信号の流れ

図3にモータ制御キット搭載マイコン STM32F302R8に実装したソフトウェアのブロック図を示します．

ベクトル制御はDCブラシレス・モータの速度とトルクを，DCブラシ付きモータのように制御できる技術です．実際の波形と一緒に見ていきましょう．

● ①A-Dコンバータ…シャント電流の検出

図3右上にあるのがモータ（PMSM）です．モータ・ドライバ L6230のUVW相にシャント抵抗（33mΩ）を付加します．シャント抵抗の電位差をアンプで約2倍に増幅し，STM32F302R8マイコンの12ビットA-Dコンバータでuvw相のi_u，i_v，i_wを検出します（**図4**）．ほぼ120°間隔で検出しているのが見て取れます．

● ②3相→2相変換

制御マイコンでは，固定子であるUVW相から抵抗で検出した電流（i_u，i_v，i_w）を，直交2軸上のベクトル（i_α，i_β）として扱えるように3相→2相変換します．静止3相座標系120°（UVW軸上電流）から静止直交座標系（$\alpha\beta$軸上電流）へ変換します（**図5**）．後ほど述べる回転直交座標系dq軸変換のための前処理です．

図6が静止座標系3相→2相変換結果です．図中の補助線の変化を見るとi_αとi_βの位相差は，おおよそ90°を保って変化しています．

● ③静止直交座標2相→回転直交座標2相変換

静止直交座標2相i_α，i_βから回転直交座標のi_d，i_qに変換します．d，q軸上の電流を直流で制御するためです．

図7から，座標変換は回転座標を基準にしていますので，回転座標から見たi_d，i_qは直流成分になっていることが見て取れます．

● ユーザからの速度指令を受け回転数目標を設定

マイコンは，モータを搭載する大もとの装置が望むモータ回転数になるようPI制御を行います．回転直交2相電流i_d，i_qを元にロータ位置を推定します．大もとの装置からの指令速度でPI制御するために，回転直交2相電圧V_d，V_qを出力します．

PI制御とは，Proportional（比例）Integral（積分）の略で，目標値になるよう制御を行い，微細なずれを積分していくことで「ゆらぎ」を抑え，安定的に目標値へ追い込む方法です．詳細は第5部第7章のベクトル制御処理で使われるPI制御プログラムを参照してください．

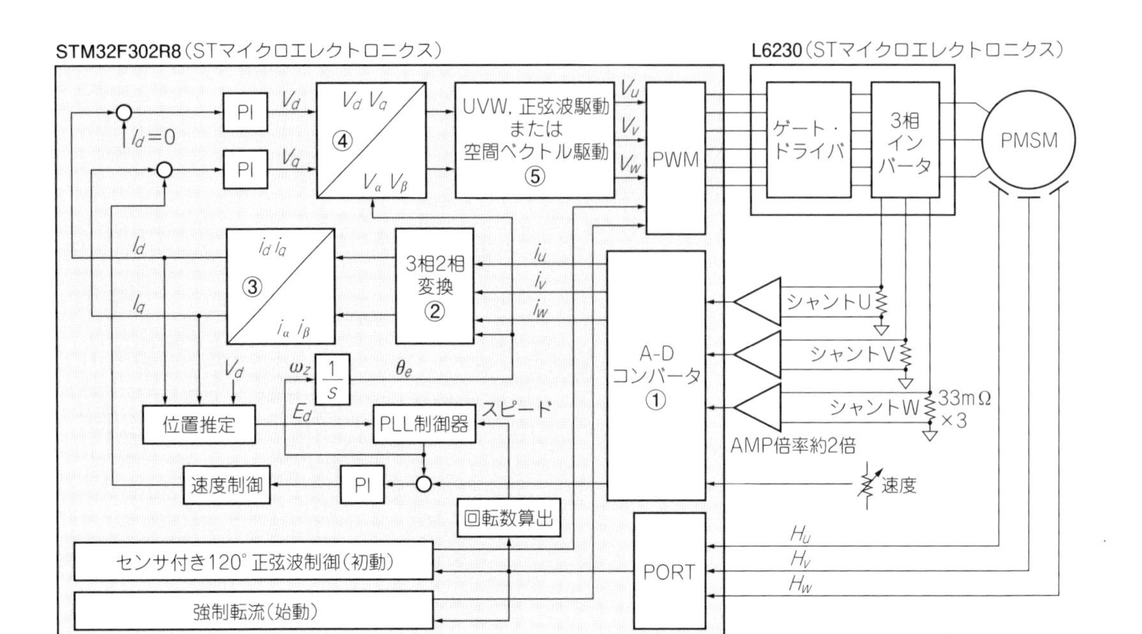

図3　ベクトル制御時にマイコンの中で行っていること

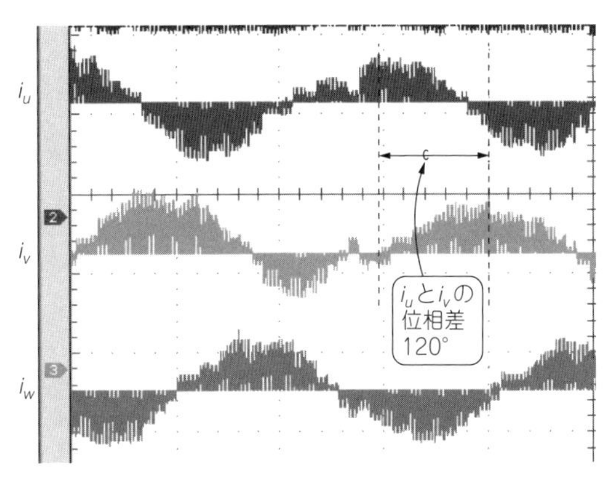

図4　モータ電流をシャント抵抗で電圧値として検出した（1V/div，1ms/div）

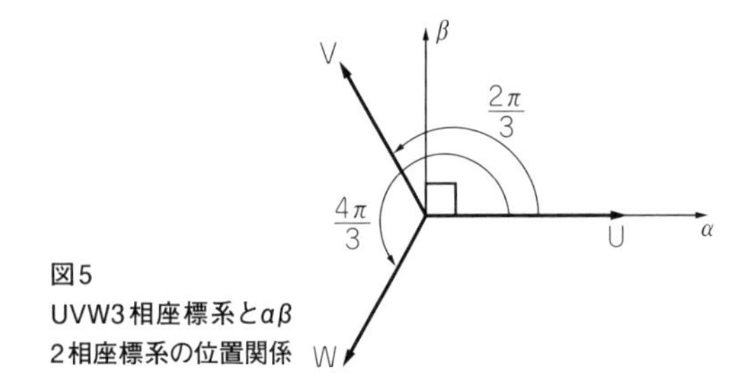

図5
UVW3相座標系とαβ2相座標系の位置関係

● ④回転直交座標２相→固定直交座標２相変換

回転直交座標V_d，V_qから固定直交座標V_α，V_βへ変換します．最終的にモータが回せる静止3相座標系120° UVW軸，制御電圧に変換するための前処理です．

図8が変換後のV_α，V_βです．V_αとV_βの位相差が90°と，直交関係で変換されました．

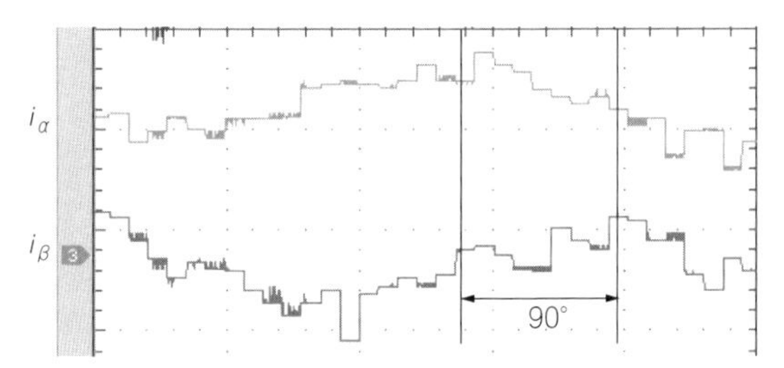

図6　i_u，i_v，i_wをi_α，i_βに変換（1V/div，1ms/div）

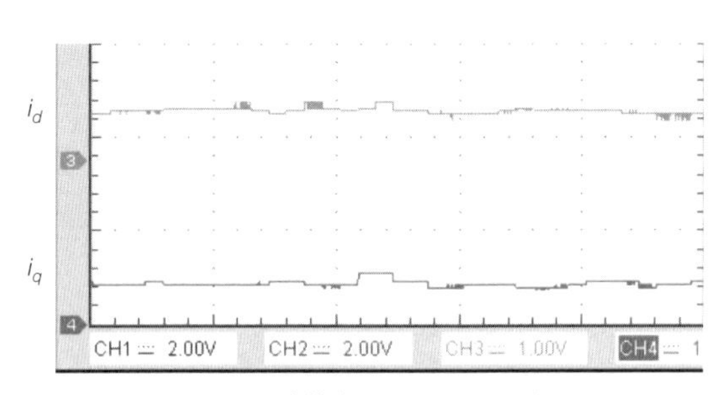

図7　i_α，i_βからi_d，i_qに変換（1V/div，1ms/div）

● ⑤固定直交座標２相変換→固定座標系３相UVW変換

V_α，V_βをV_u，V_v，V_wに変換します．静止直交座標系αβ軸から静止3相座標系120° UVW軸に変換します．モータ駆動PWMを正弦波で変調し，120° 通電駆動をするためです．

従来は図9の正弦波駆動が主流でした．ですが近年マイコンの性能向上と低価格化になり高度な演算が可能になりました．そこで，静かさと高効率を求め図10

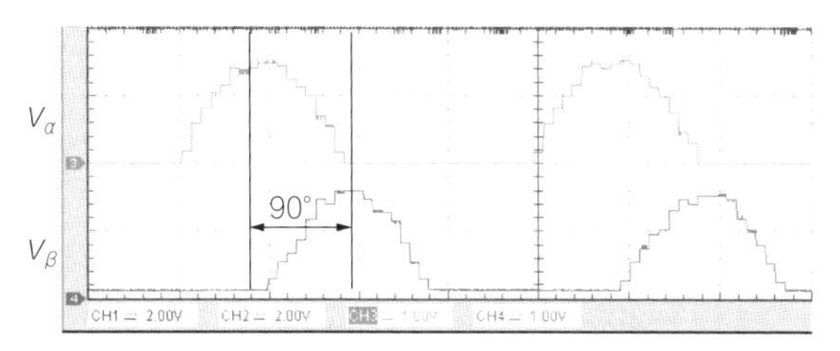

図8　回転直交座標2相V_d, V_qから固定直交座標2相変換V_α, V_βへ変換(1V/div, 1ms/div)

の空間ベクトル駆動(次章)が主流になっています.

プログラミングに欠かせない数式

ここからはベクトル制御を数式で説明します. 数式を知らないとプログラムが組めないからです. もっとも, ひとまず回してみたい方には, 実行プログラムをmbedで提供しますので, 数式は後から理解するということでも構いません.

● ②3相→2相変換…UVW相に流す電流をシンプルに制御できるように変換する

固定座標系UVW相の3相電流を2相の固定直交座標系のα軸β軸に変換します(**図5**).

$$i_\alpha=\left\{i_u\cos(0)+i_v\cos\left(\frac{2}{3}\pi\right)+i_w\cos\left(\frac{4}{3}\pi\right)\right\}\times\sqrt{\frac{2}{3}}$$

$$i_\beta=\left\{i_u\sin(0)+i_v\sin\left(\frac{2}{3}\pi\right)+i_w\sin\left(\frac{4}{3}\pi\right)\right\}\times\sqrt{\frac{2}{3}}\cdots(1)$$

になります. $\sqrt{\frac{2}{3}}$は3相系と2相系のエネルギー等価変換の係数になります. このような変換を絶対変換と言います. ここで磁束電流$\vec{i_a}$は次で表現できます.

$$\vec{i_a}=\vec{i_\alpha}+\vec{i_\beta}$$

● ③i_α, i_βからi_d, i_qに変換

固定直交座標系のα軸β軸から回転座標系d軸, q軸への変換は,

$$i_d=i_\alpha\cos\theta+i_\beta\sin\theta$$

$$i_q=i_\alpha(-\sin\theta)+i_\beta\cos\theta\cdots\cdots(2)$$

になります. θは「U相の方向＝α軸の方向からのN極磁極位置＝d軸方向の角度」になります. ここで,

$$\vec{i_a}=\vec{i_d}+\vec{i_q}$$

になります. SPMSMの場合i_d=0制御ですのでトルクを制御するのは回転座標から見て直流成分q軸上の電流制御だけになります. これでトルクを決める回転磁束発生の回転電流i_aを直交回転座標系d軸, q軸で表すことができました.

電流i_aと同じ回転をしているd軸(磁石方向)とq軸(NS磁極間方向＝トルク)の各成分は, q軸から見て電流i_aは直流であり, 制御がぐっと簡単になります.

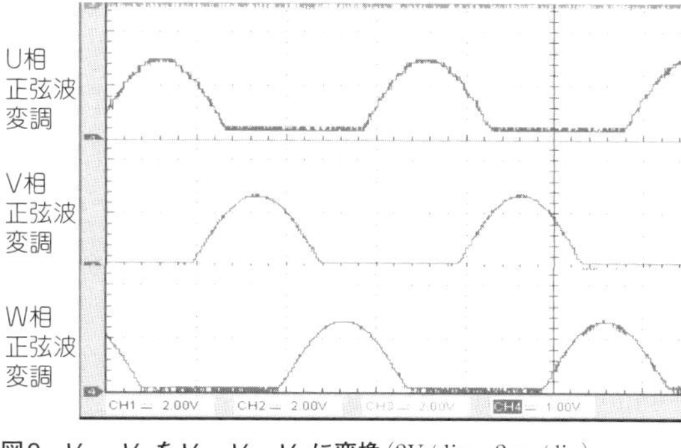

図9　V_α, V_βをV_u, V_v, V_wに変換(2V/div, 2ms/div)

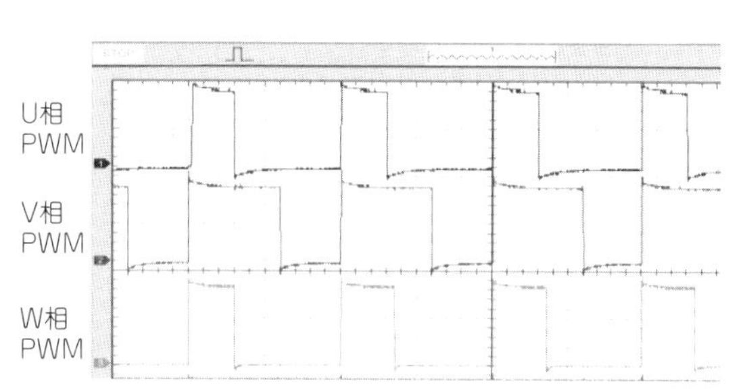

図10　V_u, V_v, V_wが同時にONする空間ベクトル駆動(2V/div, 10 μs/div)

一方, 3相電流から直接i_aを求めて制御することは, 3相交流の振幅や位相を決めるなど極めて複雑な処理になります.

● ④回転直交座標2相→固定直交座標2相変換

i_d, i_qは, PI制御を通してV_d, V_qになります. 回転直交座標系2相V_d, V_qから固定直交座標系2相V_α, V_βへの変換は式(2)の逆変換で,

$$V_\alpha=V_d\cos\theta-V_q\sin\theta$$

$$V_\beta=V_d\sin\theta+V_q\cos\theta\cdots\cdots(3)$$

になります.

● ⑤固定直交座標2相変換→固定座標系3相UVW変換

V_α, V_βからV_u, V_v, V_wの変換は, 式(1)の逆変換で,

$$V_u=\{V_\alpha\cos(0)+V_\beta\sin(0)\}\sqrt{\frac{2}{3}}$$

$$V_v=\left\{V_\alpha\cos\left(\frac{2}{3}\pi\right)+V_\beta\sin\left(\frac{2}{3}\pi\right)\right\}\sqrt{\frac{2}{3}}$$

$$V_w=\left\{V_\alpha\cos\left(\frac{4}{3}\pi\right)+V_\beta\sin\left(\frac{4}{3}\pi\right)\right\}\sqrt{\frac{2}{3}}\cdots\cdots(4)$$

になります. ベクトル制御の最終出力がこの固定120°座標系3相V_u, V_v, V_wになります. V_u, V_v, V_wは正弦波になります(**図9**). この正弦波V_u, V_v, V_wがPWMへの変調電圧になります.

コラム ベクトル制御の世界ではDCブラシレス・モータを「永久磁石同期モータ」と呼ぶ

DCブラシレス・モータはベクトル制御で駆動すると，PMSM（Permanent Magnet Synchronous Motor：永久磁石同期モータ）と呼ぶようになりまます．PMSMには，

1. 表面磁石同期モータ（SPMSM：Surface Permanent Magnet Synchronous Motor）
2. 埋め込み磁石同期モータ（IPMSM：Interior Permanent Magnet Synchronous Motor）

があります．**図A**にPMSMの構造を示します．

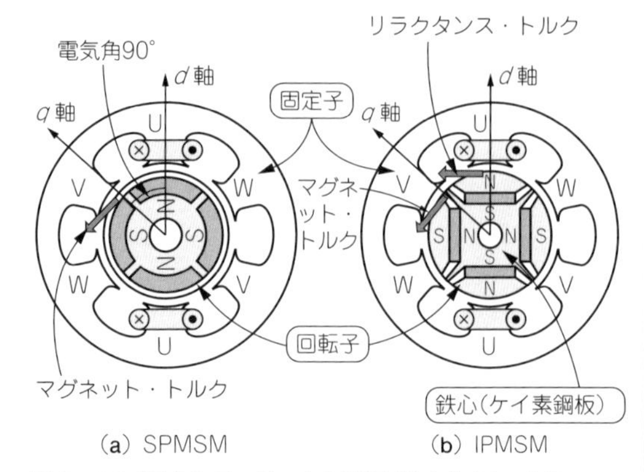

図A　DCブラシレス・モータの構造には大きく2つある

● SPMSM…本書の実験キットにも付いている基本タイプ

モータのトルクは，回転子の永久磁石および鉄と固定子コイル磁束の吸引と反発で決まります．コイル磁束は固定子コイル・スロットUVWの3相の電流で制御します．**図A（a）**のSPMSMは，回転子全体を覆うように磁石が張られており，トルクに寄与するのは磁石のマグネット・トルクだけです．

紹介しているモータ制御キット P-NUCLEO-IHM001に付属するモータ Bull-Running 2804は，回転子が外側になるアウタ・ロータ型SPMSMモータになります．**図A（a）**のSPMSMはインナー・ロータ型SPMSMモータと呼びます．

図A（a）を見るとd軸，q軸とありますが，d軸は回転子の磁石N極の方向，q軸はN極とS極の境界の方向です．d軸に磁束が発生してもN極と対向になっており回転側のトルクに寄与しません．q軸に磁束を発生させるとN極反発＋S極吸引の最大トルクを発生させられます．q軸の磁束方向が回転子のN極とS極の境界の方向に来るようにコイル・スロットUVW相の電流をd軸方向はゼロ，q軸方向に電流を流すように制御してトルクを最大化します．このことをi_d=0制御と言います．従って回転子のN極とS極の境界磁極位置を知ることが重要になります．

表A　DCブラシレス・モータのタイプ

モータ・タイプ	表面磁石型（SPMSM）	埋め込み磁石型（IPMSM）
ベクトル制御	i_d = 0制御	最大トルク制御
弱め界磁	可能だが効率が悪くなる	効率少し悪くなる
センサレス制御	誘起電圧	誘起電圧，突極性
ゼロ速始動制御	強制転流	突極性を利用
トルク	マグネット・トルク	マグネット＋リラクタンス・トルク

● IPMSM…効率は良いが入手しづらい

図A（b）のIPMSMは磁石が回転子に埋め込まれており，磁石間鉄心凸部のリラクタンス（磁気抵抗変化）トルクとマグネット・トルクの合計になります．IPMSMの方が製造コストがかかり，制御も複雑ですが，エネルギー効率は高くなります．比較を**表A**に示します．

図A（b）のIPMSMは鉄心のリラクタンス（磁気抵抗）を考慮すると，d軸とq軸の合成磁束でトルクを制御します．この磁気抵抗の突極性は**図B**のようになり，インタグダンスも同じようになります．この突極性は回転子の位置情報になりますのでセンサレスでのゼロ速スタートや極低速運転で利用できます．一方，SPMSMはこの突極性がないのでゼロ速スタートや極低速運転が難しくなります．

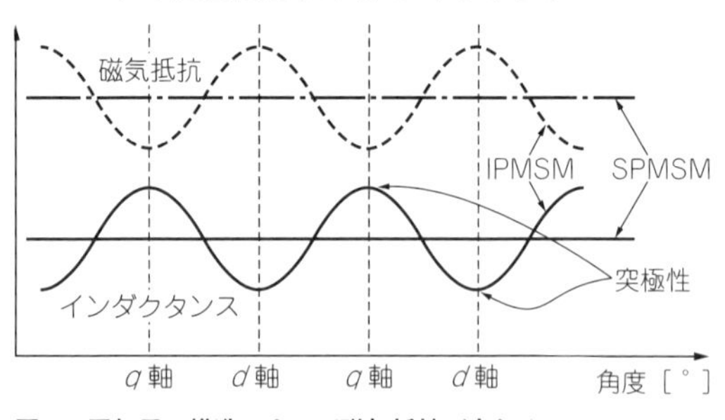

図B　回転子の構造によって磁気抵抗が変わる

この場合ベクトル制御から最終的にスケール駆動になり，せっかくベクトルを扱うのに最終的にベクトルではないスケール駆動になるのはもったいないです．

一貫してベクトル制御からベクトル駆動にするには，式（3）のV_α，V_βからベクトル回転磁束を発生させます．この駆動方式が空間ベクトル駆動です（**図10**）．

第2章

効率がより高くなる「空間ベクトル駆動」

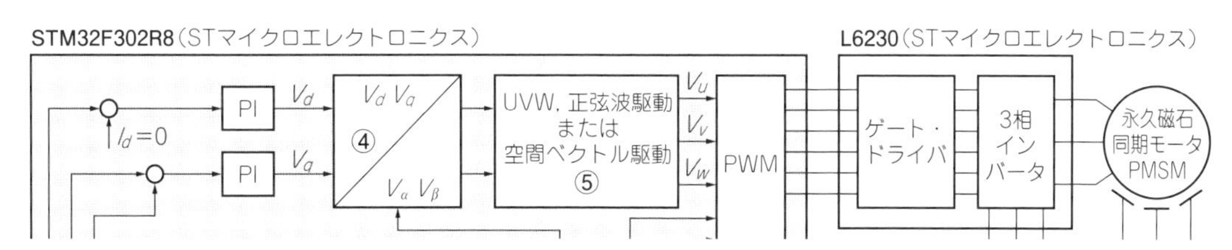

図1　ベクトル制御を行う際のマイコン内部ブロック（抜粋）

● より高効率なベクトル制御「空間ベクトル駆動」

前章ではベクトル制御全体の流れを説明しました．図1に前章で示した信号の流れの一部を再掲します．⑤のブロックについて，正弦波駆動と，エネルギー利用効率が5%ほど高い空間ベクトル駆動とがあります．正弦波駆動と空間ベクトル駆動は考え方が全く異なります．

図2(a)は正弦波駆動です．各相で生成した矩形波電圧は，正弦波電流となってコイルに流れます．この正弦波の位相差でUVW相のコイルを磁化します．

図2(b)は空間ベクトル駆動です．UVW相で生成した矩形波の幅(d_u，d_v，d_w)から，回転ベクトル$\vec{V}$を発生させます．

駆動波形を求める

● 基本思想…3相から回転ベクトルを生み出す

図1右に示す3相インバータの中身は図3のような構成です．この3相インバータが発生可能な信号を表1に整理します．空間ベクトル駆動は，V_α，V_βと3相インバータが発生可能な8つの状態から，駆動電圧ベクトル$\vec{V}$を求めます(図4)．

例えば図4(b)の$\vec{V}$を求める場合，Sector0でのV_1とV_2を適当な割合V_{d1}，V_{d2}とすることで，ベクトルの方向と大きさが決まります．さらに，ゼロ・ベクトル(V_0またはV_7)を必要な割合だけ挿入すると，大きさを制御できます．

● 求め方

それでは，実際に図4(b)のSector0の拡大図からベクトル電圧$\vec{V}$を求めます．まずV_{d1}からです．V_{d1}は，

$$\tan\frac{\pi}{3}=\frac{V_\beta}{V_\alpha - V_{d1}}$$

より，

$$V_{d1}=V_\alpha-\frac{V_\beta}{\tan\frac{\pi}{3}}=V_\alpha-\frac{1}{\sqrt{3}}V_\beta \quad\cdots\cdots(1)$$

になります．V_{d2}は，

$$\sin\frac{\pi}{3}=\frac{V_\beta}{V_{d2}}$$

より，

$$V_{d2}=\frac{V_\beta}{\sin\frac{\pi}{3}}=\frac{2}{\sqrt{3}}V_\beta \quad\cdots\cdots(2)$$

になります．式(1)と式(2)から，

$$\vec{V}=V_{d1}+V_{d2}=\sqrt{\frac{3}{2}}\left\{\left(3V_\alpha-\frac{1}{\sqrt{3}}V_\beta\right)+\frac{2}{\sqrt{3}}V_\beta\right\} \quad\cdots\cdots(3)$$

表1　3相インバータが発生可能な信号

電圧ベクトル		V_0 (000)	V_1 (100)	V_2 (110)	V_3 (010)	V_4 (011)	V_5 (001)	V_6 (101)	V_7 (111)
各相の状態	U	0	1	1	0	0	0	1	1
	V	0	0	1	1	1	0	0	1
	W	0	0	0	0	1	1	1	1

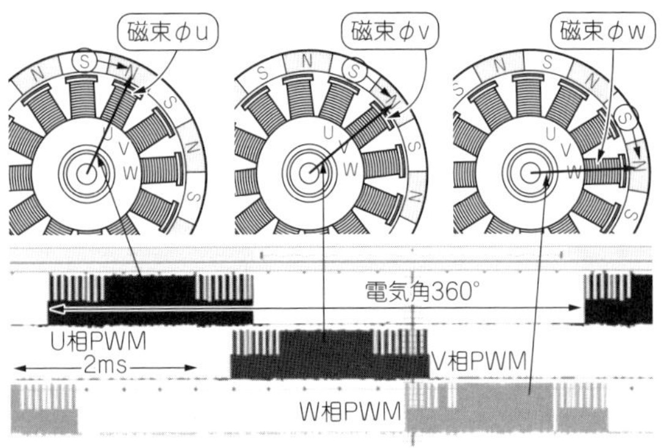

(a) 正弦波駆動

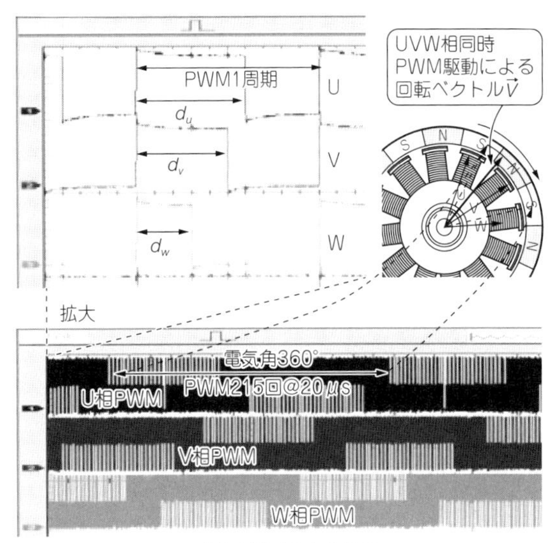

(b) 空間ベクトル駆動

図2　正弦波駆動と空間ベクトル駆動では同じPWM駆動でも駆動の考え方が全く異なる
磁束パターンとUVW相PWM波形

となります．現実にはこの$\vec{V}$を，UVW相の矩形波時間幅d_u，d_v，d_wで表現します．そこでここからは，UVW相の矩形波時間幅がどのような状態であれば$\vec{V}$を表現できるのか考えてみます．

まずは$\vec{V}$をd_u，d_v，d_wの合算である*Sum Duty*で表現します．モータ直流電圧をV_{DC}とし，V_{DC}と式(3)との比がUVW各相の合算*Sum Duty*になります．

$$Sum\ duty = \sqrt{\frac{3}{2}}\left\{\frac{\left(3V_\alpha - \frac{1}{\sqrt{3}}V_\beta\right)}{V_{DC}} + \frac{\frac{2}{\sqrt{3}}V_\beta}{V_{DC}}\right\} + \text{ゼロ・ベクトル} \quad \cdots\cdots\cdots(4)$$

式(4)のゼロ・ベクトルは$V_{0(000)}$または$V_{7(111)}$を表します．ここで大きさを調整します．式(4)は同時にV_{d1}とV_{d2}を発生すると成り立ちます．実際，インバータの出力は$V_{1(100)}$出力時V_{d1}→$V_{2(110)}$出力時V_{d2}→ゼロ・ベクトルでの遷移となりますので，

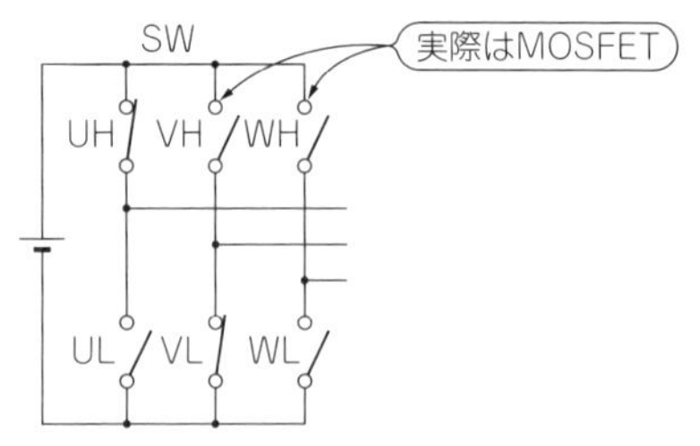

図3　3相インバータの簡略構成
上側MOSFETと下側MOSFETをスイッチして電流をコントロール

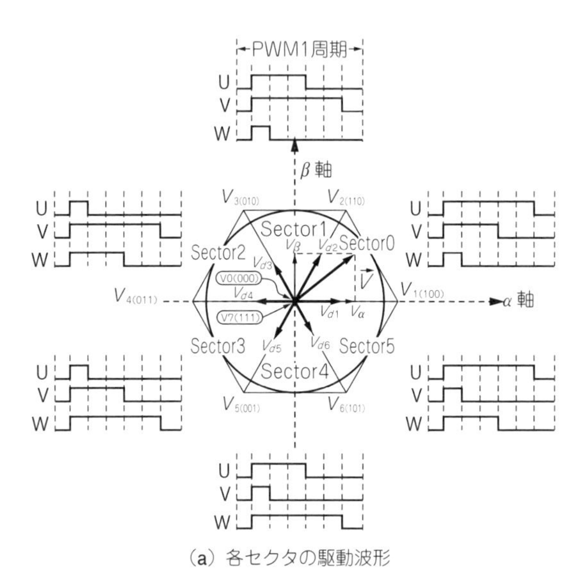

(a) 各セクタの駆動波形

(b) Sector拡大図

図4　空間ベクトル駆動は3相インバータが発生可能な8つの状態から駆動電圧ベクトルを求める

$$Sum\ duty = \sqrt{\frac{3}{2}}\left\{\frac{\left(3V_\alpha - \frac{1}{\sqrt{3}}V_\beta\right)}{V_{DC}}\right\} \cdot \underset{(U,\ V,\ W)}{(1,\ 0,\ 0)} + \sqrt{\frac{3}{2}}\left\{\frac{\frac{2}{\sqrt{3}}V_\beta}{V_{DC}}\right\} \cdot (1,\ 1,\ 0) + \text{ゼロ・ベクトル} \quad \cdots\cdots(5)$$

となり，分解して表すと，

表2　SectorごとにUVW相のPWM時間幅d_u，d_v，d_wを算出

Sector	U	V	W	各相デューティ	Sector決定条件と電圧ベクトル・デューティ算出
0	1	0	0		$V_\alpha \geq 0 \cap V_\beta \geq abs(V_\alpha) \geq abs\left(\frac{1}{\sqrt{3}}V_\beta\right)$
	1	1	0	d_u=d1+d2+d7 d_v=d2+d7 d_w=d7	$d1=\sqrt{\frac{3}{2}}\frac{V_\alpha-\frac{1}{\sqrt{3}}V_\beta}{V_{DC}}$，$d2=\sqrt{\frac{3}{2}}\frac{\frac{2}{\sqrt{3}}V_\beta}{V_{DC}}$
	1	1	1		$d7=\frac{z-(d1+d2)}{2}$
1	0	1	0		$abs(V_\alpha) \leq \frac{1}{\sqrt{3}}V_\beta$
	1	1	0	d_u=d2+d7 d_v=d2+d3+d7 d_w=d7	$d2=\sqrt{\frac{3}{2}}\frac{V_\alpha+\frac{1}{\sqrt{3}}V_\beta}{V_{DC}}$，$d3=\sqrt{\frac{3}{2}}\frac{-V_\alpha+\frac{1}{\sqrt{3}}V_\beta}{V_{DC}}$
	1	1	1		$d7=\frac{z-(d2+d3)}{2}$
2	0	1	1		$V_\alpha \leq 0 \cap V_\beta \geq \cap abs(V_\alpha) \geq abs\left(\frac{1}{\sqrt{3}}V_\beta\right)$
	0	0	1	d_u=d7 d_v=d3+d4+d7 d_w=d4+d7	$d3=\sqrt{\frac{3}{2}}\frac{\frac{2}{\sqrt{3}}V_\beta}{V_{DC}}$，$d4=\sqrt{\frac{3}{2}}\frac{\left(-V_\alpha-\frac{1}{\sqrt{3}}V_\beta\right)}{V_{DC}}$
	1	1	1		$d7=\frac{z-(d3+d4)}{2}$
3	0	0	1		$V_\alpha \leq 0 \cap V_\beta \leq \cap abs(V_\alpha) \geq abs\left(\frac{1}{\sqrt{3}}V_\beta\right)$
	0	1	1	d_u=d7 d_v=d4+d7 d_w=d4+d5+d7	$d4=\sqrt{\frac{3}{2}}\frac{\left(-V_\alpha+\frac{1}{\sqrt{3}}V_\beta\right)}{V_{DC}}$，$d5=-\sqrt{\frac{3}{2}}\frac{\frac{2}{\sqrt{3}}V_\beta}{V_{DC}}$
	1	1	1		$d7=\frac{z\quad(d4+d5)}{2}$
4	0	0	1		$abs(V_\alpha) \leq -\frac{1}{\sqrt{3}}V_\beta$
	1	0	1	d_u=d6+d7 d_v=d7 d_w=d5+d6+d7	$d5=\sqrt{\frac{3}{2}}\frac{-V_\alpha-\frac{1}{\sqrt{3}}V_\beta}{V_{DC}}$，$d6=\sqrt{\frac{3}{2}}\frac{V_\alpha-\frac{1}{\sqrt{3}}V_\beta}{V_{DC}}$
	1	1	1		$d7=\frac{z-(d5+d6)}{2}$
5	1	0	1		$V_\alpha \geq 0 \cap V_\beta \leq \cap abs(V_\alpha) \geq abs\left(\frac{1}{\sqrt{3}}V_\beta\right)$
	1	0	0	d_u=d1+d6+V_{d7} d_v=d7 d_w=d6+d7	$d6=-\sqrt{\frac{3}{2}}\frac{\frac{2}{\sqrt{3}}V_\beta}{V_{DC}}$，$d1=\sqrt{\frac{3}{2}}\frac{V_\alpha+\frac{1}{\sqrt{3}}V_\beta}{V_{DC}}$
	1	1	1		$d7=\frac{z-(d6+d1)}{2}$

$$d_u=\underbrace{\sqrt{\frac{3}{2}}\left\{\frac{\left(3V_\alpha-\frac{1}{\sqrt{3}}V_\beta\right)}{V_{DC}}\right\}}_{d_1}+\underbrace{\sqrt{\frac{3}{2}}\left\{\frac{\frac{2}{\sqrt{3}}V_\beta}{V_{DC}}\right\}}_{d_2}+\underbrace{\text{ゼロ・ベクトル}}_{d_7}\quad\cdots\cdots(6)$$

$$d_v=\sqrt{\frac{3}{2}}\left\{\frac{\frac{2}{\sqrt{3}}V_\beta}{V_{DC}}\right\}+\underbrace{\text{ゼロ・ベクトル}}_{d_7}\quad\cdots\cdots(7)$$

$$d_w=\underbrace{\text{ゼロ・ベクトル}}_{d_7}\quad\cdots\cdots(8)$$

となり，UVW相のPWM波形の時間幅d_u，d_v，d_wを決めることができます．V_{d1}におけるPWM時間幅とV_{d2}におけるPWM時間幅の差が極小であれば，PWM時間幅で出力する電圧の積分となり，ベクトル$\vec{V}$に対応する磁束を発生させられます．結果，Sector0におけるUVW相PWM波形の時間幅は以下となります．

d_u=d_1+d_2+d_7
d_v=d_2+d_7
d_w=d_7

リスト1　mbedで提供する空間ベクトル駆動プログラム Vector_Open_SVPWM_2

```
#include "mbed.h"
#include "rtos.h"
#include <math.h>
#define TS1 0.2
:略
:略
:略

float sq32=sqrt(3.0f/2.0f);
float sq23=2.0f/sqrt(3.0f);
float sq3=1.0f/sqrt(3.0f);
float VDC=2;
float Vdlink=1/VDC;
float aVa;
float a3Vb;
:略
                         ← 空間ベクトル用座標変換定数

float Wt,Va,Vb,Vq,Vd;
float d1,d2,d3,d4,d5,d6,d07;
float z=1.0; //0.5
                         ← 空間ベクトル用座標変換用変数
:略
int main() {
  Timer1.start();
   :略
 while(1) {

   :略
    aveo=Vr_adc;

       if((aveo<=0.2)&&(aveo>0.1)){
        Wt=fmodf(s * 60, 1) * PI* 2;
        Vq=0.4;

       :略
       if((aveo<=0.95)&&(aveo>0.9)){
        Wt=fmodf(s * 175, 1) * PI* 2;
         Vq=0.7;
       }
         if(aveo>0.95){
        Wt=fmodf(s * 180, 1) * PI* 2;
         Vq=0.8;
       }

    :略
      }
                         ← 速度指令ボリューム電圧に応じて速度制御.
                           速度に応じてVqを変えてトルクを制御

else{
        Va=cos(Wt)*Vd-sin(Wt)*Vq;
        Vb=sin(Wt)*Vd+cos(Wt)*Vq;
        aVa=abs(Va);
        a3Vb=abs(sq3*Vb);
                         ← 回転直交座標dq→静止直交座標変換

    if((Va>=0)&&(Vb>=0)&&(aVa>=a3Vb)){   //sect 0

       d1=sq32*(Va-sq3*Vb)*Vdlink;
       d2=sq32*(sq23*Vb)*Vdlink;
       d07=(z-(d1+d2))*0.5;
      // d07=0;
       du=d1+d2+d07;
       dv=d2+d07;
       dw=d07;

     }
                         ← Sector0 空間ベクトル駆動. 3相変調PWMデューティ計算

    if((aVa<=sq3*Vb)){  //sect 1

       d3=sq32*(-Va+sq3*Vb)*Vdlink;
       d2=sq32*(Va+sq3*Vb)*Vdlink;
       d07=(z-(d2+d3))*0.5;
       //d07=0;
       du=d2+d07;
       dv=d2+d3+d07;
       dw=d07;
     }
                         ← Sector1 空間ベクトル駆動. 3相変調PWMデューティ計算

    if((Va<=0)&&(Vb>=0)&&(aVa>=a3Vb)){   //sect 2

       d3=sq32*sq23*Vb*Vdlink;
       d4=sq32*(-Va-sq3*Vb)*Vdlink;
       d07=(z-(d3+d4))*0.5;
      // d07=0;
       du=d07;
       dv=d3+d4+d07;
       dw=d4+d07;
     }
                         ← Sector2 空間ベクトル駆動. 3相変調PWMデューティ計算

    if((Va<=0)&&(Vb<=0)&&(aVa>=a3Vb)){   //sect 3

       d5=-sq32*sq23*Vb*Vdlink;
       d4=sq32*(-Va+sq3*Vb)*Vdlink;
       d07=(z-(d4+d5))*0.5;
       //d07=0;
       du=d07;
       dv=d4+d07;
       dw=d4+d5+d07;
     }
                         ← Sector3 空間ベクトル駆動. 3相変調PWMデューティ計算

    if((aVa<=-sq3*Vb)){  //sect 4

       d5=sq32*(-Va-sq3*Vb)*Vdlink;;
       d6=sq32*(Va-sq3*Vb)*Vdlink;
       d07=(z-(d5+d6))*0.5;
       //d07=0;
       du=d6+d07;
       dv=d07;
       dw=d5+d6+d07;
     }
                         ← Sector4 空間ベクトル駆動. 3相変調PWMデューティ計算

     if((Va>=0)&&(Vb<=0)&&(aVa>=a3Vb)){   //sect 5

       d1=sq32*(Va+sq3*Vb)*Vdlink;;
       d6=-sq32*sq23*Vb*Vdlink;;
       d07=(z-(d1+d6))*0.5;
       //d07=0;
       du=d1+d6+d07;
       dv=d07;
       dw=d6+d07;
     }
                         ← Sector5 空間ベクトル駆動. 3相変調PWMデューティ計算

    mypwmA.write(du);
     mypwmB.write(dv);
      mypwmC.write(dw);
                         ← 変調用デューティにてUVW相PWM出力
    }

         SWAVE=dw;

     }
     }
```

リスト2　mbedで提供する正弦波駆動プログラムVector_Open_sin_2

```
#include "mbed.h"
#include "rtos.h"
#include <math.h>
#define TS1 0.2
：略
int START=7; ←  強制転流時間間隔(ms)
：略
AnalogIn  Vshuntu(PA_1);
AnalogIn  Vshuntv(PA_0);   ← UVW相シャント電流
AnalogIn  Vshuntw(PB_0);
：略
AnalogIn Curr_ui(PA_0);
AnalogIn Curr_vi(PC_1);    ← シャント電流2倍増幅電流
AnalogIn Curr_wi(PA_1);
AnalogOut SWAVE(PA_4); ←  内部変数モニタ用 DAC OUT
：略
float sq32=sqrt(3.0f/2.0f);
float sq23=2.0f/sqrt(3.0f);
float sq3=1.0f/sqrt(3.0f);
float aVa;
float a3Vb;
：略
float zet=sqrt(2.0f/3.0f),cos23=cos((2.0f/3.0f)*PI);
float cos43=cos((4.0f/3.0f)*PI),sin23=sin(
          (2.0f/3.0f)*PI),sin43=sin((4.0f/3.0f)*PI);
：略                          ← 回転座標→静止座標変換定数

int main() {

  ：略

    Vq=0.7;
    Vd=0;    ← dq電圧. Vq値を変えるとトルク↑

while(1) {
     ：略

    aveo=Vr_adc; ←  速度指令ボリューム電圧

      if((aveo<=0.2)&&(aveo>0.1)){
       Wt=fmodf(s * 60, 1) * PI* 2;
      }    回転角度θ  設定周波数
    ：略
      if((aveo<=0.95)&&(aveo>0.9)){
       Wt=fmodf(s * 160, 1) * PI* 2;     ← 速度指令ボリューム電圧に応じて速度制御
      }
        if(aveo>0.95){
       Wt=fmodf(s * 170, 1) * PI* 2;
      }

    ：略
}
else{
       Va=cos(Wt)*Vd-sin(Wt)*Vq;
       Vb=sin(Wt)*Vd+cos(Wt)*Vq;   ← 回転直交座標dq→静止直交座標変換

      du=(Va*zet);
      dv=((Va*cos23+Vb*sin23)*zet);   ← 静止直交座標変換→3相座標変換でのPWM変調用正弦波生成
      dw=((Va*cos43+Vb*sin43)*zet);

      mypwmA.write(du);
      mypwmB.write(dv);    ← 変調用正弦波にてUVW相PWM出力
      mypwmC.write(dw);

        SWAVE=dw; ←  DAC OUT内部変数モニタ用

      }
    }
}
```

プログラム

同じようにSector1～5までを式(1)～式(8)のように計算してまとめた結果が**表2**です．この表をそのままソフトウェア化したものが**リスト1**のVector_Open_SVPWM_2です．**表2**のzはゼロ・ベクトル$d7$の注入幅を決定する変数です．今回は1.0にしています．zを1.0以下にしていくと1周期内のPWM変調幅が小さくなり，最高速度が下がってきます．

$z > V_{dN} + V_{d(N+1)}$

でなければなりません．

● 実験

リスト1 Vector_Open_SVPWM_2と**リスト2** Vector_Open_sin_2をmded経由でダウンロードしてください(akiyoshi oguroで検索)．2方式の違いがNucleoモータ制御キットで確認できます．この2つのプログラムは**図1**の③→④→⑤の制御とオープンループで記述していますので，ホール・センサからの信号は不要です．

まず正弦波駆動と空間ベクトル駆動の回転音の違いを確認してください．また各パラメータを読者自身で変更して，動作の違いなど確認してください．オープンループ制御なのでアウターのマグネットの位置を正確に検出できません．従って速度指令(ボリューム)は少しギクシャクしますが十分評価に値します．

第5部

第3章

ベクトル制御を図解してみる

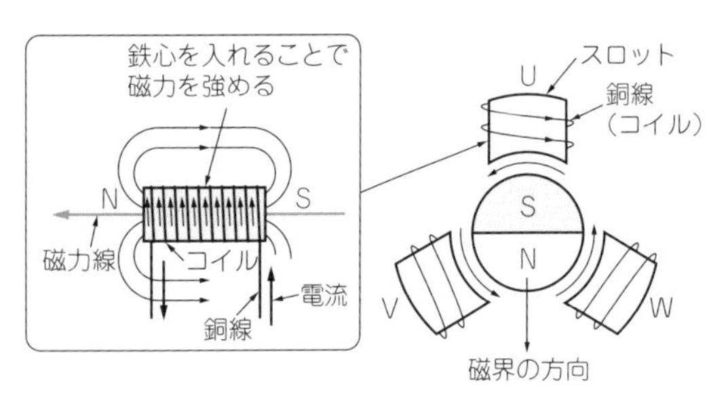

図1　必要な前提知識はこれだけ…コイルに電流を流すと磁石ができて回転する

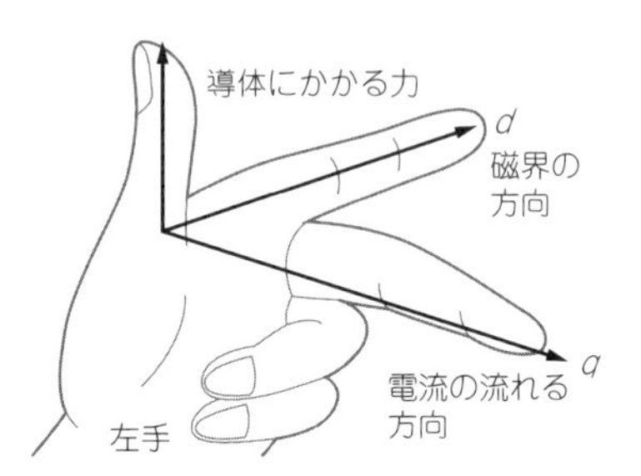

図2　フレミングの左手の法則

● ベクトル制御を直感的に理解するために図解してみる

これまで矩形波，正弦波を使ったDCブラシレス・モータ制御術を紹介してきました．前々章と前章は，ベクトル制御の数式をいきなり出してしまいました…ちょっと難しかったと思います．そこで本章ではベクトル制御を直観的に理解するために，図解に挑戦です．

● 前提知識…なぜモータが回るのか

図1にDCブラシレス・モータ・スロットの磁極化のイメージを示します．スロットに巻かれた銅線（コイル）に電流を流すことによってスロットを磁極化します．電流を流すと右ねじの法則にて，ねじの進む方向がN極になります．電流によって磁極化されたスロットと永久磁石回転子の吸引&反発でモータが回転します．ベクトル制御を直観的に理解するための前提知識はこれで十分です．

● ベクトル制御で必ず直面すること…説明で出てくるd軸とq軸が謎

よくベクトル制御のトルク発生原理で，フレミングの左手の法則から説明する場合が多く見られます．「回転子N極の磁束方向をd軸[注1]と定め，この磁束と直交するq軸方向に電流を流すと最大トルクが発生する．これがベクトル制御の原理である」…難しいですよね．特に「磁束と直交するq軸方向に電流を流す」と何が良いのかさっぱり分かりません．

図2のフレミングの左手の法則ですと，q軸方向に電流が流れるとd軸方向に磁界が生ずるのは，なんとなく納得できますが，**図1**のDCブラシレス・モータの構造からは想像もつきません．**図1**の場合，q軸方向の電流はどこに流せばよいのでしょうか．

図1と**図2**を見比べてみます．磁界の方向は永久磁石の回転子の方向と予測できますが，電流の方向はどうでしょうか．**図1**の各スロットには，常に電流が流れるわけではありません．どう考えてもDCブラシレス・モータの回転トルク発生原理を，フレミングの左手の法則だけで説明するのは難しいようです．そこで，DCブラシレス・モータのスロットの構造からベクトル制御を，数式なしで直観的にイメージできるように説明していきたいと思います．

注1：dは永久回転磁石N極の方向にdirect（直接）であること，qはquadratic（2次的）であることの略です．

図解

● ベーシックな矩形波駆動から数式なしで説明してみる

ベーシックな駆動方法である矩形波から説明します（**図3**）．ホール・センサを各相スロットの対向位置に設置します．すると永久磁石回転子N極が横切るとき

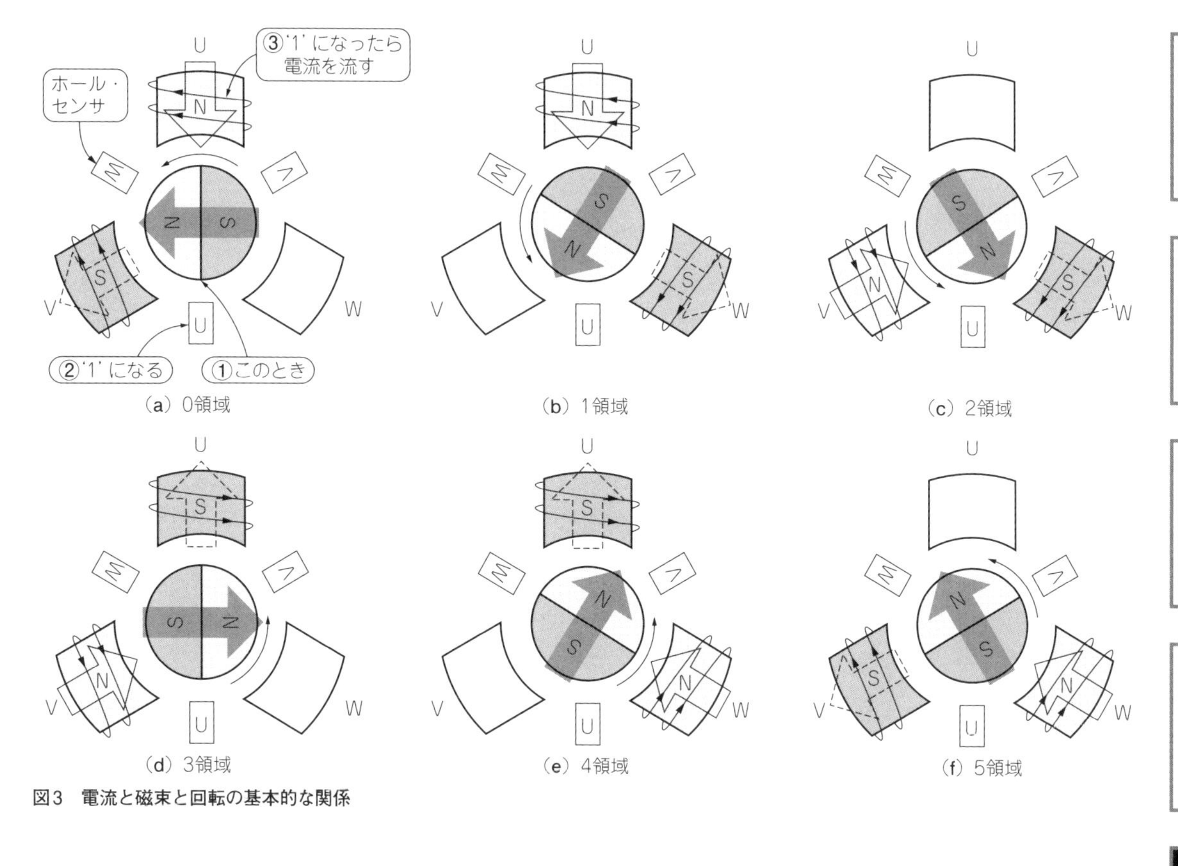

図3　電流と磁束と回転の基本的な関係

(a) 矩形波駆動　　(b) ベクトル制御＋正弦波駆動

図4　コイルに無駄な電流を流さなくて済めば効率は良さそうな気がする

にホール・センサの出力が'1'になります．この立ち上がりのタイミングでホール・センサに対向するスロットにPWM駆動で電流を流すと，スロットが矢印の磁束によりN極に励磁されます．まさにこのタイミングは永久磁石回転子のN極とS極の境界になり，吸引と反発が最大となり，トルクが最大になります．

PWM駆動電流は，**図3**の1，3，5領域の永久磁石回転子の位置では，0，2，4領域の場合よりも減少した方がスムーズに回りそうです．しかし矩形波駆動では，**図4(a)**のようにPWM駆動電流は一定なので，無駄な電流を流しています．ベクトル制御＋正弦波駆動[**図4(b)**]の波形と比較すると一目瞭然です．

● U，V，W磁束をうまいことコントロールして最大トルクを得たいのがベクトル制御

この矩形波駆動の弱点を解決したのがベクトル制御です．ベクトル制御＋正弦波駆動の波形を見てください(**図5**)．**図5**の0，2，4領域では，矩形波と同じように永久磁石のN極とS極の境界で1相だけに対してPWM駆動電流を流します．**図5**の1，3，5領域では，PWM駆動電流を2相同時に流し，かつ駆動電流の大きさを制御します．

図6には回転の様子を示します．1，3，5領域では電流を抑える方向で駆動しますのでスロット内の磁束を示す矢印を小さく書いています．また，2相同時にPWM駆動しますので，2相の磁束合成で灰色矢印の

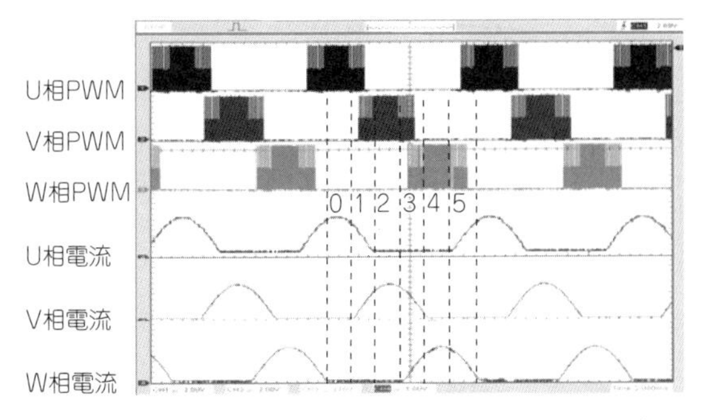

図5　ベクトル制御＋正弦波駆動の実波形(2V/div, 2ms/div)

磁束になります．この120°離れた2相のPWM駆動電流の強弱で灰色矢印の磁束を制御できるということです．この灰色矢印の磁束は固定2相スロットから大きさと方向を制御できるのでベクトル制御といいます．

● ただしベクトル制御はちょっと面倒…それを解決するのが座標変換

ここで大きな問題にぶつかります．2相のスロットを制御するのはよいのですが，これらの相は交流です．交流を直接2相分の周波数と位相を制御するのは至難の技になります．これを解決したのが座標変換という概念です．

図6にdとqの軸が書かれています．d軸は永久磁石の磁束方向，q軸はこの磁束に直交している軸になります．**図6**からdq軸は永久磁石による回転子と同期して回っています．回転座標のq軸を電流の方向と定めると，回転座標から見ると直流成分になります(コラム2)．従ってd軸の磁束方向，つまり回転子N極の位置が分かれば，回転座標変換→固定座標変換によって各UVW相に流す電流を，q軸の直流成分の制御で行えることになるわけです．なお，回転子のN極位置と回転数をどうやって知るかは，次章以降で解説していきます．

冒頭で「磁束方向d軸と直交するq軸方向に電流を流して最大トルクを得るのがベクトル制御の神髄」の意味合いが分からないと述べました．これについて**図6**のd軸に直交したq軸をよく見ると，常に回転子NとSの境界に位置し，2相同時駆動の磁束ベクトル(灰色矢印)と同じ方向になっています．

これは何を表すかというと，q軸上に生じるべき電流量を基準に「回転→静止」座標変換を施し，U，V，Wいずれか2相を駆動する電流を生成し，2相での磁束から合成磁束を作ることで，回転子の位置と速度を制御できるということです．つまり**図6**の1，3，5の領域でも最大効率で回転子を制御できます．

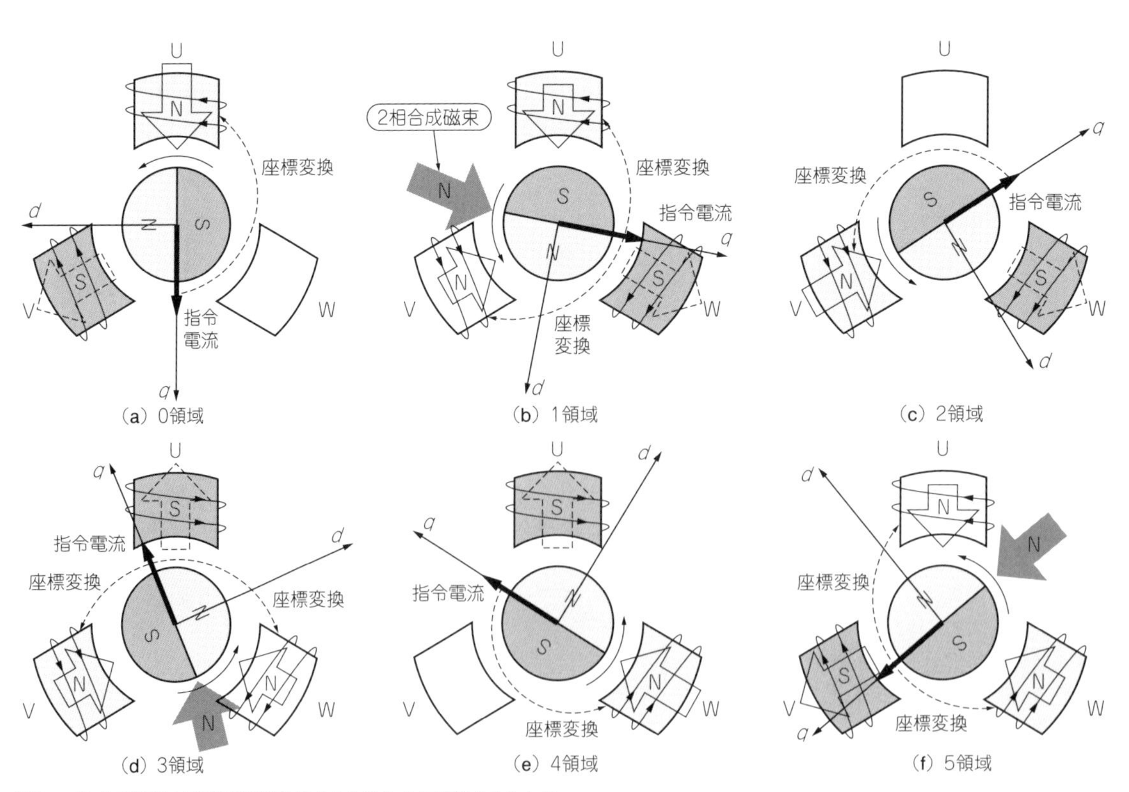

図6　ベクトル制御＋正弦波駆動を使うとなめらかに回転させられる

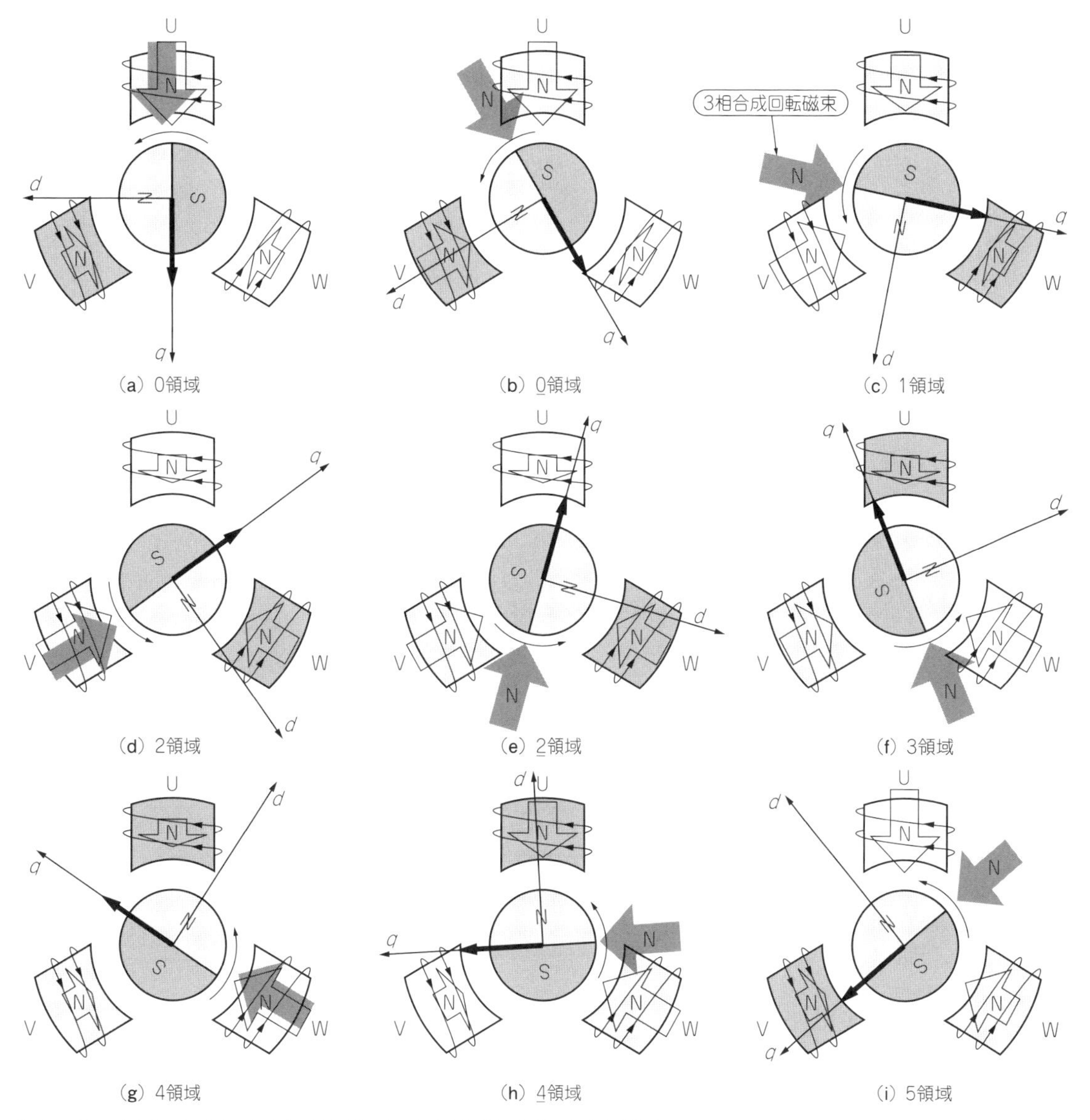

(a) 0領域　(b) 0領域　(c) 1領域

(d) 2領域　(e) 2領域　(f) 3領域

(g) 4領域　(h) 4領域　(i) 5領域

図7　3相全てを使って回転させるとさらに良い(ベクトル制御＋空間ベクトル駆動)

● 最高峰「ベクトル制御＋空間ベクトル制御」では U，V，W相が常にONして磁束ベクトルを作る

図7がベクトル制御＋空間ベクトル制御の回転の様子です．この場合，U，V，W相の全てを使って合成磁束を発生させます(**図8**)．

ベクトル制御＋正弦波駆動では(**図5**)，1，3，5の領域は磁束ベクトルで制御できましたが，0，2，4の領域では矩形波駆動と同じ単相駆動です．この点を改良したものが**図8**のベクトル制御＋空間ベクトル駆動になります．最大の特徴は3相同時にPWM電流駆動を流し，すべての領域で磁束ベクトルを制御しています．

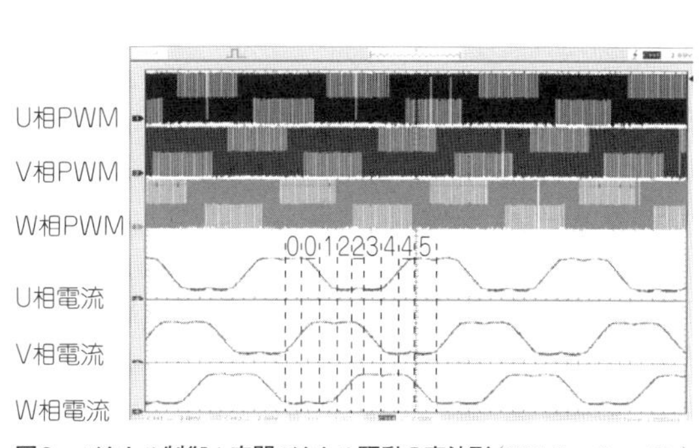

図8　ベクトル制御＋空間ベクトル駆動の実波形(2V/div，2ms/div)

コラム1 ハイサイド&ローサイドのMOSFETがONして電流パスを作る

図3(a)では，スロットUとVに電流を流しているように見えますが．スロットVの電流は，**図A**に黒い線で示す電流パスになります．従ってU相の前半でのPWM駆動時VL信号を1とし，VL側のFETをONさせ，U相PWM駆動電流を引き込む役目になると同時に，V相スロットがS極に励磁されます(**図B**)．他UL，WLも同じです．

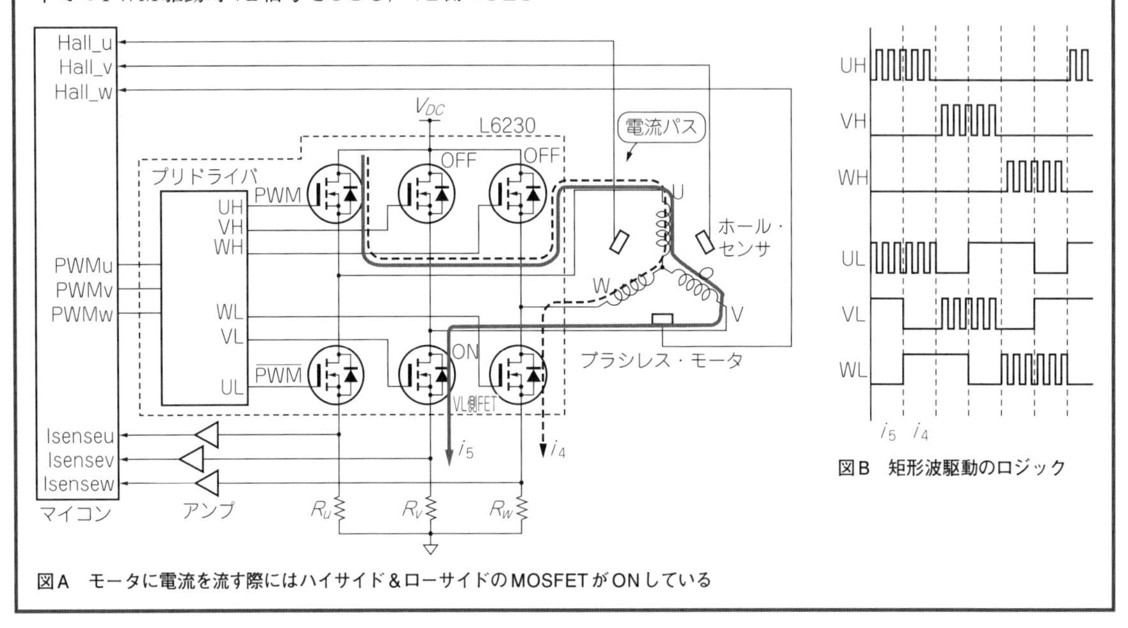

図A　モータに電流を流す際にはハイサイド&ローサイドのMOSFETがONしている

図B　矩形波駆動のロジック

コラム2 3相のコイル電流をシンプルに制御するための「座標変換」

d軸は永久回転磁石 N極の方向direct(直接)，q軸はquadratic(2次的)を表しています．モータ制御電流をd軸，q軸で表現する理由は，「U，V，Wの3相交流波形を，まず$\alpha\beta$の直交軸に変換し，次にd軸q軸に座標変換することで，モータを直流レベルで制御できるようにするため」です．と言っても，難しいでしょうから，説明します．

● UVW3相交流波形を$\alpha\beta$軸に

U，V，W相への3相交流電流は，固定されたスロット・コイルを流れます．**図C**のように各スロット上での120°の位相差のある正弦波電流を例にします．T_1のときi_w=0，T_2のときi_u=0，T_3のときi_v=0となり，合成ベクトル$i^{\cdot}_{a}$は**図D**のように書けます．このベクトル$i^{\cdot}_{a}$をαおよびβ軸に垂線を下すと$i^{\cdot}_{\alpha}$と$i^{\cdot}_{\beta}$の足し算で表現できます．3相交流から直接合成することによって簡単に$i^{\cdot}_{a}$を表すことができます．この$i^{\cdot}_{a}$は3相交流電流の時間変化によって円弧で回転をしています．

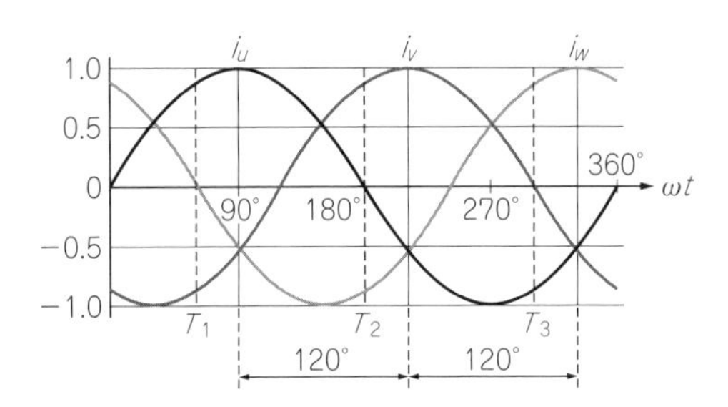

図C　U，V，W相に流す交流電流

$\alpha\beta$軸上の$i^{\cdot}_{a}$は**図E**のように「3相交流振幅最大振幅＝半径一定」の円弧を描きます．3相交流最大振幅の大きさによって円弧の半径の大きさが決まります．3相交流最大振幅が小さいのを$i^{\cdot}_{b}$として**図E**に示します．

$$i^{\cdot}_{\alpha}=\left\{i_u\cos(0)+i_v\cos\left(\frac{2}{3}\pi\right)+i_w\cos\left(\frac{4}{3}\pi\right)\right\}\times\sqrt{\frac{2}{3}}$$
$$i^{\cdot}_{\beta}=\left\{i_u\sin(0)+i_v\sin\left(\frac{2}{3}\pi\right)+i_w\sin\left(\frac{4}{3}\pi\right)\right\}\times\sqrt{\frac{2}{3}} \quad \cdots(A)$$

式(A)がU，V，W 3相交流電流をαとβの直交座標に変換するものです．直交座標系ですので当

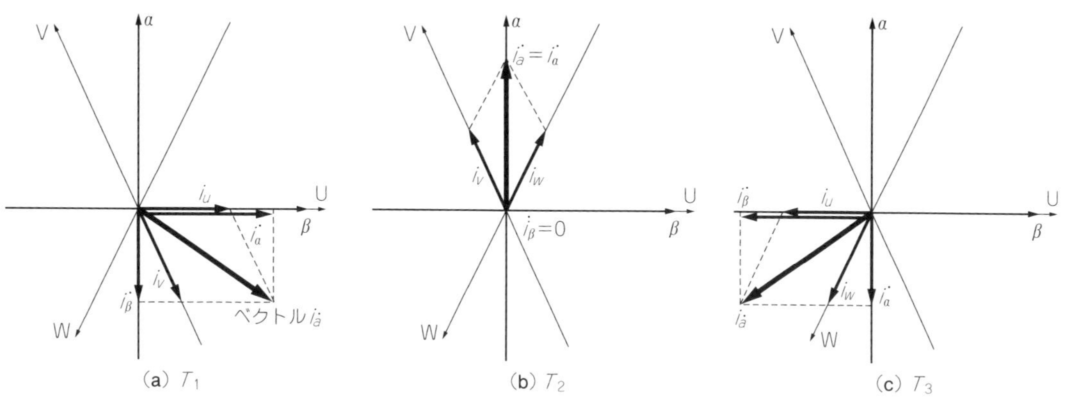

図D　U，V，W3相交流波形を$\alpha\beta$軸に変換

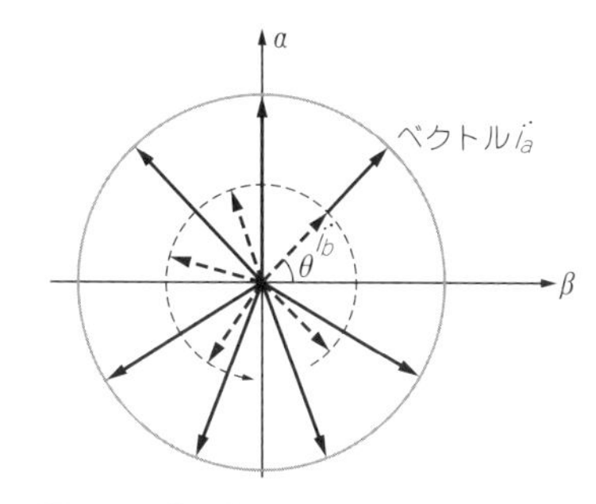

図E　$\alpha\beta$軸に変換した3相交流の軌跡

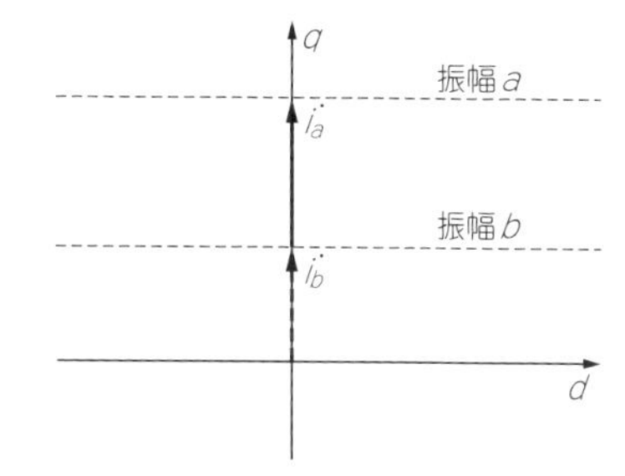

図F　dq変換後のベクトル$\dot{i}_a$，$\dot{i}_b$は直流

然，ベクトル$\dot{i}_a$は，

$$\dot{i}_a = \dot{i}_\alpha + \dot{i}_\beta \quad \cdots\cdots (B)$$

の関係になります．

● $\alpha\beta$軸上で回転するベクトル$\dot{i}_a$の動きを止める

このままでは3相交流から$\alpha\beta$変換した2相交流軌跡$\dot{i}_a$は回り続けていますので，時間と振幅，位相の関係がつかみ難い状態です．そこで回転を止めるために座標系も一緒に回転させてしまおうというのがdq座標変換です．

回転を止めるには**図E**の回転ベクトル$\dot{i}_a$，$\dot{i}_b$に左から回転行列，

$$\begin{bmatrix} \cos\theta & \sin\theta \\ -\sin\theta & \cos\theta \end{bmatrix} \quad \cdots\cdots (C)$$

を掛けます．回転行列を掛けたdq変換後の回転ベクトル$\dot{i}_a$，$\dot{i}_b$は直流の一定値になります．

具体的に計算を施すと，

$$\dot{i}_\alpha = a\left(\cos\theta + j\sin\theta\right) \quad \cdots\cdots (D)$$

で電流ベクトルは回転していますので$(\theta = \omega t)$，この回転を止めるために式(C)の行列を式(D)の電流ベクトル回転式に左から掛け算します．

$$\begin{bmatrix} \cos\theta & \sin\theta \\ -\sin\theta & \cos\theta \end{bmatrix} \times a \begin{bmatrix} \cos\theta \\ \sin\theta \end{bmatrix}$$
$$= a\begin{bmatrix} \cos^2\theta + \sin^2\theta \\ -\sin\theta\cos\theta + \cos\theta\sin\theta \end{bmatrix} \quad \cdots\cdots (E)$$
$$= a\begin{bmatrix} \cos^2\theta + \sin^2\theta \\ 0 \end{bmatrix} = a\begin{bmatrix} 1 \\ 0 \end{bmatrix}$$

振幅の大きさaの定値になります．$\dot{i}_b$も同じように定値bになります．従ってこの座標変換は3相交流を直接扱うと相互位相，時間，振幅や面倒な計算が必要ですがdq変換で回転を止めることで直流レベルで制御できます．トルク制御などが簡単になります．

直流で制御後は$dq \to \alpha\beta \to$UVWの逆変換を施すとによって3相交流波形でDCブラシレス・モータを駆動できます(**図F**)．

ここで重要なのは正確なロータ位置θになります．次章以降このロータ位置推定について解説していきます．

第5部

第4章 センサレス正弦波駆動ベクトル制御の全体像

いよいよプログラムづくりの解説をします．前章まではベクトル制御のアルゴリズム全般を解説しました．

ベクトル制御での最終駆動方式には**正弦波駆動**と**SVPWM(空間ベクトル)駆動**の2種類がありますが，本章ではまず，正弦波駆動のプログラムを順次，説明していきます．

正弦波駆動によるベクトル制御を体験

● 準備…モータ・ドライバ基板の設定

図1にモータ・ドライバ基板の設定およびモニタ・ピン(オシロスコープ接続用)を示します．3本のシャント抵抗から，アンプを通してモータ駆動電流を検知できるように，JP_1，JP_2をショートします．

JP_5，JP_6はベクトル制御側(3Sh側)に接続します．

モータ回転速度の調整は，外付けボリュームを使います．

● まずはプログラムをコンパイルして回してみる

プログラムはos.mbed.comから「akiyoshi oguro」で検索してください．筆者のプログラム一覧が出ますので，その中から「Vector_sin_drive_F302R8_2」を選択してインポートしてください．

コンパイルを行うとPCのダウンロード・フォルダに実行ファイルができますのでNucleo-F302R8マイコン・ボードにダウンロードしてください．モータ・ドライバ基板とモータとの接続は**図2**，**写真1**を参照してください．

ゆっくりボリュームを回します．始動の「強制転流→センサ付き正弦波駆動→センサレス・ベクトル制御」と遷移していく様子を体感できると思います．

写真1　ここからは回しながらベクトル制御のプログラムを解説

プログラム

図3のベクトル制御＋正弦波駆動のブロックダイヤグラム内の番号に従って説明していきます．**図4**が今回説明するプログラムのフローチャートです．以下に説明する各項の番号と**図3**中の番号は対応させています．

● ① モータ電流i_u，i_v，i_wの取り込み

ベクトル制御の第1歩は，モータのUVW相の電流検出です．**図3**右側のシャント抵抗でUVW相の電流を，ゲイン約2倍のOPアンプで増幅を行い，STM32F302R8に内蔵された12ビットA-Dコンバータで取り込みます．

A-D変換後，ノイズ削減のため，4次のルンゲクッタ法のフィルタを通し(**リスト1**)，フィルタ後のi_u，

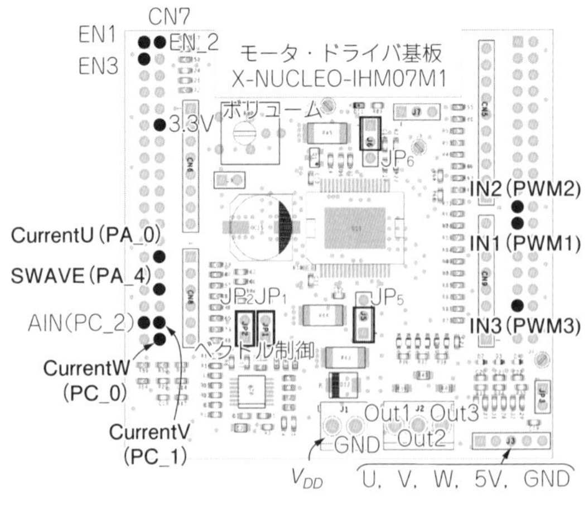

図1　モータ・ドライバ基板 X-NUCLEO-IHM07M1の設定

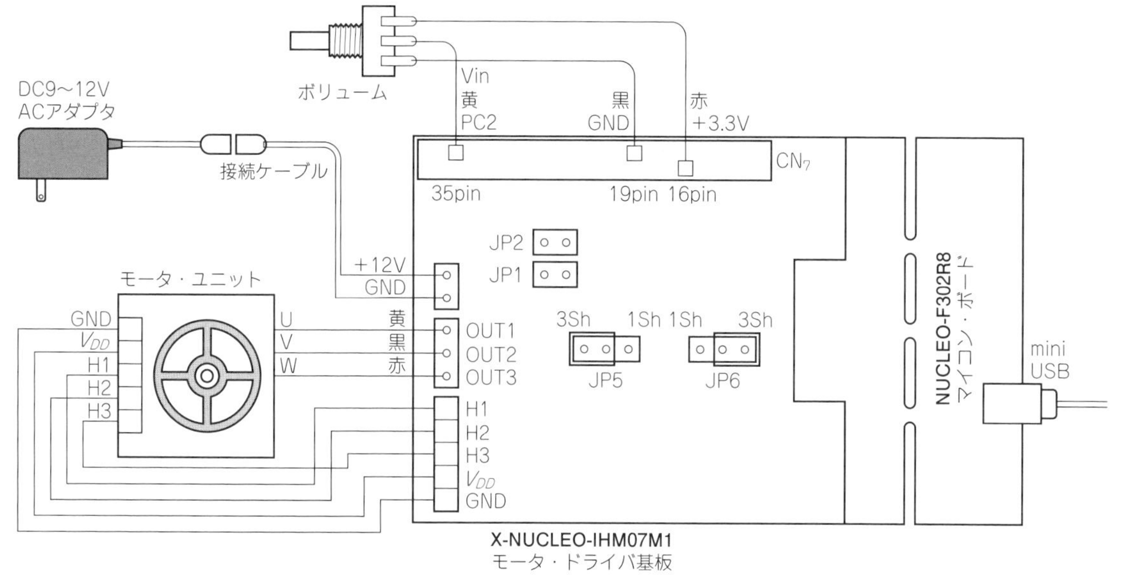

図2　モータとモータ・ドライブ基板との接続

i_v, i_wを，次ブロック②に渡します．

図5がモータのシャント電流，**図6**がフィルタ後の各相電流波形になります．**図5**のシャント電流モニタ出力は，**図1**のCurrentU，V，W端子で観測しました．**図6**の波形出力は**図1**のSWAVE端子で観測しました．

プログラムに次の2行を記述すると，フィルタ後の各相電流がSWAVEピンから出力されます．

```
AnalogOut SWAVE(PA_4);
SWAVE=iuvw[0];
```

残念ながら今回使用したキットに搭載されているマイコン STM32F302R8にはD-Aコンバータ出力が1つしかなく，同時にUVW3相をモニタできません．同時に複数のアナログ値を出力したいときはUVW相のPWM波形(**図1**のIN1，IN2，IN3)などを基準にして，見たい信号を1つずつモニタしてください．

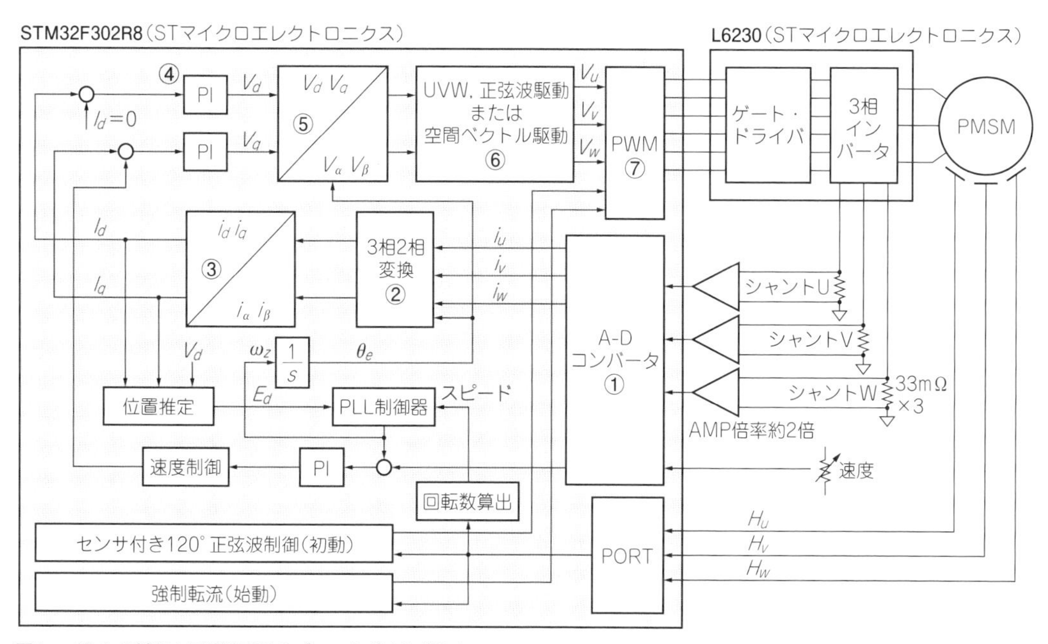

図3　ベクトル制御＋正弦波駆動のブロックダイヤグラム

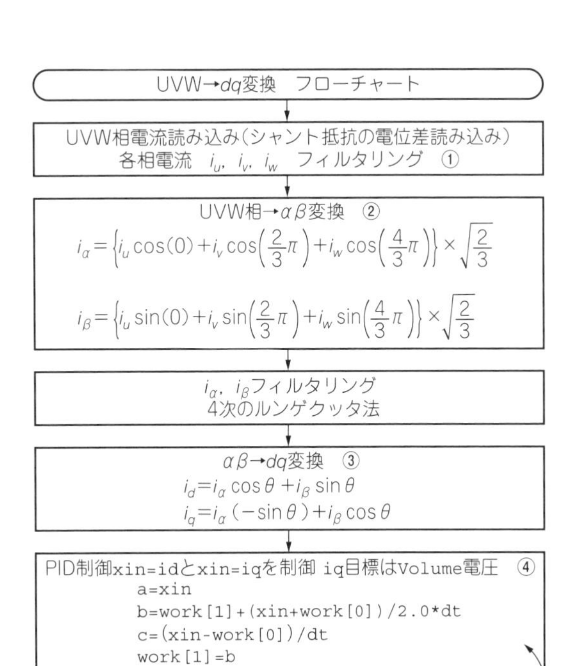

(a) 電流取り込み，静止座標系から回転座標系へ，PI制御

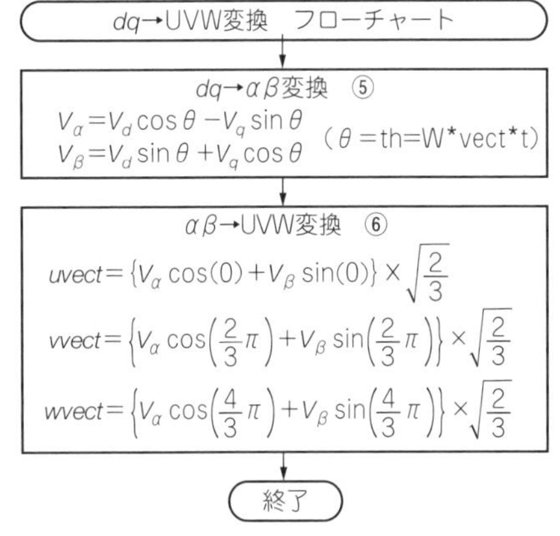

dq→UVW変換　フローチャート
dq→αβ変換　⑤
$V_\alpha=V_d\cos\theta-V_q\sin\theta$
$V_\beta=V_d\sin\theta+V_q\cos\theta$
(θ=th=W*vect*t)
αβ→UVW変換　⑥
$uvect=\{V_\alpha\cos(0)+V_\beta\sin(0)\}\times\sqrt{\frac{2}{3}}$
$vvect=\left\{V_\alpha\cos\left(\frac{2}{3}\pi\right)+V_\beta\sin\left(\frac{2}{3}\pi\right)\right\}\times\sqrt{\frac{2}{3}}$
$wvect=\left\{V_\alpha\cos\left(\frac{4}{3}\pi\right)+V_\beta\sin\left(\frac{4}{3}\pi\right)\right\}\times\sqrt{\frac{2}{3}}$
終了

(b) 回転座標系→静止座標系変換

図4　ベクトル制御のプログラム・フロー

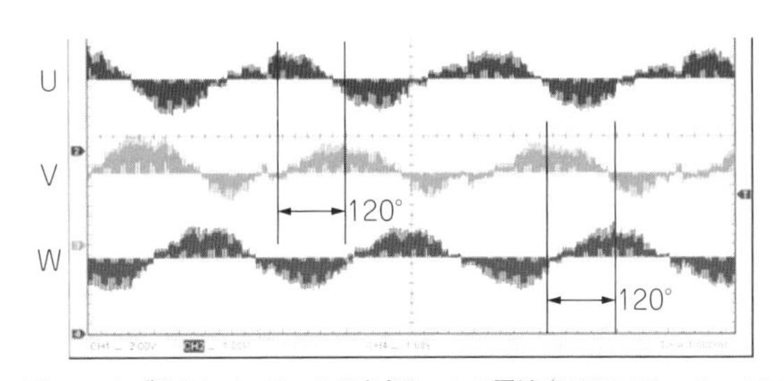

図5　DCブラシレス・モータの各相シャント電流(1.525A/div, 1ms/div)

リスト1　A-D変換PIN指定および4次のルンゲクッタ法フィルタリング

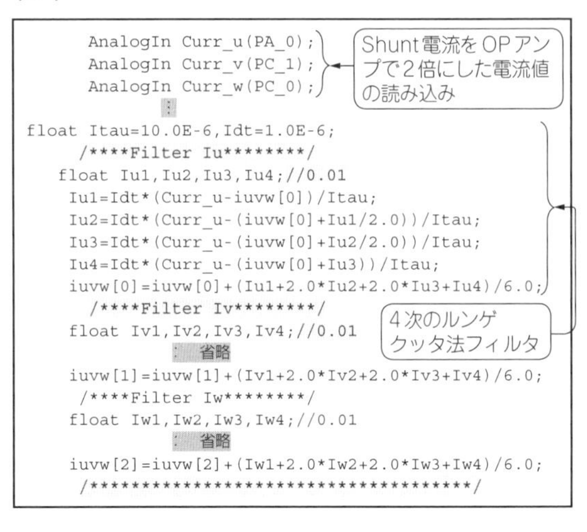

```
      AnalogIn Curr_u(PA_0);
      AnalogIn Curr_v(PC_1);
      AnalogIn Curr_w(PC_0);
                :
float Itau=10.0E-6,Idt=1.0E-6;
     /****Filter Iu********/
   float Iu1,Iu2,Iu3,Iu4;//0.01
    Iu1=Idt*(Curr_u-iuvw[0])/Itau;
    Iu2=Idt*(Curr_u-(iuvw[0]+Iu1/2.0))/Itau;
    Iu3=Idt*(Curr_u-(iuvw[0]+Iu2/2.0))/Itau;
    Iu4=Idt*(Curr_u-(iuvw[0]+Iu3))/Itau;
    iuvw[0]=iuvw[0]+(Iu1+2.0*Iu2+2.0*Iu3+Iu4)/6.0;
     /****Filter Iv********/
    float Iv1,Iv2,Iv3,Iv4;//0.01
            : 省略
    iuvw[1]=iuvw[1]+(Iv1+2.0*Iv2+2.0*Iv3+Iv4)/6.0;
     /****Filter Iw********/
    float Iw1,Iw2,Iw3,Iw4;//0.01
            : 省略
    iuvw[2]=iuvw[2]+(Iw1+2.0*Iw2+2.0*Iw3+Iw4)/6.0;
     /**************************************/
```


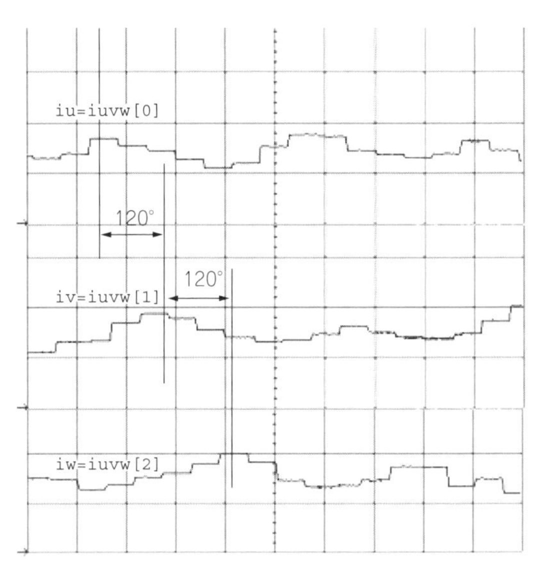

図6　シャント電流を2倍に増幅後A-D変換→フィルタの各相電流(1.525A/div, 500μs/div)

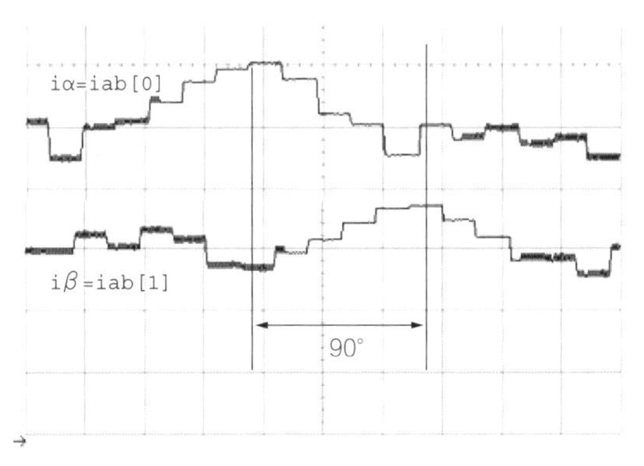

図7　UVW3相→直交2相i_α, i_β波形(0.7575A/div, 500μs/div)

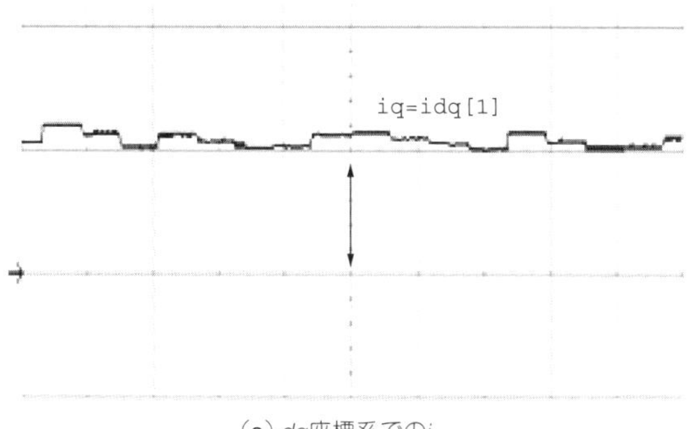

(a) dq座標系でのi_q

id=idq[0]=0

(b) dq座標系でのi_d

図8　$\alpha\beta$静止座標系→dq回転座標系変換（0.7575A/div，500μs/div）

リスト2　UVW3相→直交2相I_α，I_βの座標変換とフィルタリングのプログラム

```
iabi[0]=(iuvw[0]+iuvw[1]*cos23+iuvw[2]*cos43)*zet;
iabi[1]=(iuvw[1]*sin23+iuvw[2]*sin43)*zet;
/****Filter Ia********/
float Ia1,Ia2,Ia3,Ia4;
float Iatau= 3.0E-6,Iadt=1.0E-6;
              : 省略
iab[0]=iab[0]+(Ia1+2.0*Ia2+2.0*Ia3+Ia4)/6.0;
/**************************************/
      /****Filter Ib********/
float Ib1,Ib2,Ib3,Ib4;//0.01
float Ibtau= 3.0E-6,Ibdt=1.0E-6;
              : 省略
iab[1]=iab[1]+(Ib1+2.0*Ib2+2.0*Ib3+Ib4)/6.0;
/**************************************/
```

$$i_\alpha=\left\{i_u\cos(0)+i_v\cos\left(\frac{2}{3}\pi\right)+i_w\cos\left(\frac{4}{3}\pi\right)\right\}\times\sqrt{\frac{2}{3}}$$

$$i_\beta=\left\{i_u\sin(0)+i_v\sin\left(\frac{2}{3}\pi\right)+i_w\sin\left(\frac{4}{3}\pi\right)\right\}\times\sqrt{\frac{2}{3}}$$

● ②UVW3相→直交2相I_α，I_β波形の座標変換

次はUVW相→直交座標系$\alpha\beta$変換です．**図6**の120°間隔の3相交流波形から，**図7**に示す90°間隔の直交2相交流波形に変換します．

リスト2がUVW3相→直交2相座標変換プログラムと，4次ルンゲクッタ法フィルタリング・プログラムです．

波形観測の場合は，

```
SWAVE=iab[0];
```

の記述を追加します．

● ③回転座標I_d，I_qの電流（トルク）PI制御

上記の①と②項では，静止座標系に固定されたスロットの120° U，V，Wの3相電流を直交座標系i_α，i_βで表しました．このi_αとi_βは2相交流で静止座標系を回り続けています．

このままでモータ・トルクおよびスピードを制御するには時間，振幅，位相を把握しなければならず，至難の業になります．そこでこの回転を止めるためにi_α，i_β回転行列式を左から掛け算すると回転が止まり，i_d，i_qとなります（**図8**）．

```
idq[0]=cos(th)*iab[0]+sin(th)*iab[1];
idq[1]=-sin(th)*iab[0]+cos(th)*iab[1];
```

回転行列式を回転するi_α，i_βに左から掛けることによって，回転座標に乗っかった状態でi_α，i_βを観察することができ，**図8**のように変換後のi_q，i_dは直流成分になります．

リスト3　i_d，i_qのPI制御コード

id　PI制御
目標値＝0
比例係数：kpdi
積分係数：kidi

比例係数，積分係数を書き換え動作確認することが可能

```
/*****PID Id *****/
Idin=0.0-idq[0];
float adi,bdi,cdi,workdi[2];
float kpdi=3.0,kidi=1.5,kddi=0.0
float dtdi=10.0E-6;//1E-5
adi=Idin;
bdi=workdi[1]+(Idin+workdi[0])/2.0*dtdi;
cdi=(Idin-workdi[0])/dtdi;
workdi[0]=Idin;
workdi[1]=bdi;
Vd=adi*kpdi+bdi*kidi+cdi*kddi;
/*****PID Iq *****/
Iqin=(Vr_adc)-idq[1];  //ボリューム電圧Vr_adc
float aqi,bqi,cqi,workqi[2];
float kpqi=2.0,kiqi=0.7,kdqi=0.0;
float dtqi=10.0E-6;//1E-2
aqi=Iqin;
bqi=workqi[1]+(Iqin+workqi[0])/2.0*dtqi;
cqi=(Iqin-workqi[0])/dtqi;
workqi[0]=Iqin;
workqi[1]=bqi;
Vq=(aqi*kpqi+bqi*kiqi+cqi*kdqi);
```

iq　PI制御
目標値＝ボリューム値
比例係数：kpqi
積分係数：kiqi

比例係数，積分係数を書き換え動作確認することが可能

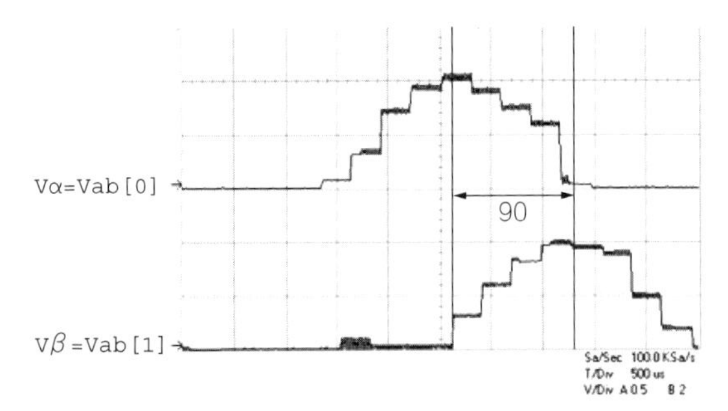

図9　回転座標系 dq→静止座標系 $\alpha\beta$ 変換（0.5V/div，500μs/div）

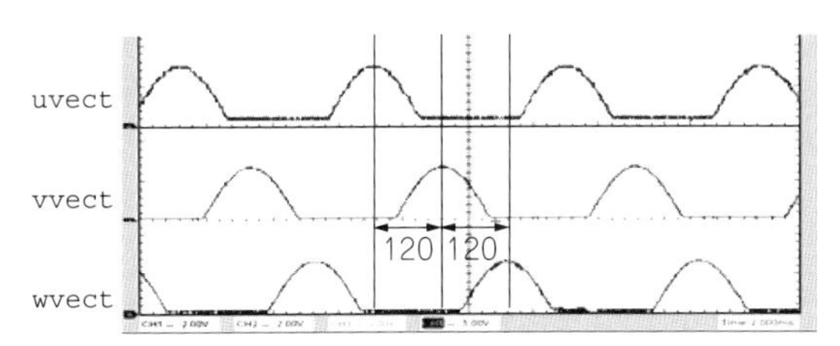

図10　直交座標系 $\alpha\beta$→120° 3相UVW変換（2V/div，2ms/div）

ここで**図8**の i_d を見ると0に制御されています．これは i_q，i_d のPI制御を使って永久磁石のロータ位置推定から $i_d = 0$ 制御を行うことと，永久磁石ロータN極を d 軸と一致するようにすることで，i_q の増減だけで最大トルクが得られます．

● ④電流（トルク）PI制御

上述のように $i_d = 0$ 制御を行うと，i_q だけの増減でモータ・トルクを制御できるため，PI制御を i_d，i_q に施します．**リスト3**はPID制御のプログラミングです．

今回，微分操作は行いませんので，微分係数kddiおよびkdqiは0になります．i_d であるidq[0]は目標値0，i_q であるidq[1]はボリューム指令Vr_adcに比例，積分操作を行っています．従ってボリューム指令によってモータ・トルクを制御するようにしています．PI制御後の i_d，i_q は V_d，V_q になります．

リスト3の比例係数，積分係数の値を増減してみてください．ベクトル制御でのDCブラシレス・モータのレスポンスは比例係数が小さい場合はVolume（トルク指令）に対してゆっくり反応します．比例係数が大きい場合はVolume（トルク指令）に対して早く反応します．

● ⑤回転座標系 dq→静止座標系 $\alpha\beta$ 変換

ロータ位置推定後のロータ角度 θ（th）を dq 回転座標系の V_d，V_q を回転行列左から掛け算し，$\alpha\beta$ 直交静止座標系に戻します．**図9**の実波形を見ると V_α，V_β の位相が90°の直交系になっています．

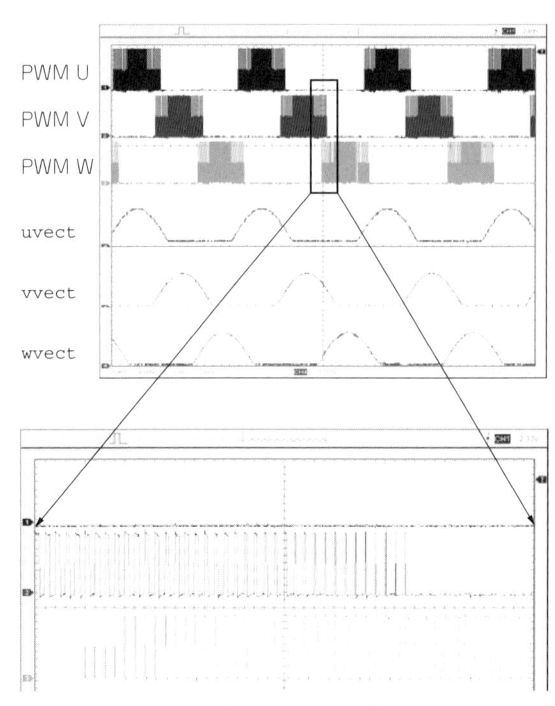

図11　PWM正弦波駆動（2V/div，2ms/div）

```
Vab[0]=cos(th)*Vd-sin(th)*Vqp;
Vab[1]=sin(th)*Vd+cos(th)*Vqp;
```

● ⑥直交座標系 $\alpha\beta$→120° 3相UVW変換

最後に $\alpha\beta$ 直交静止座標系から120° 3相座標系に変換します．**図10**を見ると，直交座標系 $\alpha\beta$ から120°間隔で3相UVW変換できていることが分かります．このUVWの正弦波は最終出力であるPWM駆動の変調波になります．

```
uvect=(Vab[0]*zet);
vvect=((Vab[0]*cos23+Vab[1]*sin23)*zet);
wvect=((Vab[0]*cos43+Vab[1]*sin43)*zet);
```

● ⑦PWM正弦波駆動

図11がブラシレス・モータ・ドライバへの最終出力になります．PWM駆動部の拡大範囲を見ていただくと，正弦波の変調に従ってPWMのデューティ比が変わっています．

```
if((vector==1)){
        EN1=1;
        EN2=1;
        EN3=1;
        mypwmA.write(uvect);
        mypwmB.write(vvect);
        mypwmC.write(wvect);
    }
```

第5章

プログラム詳細1…ロータの位置推定

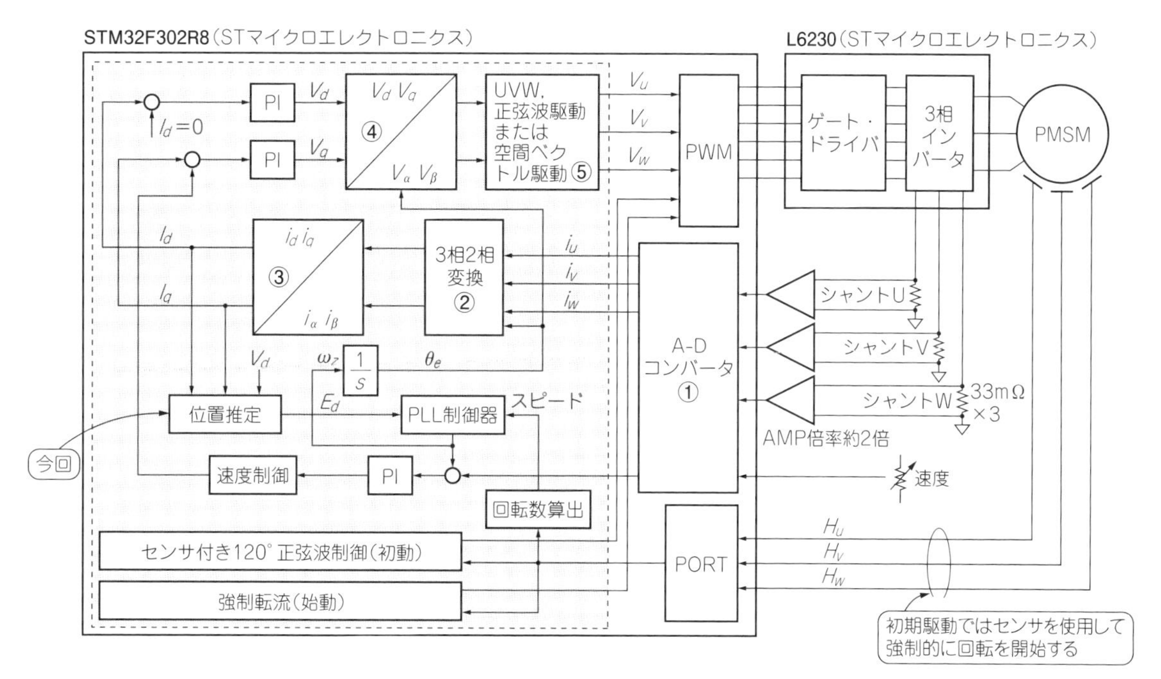

図1　本章で解説すること…今どきのセンサレスなベクトル制御で重要なロータの位置推定プログラム

● センサレスのベクトル制御を例に解説する

前章ではベクトル制御プログラムの全体像を解説しました．このプログラムはセンサレスのベクトル制御を前提としています．

センサレス・ベクトル制御は，エアコン，コンプレッサ，ドローン，ラジコンなど始動トルクが不要で急激な負荷変動がないモータ制御において一般的です．

一方，電動バイクや電動アシスト自転車，電気自動車，洗濯機などは始動にトルクを要し，急激な負荷変動の制御が必要でホール・センサやエンコーダ，レゾルバを利用したセンサ付きベクトル制御が一般的です．

このようにセンサ付き，センサなしは用途別で半々くらいなので，センサ付きに絞って解説してもよかったのですが，先にセンサレス・ベクトル制御を解説しておけば，センサ付きベクトル制御を理解できるので，一挙両得と考えました．

● 本章で解説するプログラム…センサレス制御を行うために重要なロータの位置推定

本章ではセンサレス・ベクトル制御において重要項目の1つである「ロータ磁石の位置推定」プログラムを解説します(**図1**)．

ベクトル制御では，ロータ磁石のd軸を，電気角90°進んだq軸で引っ張ることが最大効率でモータを回すためには最重要です．q軸にはUVW相からの合成磁束を発生させます(**図2**)．UVW相の磁束の程度を制御するためにはロータ磁石の位置(角度)が，UVW相に対してどこにあるのかを正確に知らなければなりま

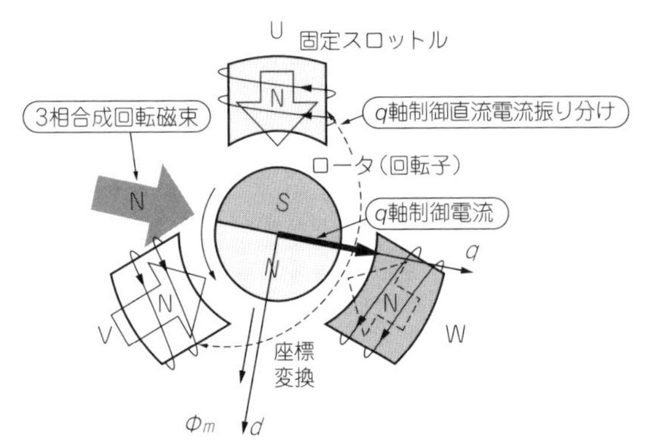

図2　ベクトル制御ではロータ(回転子)のN極と同一方向にd軸がありそれと90°異なる方向に制御電流を流すためにロータの位置検出が重要

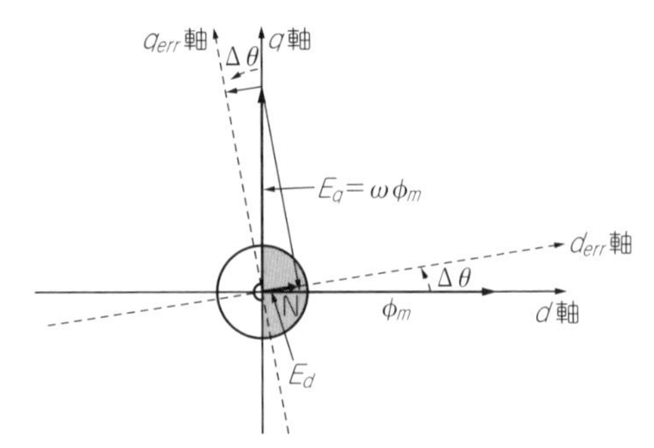

図3　実回転座標軸dqと制御誤差による推定回転座標軸d_{err}，q_{err}

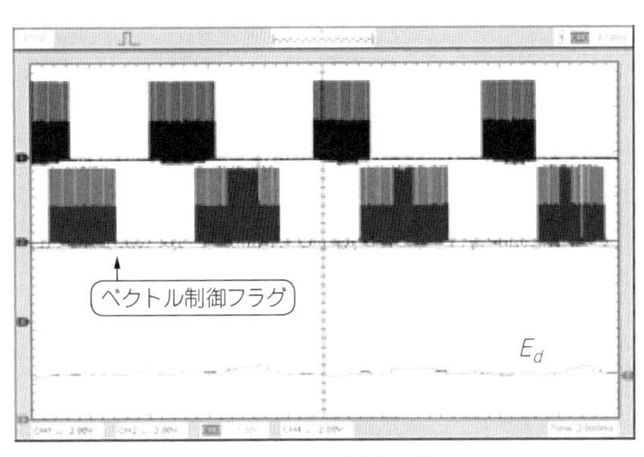

(a) ベクトル制御(定常)

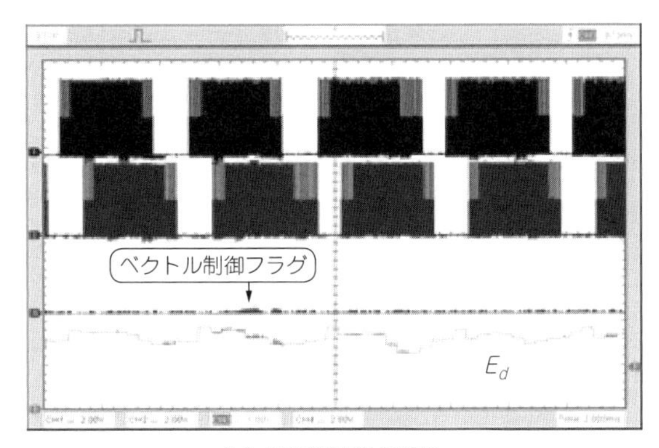

(b) 正弦波制御(初動)

図4　狙い通りのベクトル制御ができると誤差電圧E_dが検出されなくなる

せん．

ところで，**図1**の流れでは①のA-D変換や②の3相-2相変換から説明すれば良さそうなものですが，ロータの位置推定を解説することで，改めてq軸電流の解説ができるので，先にもってきました．

ロータ位置推定の原理

● 回転の無駄成分が電圧で現れる

ロータ磁石N極からの磁束ϕ_mと回転軸d軸とを同期させ，かつ電気角90°のq軸に3相合成回転磁束を発生させると最大トルクが実現できます．

$$\begin{aligned} V_d &= ri_d - \omega L_q i_q \\ V_q &= ri_q + \omega L_d i_d + \omega\phi_m \end{aligned} \quad \cdots\cdots(1)$$

式(1)からq軸に磁束ϕ_mによる誘起電圧$\omega\phi_m$が発生します．この誘起電圧$\omega\phi_m$は，理想の位置推定ができている場合はq軸のみに現れます．ところが位置推定d軸の同期ズレが発生するとd_{err}軸に新たに誘起電圧誤差E_dが発生します(**図3**)．このE_dが実ロータ位置とのズレのパラメータになります．

この誘起電圧誤差E_dは式(1)V_dに加算され，

$$V_d = ri_d - \omega L_q i_q + E_d \quad \cdots\cdots(2)$$

になります．またE_dは，

$$E_d = E_q \sin(\Delta\theta) = \omega\phi_m \sin(\Delta\theta) \quad \cdots\cdots(3)$$

になりますので，式(2)と式(3)より，

$$\sin(\Delta\theta) = \frac{V_d - ri_d + \omega L_q i_q}{\omega\phi_m} \quad \cdots\cdots(4)$$

になり，推定誤差角度$\Delta\theta$は，

$$\Delta\theta = \sin^{-1}\left(\frac{V_d - ri_d + \omega L_q i_q}{\omega\phi_m}\right) \quad \cdots\cdots(5)$$

になります．この$\Delta\theta$をゼロにするようにPI制御を行います．

● ベクトル制御がキチンとできると無駄成分E_dがゼロに近づく

図4が実際のE_dの検出状況です．PLL (Phase Locked Loop) 制御での回転位置推定の様子です．**図4**のベクトル制御フラグが0のときはセンサ付き正

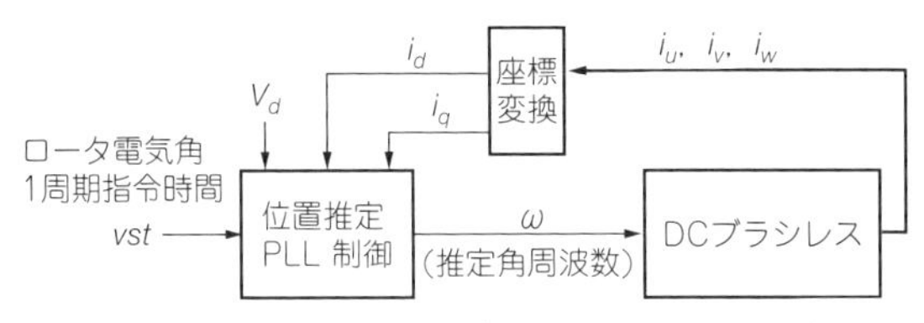
図5　PLL (Phase Locked Loop) ブロックに接続する信号線

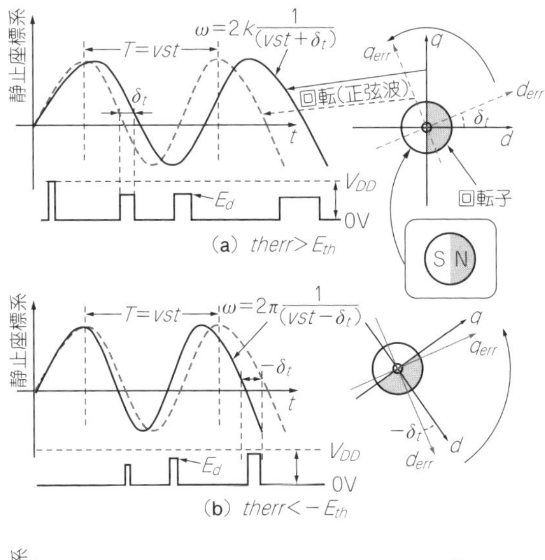

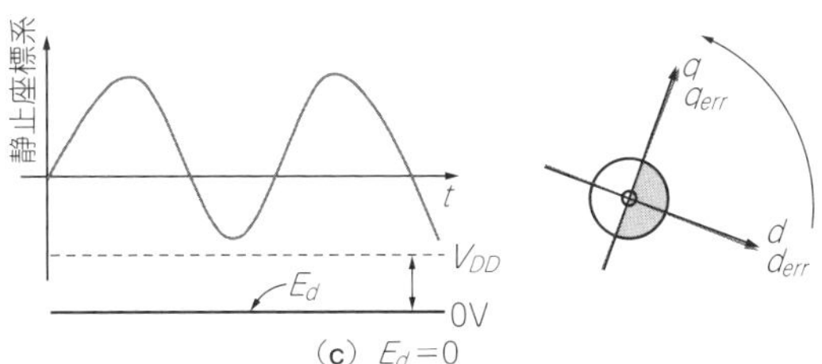
図7　ロータ位置推定PLLの位相が一致するまでの様子

弦波制御で1に遷移するとベクトル制御に入ります．ベクトル制御に入るとE_dが大幅に削減され実ロータ(回転磁極)と同期しています．

図5がロータ位置推定PLL制御の処理の概要図です．DCブラシレス・モータの3相電流から座標変換によりi_d, i_q, 速度指令vstおよびd軸電圧V_dを位置推定PLL制御器に入力します．**図6**が位置推定PLLの詳細ブロック図になります．これらの4値を使って式(5)によって誤差$\Delta\theta$を算出します．目標は$\Delta\theta = 0$ですのでPI制御によって値が0以上になる$therr$(誤差θ)を実角周波数ω_zで割ることにより，速度指令時間vstとの誤差時間δtが求まります．

この誤差時間δtは，E_{th}を誘起電圧誤差角度しきい値として，$therr > E_{th}$のとき位相進みにて指令時間vstからδtを足すことにより角周波数ωを遅くします．$therr < -E_{th}$のときは位相遅れと判断し，指令時間vst

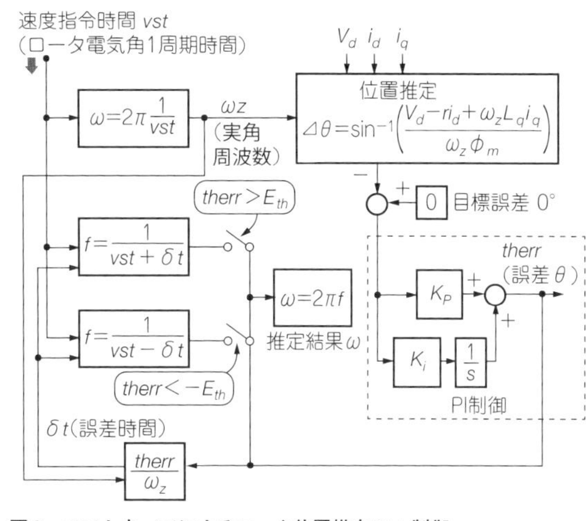
図6　ソフトウェアによるロータ位置推定PLL制御

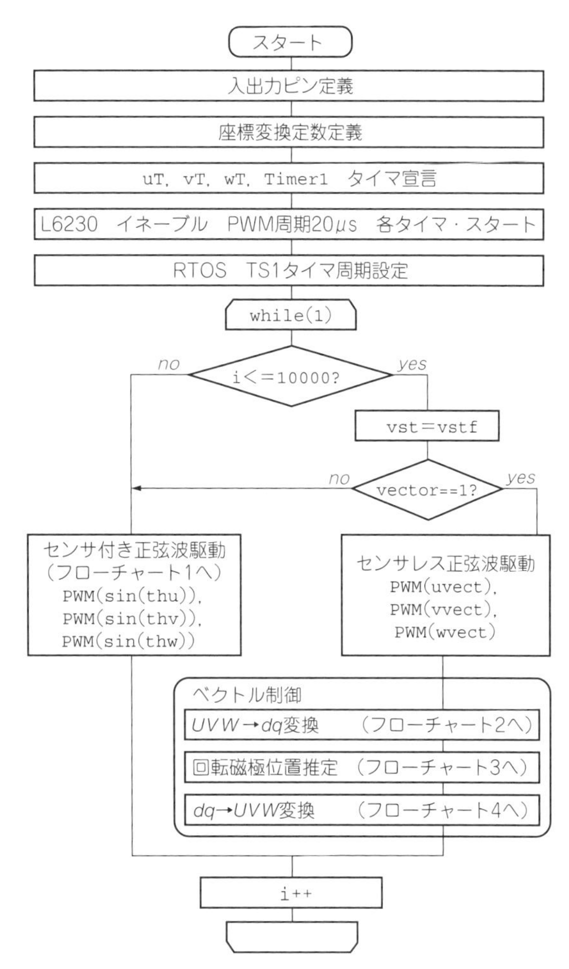

図8　ベクトル制御の正弦波駆動フローチャート全体

からδtを減算し角周波数ωを速くします．このようにソフトウェアで位相を一致させます．

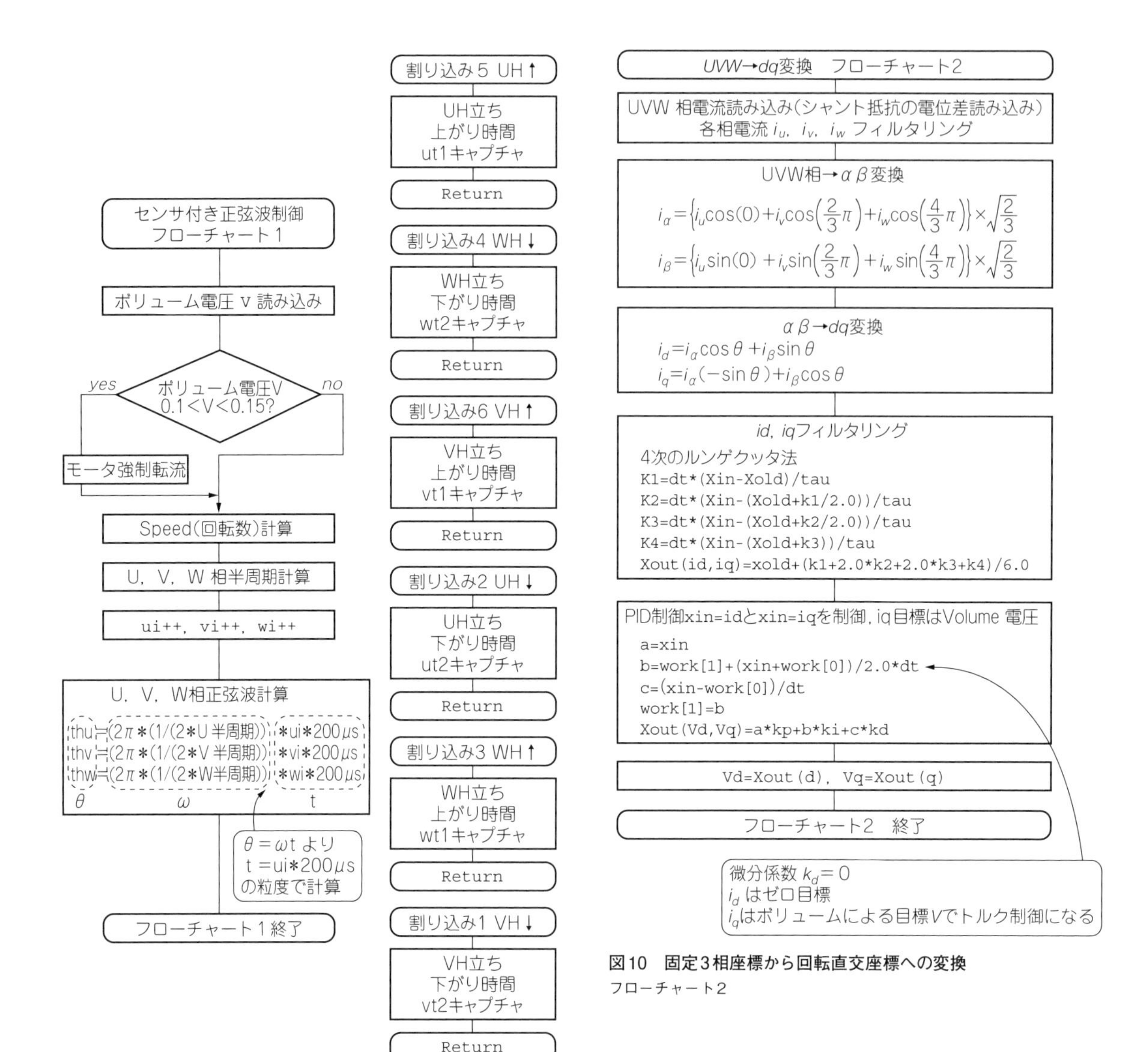

図10　固定3相座標から回転直交座標への変換
フローチャート2

図9　センサ付き正弦波駆動
フローチャート1

図7はロータ位置推定PLLの位相が一致するまでの様子をビジュアル的に表現しています．まず，大前提としてスロットルの静止座標系から見てd軸q軸は回転しています．d軸は回転子磁極N方向でq軸は回転子磁極Nに直交しています．この回転は静止座標から見ると正弦波状に変位します．

*vst*はマイコンの推定回転速度になります．**図7**のE_dはマイコンの推定回転子磁極位置と実際の回転子磁極位置がずれた場合(δt)に誘起電圧誤差E_dとなり発生します．**図4**のE_dと**図7**のE_dの違いは，**図7**は理解しやすいように位相が出た中心あたりのみをデフォルメして書いています．実際は**図4**のように連続した波形になります。マイコンの回転子磁極推定位置と実際の磁極位置がPLLにより推定速度*vst*に補正を施し，一致することで誘起電圧誤差電圧$E_d=0$になります．

プログラム

● ベクトル制御全体フロー

前章と同じVector_sin_drive_F302R8_2プログラムです．**図8**に正弦波駆動ベクトル制御の全体フローを示します．

● 初期は強制駆動

なお，起動直後からwhileループ1万回まではベクトル制御ではなく正弦波駆動で回します．これは，ひとまずモータが回らないと$i_u/i_v/i_w$が発生しないため，センサレス・ベクトル制御ができないからです．そこで**図9**のように，始動0速からの強制転流を行い，ホール・センサによる正弦波駆動を行います．

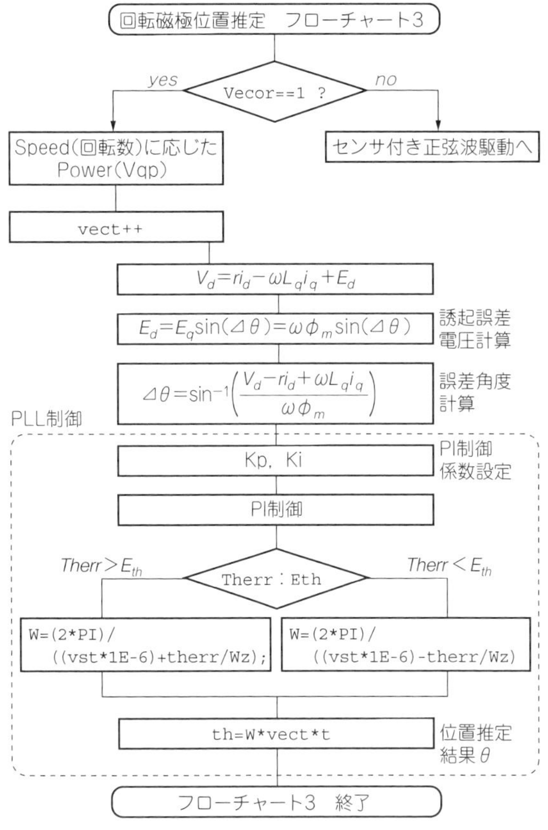

図11　ロータの位置推定
フローチャート3

● UVW→*dq*変換

図10は3相UVWのシャント抵抗からA-D変換された電流ベクトルを，固定3相座標から回転直交回転座標に変換するフローです．読み込んだ3相UVWの各電流は4次のルンゲクッタ法でフィルタリングを行い滑らかにします．同じように回転直交座標系に変換したi_d，i_qもフィルタリングを行います．

● 今回のメイン…ロータの位置推定

図11は本章の焦点であるロータの位置推定部のフローになります．ここでPLL制御によって回転磁極の角度推定誤差をゼロにします．**リスト1**にプログラムを示します．まず誘起電圧誤差Edからロータとの誤差角度を求めます．次にPI制御で誤差角度を計算後，誤差角度`therr`に応じて角速度`W`を推定しています．

● *dq*→UVW変換

次に回転直交座標系*dq*から3相静止座標系の変換を行います（**図12**）．その結果，PWM駆動への変調波*uvect*，*vvect*，*wvect*を生成し，DCブラシレス・モータを駆動します．

リスト1　回転するロータの位置を推定する
`Vector_sin_drive_F302R8_2`（前章と同じプログラムから抜粋）

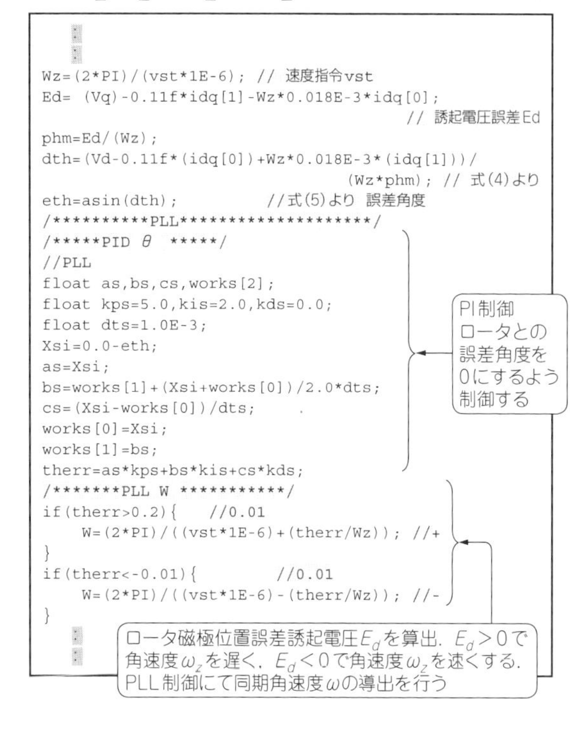

```
    :
    :
Wz=(2*PI)/(vst*1E-6); // 速度指令vst
Ed= (Vq)-0.11f*idq[1]-Wz*0.018E-3*idq[0];
                                        // 誘起電圧誤差Ed
phm=Ed/(Wz);
dth=(Vd-0.11f*(idq[0])+Wz*0.018E-3*(idq[1]))/
                                (Wz*phm); // 式(4)より
eth=asin(dth);          //式(5)より 誤差角度
/**********PLL*******************/
/*****PID θ  *****/
//PLL
float as,bs,cs,works[2];
float kps=5.0,kis=2.0,kds=0.0;
float dts=1.0E-3;
Xsi=0.0-eth;
as=Xsi;
bs=works[1]+(Xsi+works[0])/2.0*dts;
cs=(Xsi-works[0])/dts;
works[0]=Xsi;
works[1]=bs;
therr=as*kps+bs*kis+cs*kds;
/*******PLL W ***********/
if(therr>0.2){    //0.01
    W=(2*PI)/((vst*1E-6)+(therr/Wz)); //+
}
if(therr<-0.01){          //0.01
    W=(2*PI)/((vst*1E-6)-(therr/Wz)); //-
}
    :
    :
```


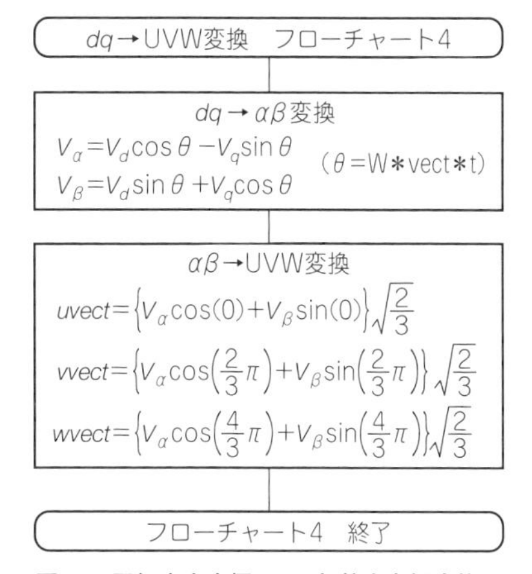

図12　回転直交座標から3相静止座標変換
フローチャート4

第5部

第6章

プログラム詳細2…UVW→*dq*座標変換

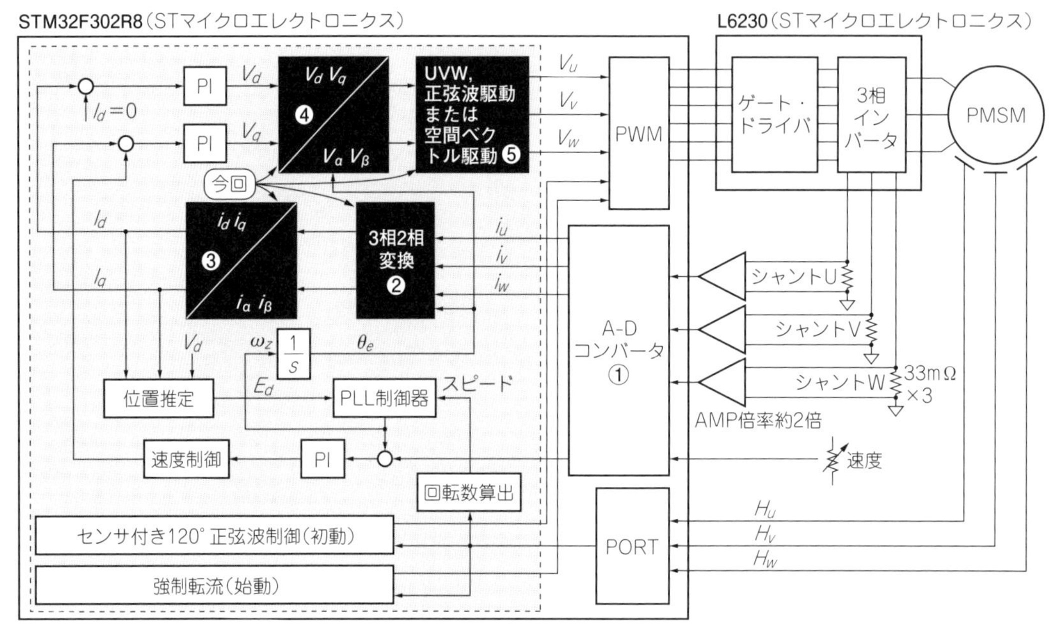

図1　正弦波駆動ベクトル制御におけるUVW→*dq*変換を今回解説する
PI制御をするマイコンの演算負荷を減らせる．前々章の図3再掲

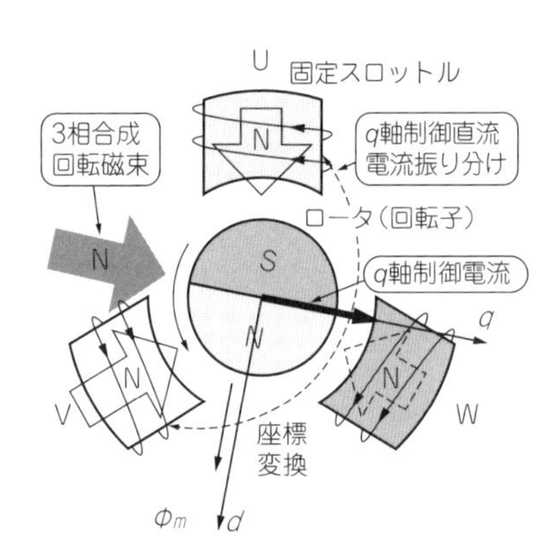

図2　ベクトル制御ではロータ磁石のN極と同一方向に*d*軸がありそれと90°異なる*q*軸に制御電流を流す

● やること

本章ではDCブラシレス・モータの正弦波駆動ベクトル制御における，UVW→*dq*座標変換を解説します．**図1**のブロック・ダイヤグラムの②，③，④，⑤に相当する部分です．

ベクトル制御で座標変換を行う理由

● ベクトル制御のモータの基本式

ベクトル制御はロータ磁石のN極に直交する*q*軸に流れる電流を制御します(**図2**)．固定スロットルに巻かれたコイルに流す電流を制御することで，トルクをベクトル量で制御します．

DCブラシレス・モータを交流で制御しようとすると，非線形のモータ方程式[式(1)]を取り扱ったり，電流と電圧の瞬時値を取り扱わなければならず，ソフ

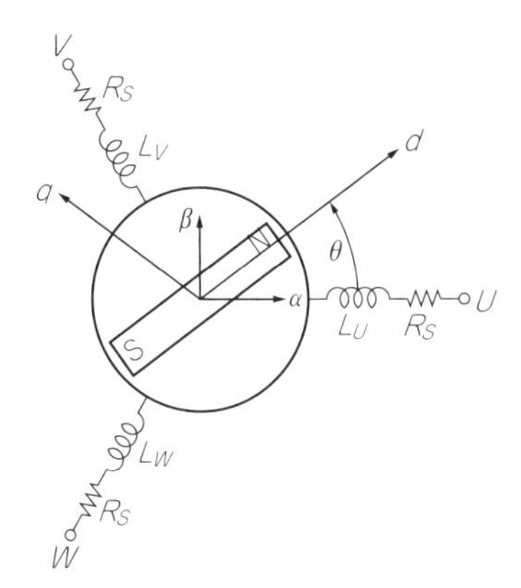

図3　DCブラシレス・モータの電気的モデル

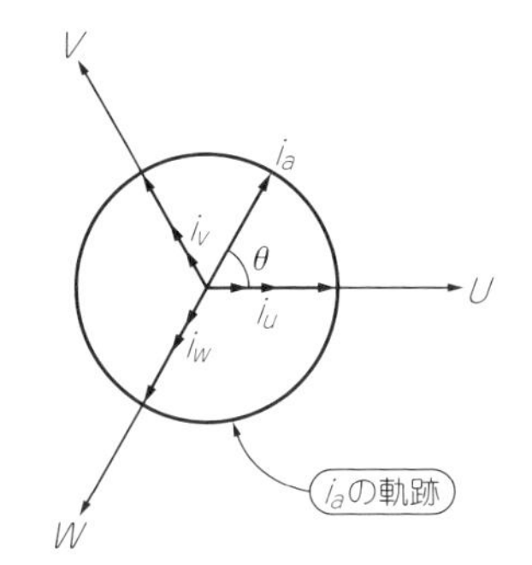

(a) ダイレクト制御…式(1)の複数のパラメータ(i_U, i_V, i_W, θ)を制御する

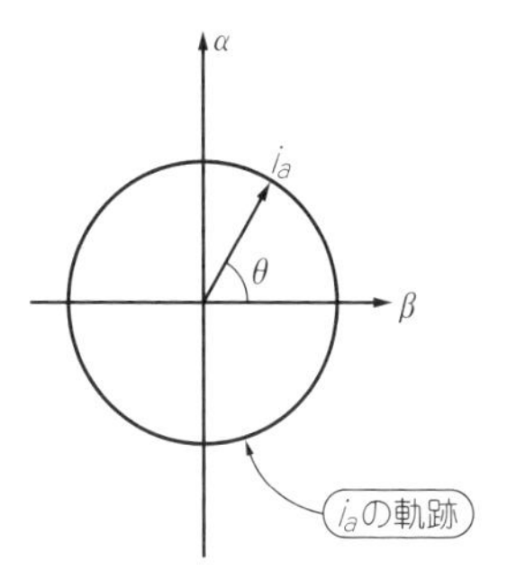

(b) ベクトル制御… θとi_aを個別に制御する

図4　ベクトル制御とダイレクト制御

トウェア開発で困難を極めるでしょう．**図3**は表面磁石型PMモータ注1の回路モデルで，式(1)が回路方程式です．

$$\begin{bmatrix} V_u \\ V_v \\ V_w \end{bmatrix} = Rs \begin{bmatrix} i_u \\ i_v \\ i_w \end{bmatrix} + \frac{d}{dt} \begin{bmatrix} \Psi_u \\ \Psi_v \\ \Psi_w \end{bmatrix}$$

$$\begin{bmatrix} \Psi_u \\ \Psi_v \\ \Psi_w \end{bmatrix} = \begin{bmatrix} L_u & M_{uv} & M_{wu} \\ M_{uv} & L_v & M_{vw} \\ M_{wu} & M_{vw} & L_w \end{bmatrix} + \Psi_o \begin{bmatrix} \cos\theta \\ \cos\left(\theta - \frac{2}{3}\pi\right) \\ \cos\left(\theta + \frac{2}{3}\pi\right) \end{bmatrix} \cdots(1)$$

ただし，Ψ：鎖交磁束，
M：相互インタグタンスとする

式(1)は必要なトルクを発生するための電流を与える電圧を求めることができるので，モータの基本動作を表す重要な電気的方程式になります．

● 座標変換を用いると処理がとても簡単になる

式(1)を見ると，時間変化の微分方程式を含む非線形となっていますので，解析的(数式の変形で答えを出す)には解くことができません．コンピュータを使ってニュートン法などの数値演算で解くことはできますが，PWM周期の数十μs以内に答えを出すのは困難です．

解決策として座標変換という技を使います．**図4**のようにベクトル制御では座標変換によって$\theta = \omega t$(速度)と電流i_aを分離して制御します．電流i_aは直流成分となり，ダイレクト制御(非線形問題)よりもはるかに簡単になります．

PMモータのステータの諸量をロータの座標に変換し，ロータ側から見て静止している諸量に変換します．つまり，時変数交流諸量を直流諸量に変換し，制御を簡素化します．

直流諸量に対して速度，電流(トルク)制御を行った後，ロータの座標からステータ静止座標系に戻しPMモータを駆動することで，式(1)の複雑な微分方程式を直接解かずに，直接解いたのと同等の処理を行います．座標変換は便利ですね!

座標変換のステップ

● ステップ1…静止3相電流から静止直交2相電流への変換

図5に座標変換のフローを示します．静止3相電流から静止直交2相電流への変換を「クラーク変換」と言います．3相交流の回路を計算するときに，同一の回転磁界を発生させる2相交流に変換すると，相数が減るので計算が楽になります．これを考案したのが，米国のクラーク氏(Edith Clarke)で，この変換名が付いています．簡単に説明すると，理想の3相交流では3つの正弦波を加えると0となるという性質を利用します(**図6**)．この条件をもとに3相を2相に変換しますが，2相に変換した後の2つの軸は互いに直交します．

クラーク変換は，120°離れた2つのステータ巻き線からの電流サンプルを直交ベクトルにします．

発生するベクトルの方向はステータに対して固定であり，そのベクトル和は回転磁束ベクトルです．

クラーク変換に必要なのは，電流値と定数を乗算し，積を累算する「2行3列×3行1列」の積和演算だけです．一般に静止3相ステータはUVW軸，変換後の静止直交2相は$\alpha\beta$軸と言います．

$$\begin{bmatrix} i_\alpha \\ i_\beta \end{bmatrix} = \begin{bmatrix} \cos 0 & \cos\left(\frac{2}{3}\pi\right) & \cos\left(\frac{4}{3}\pi\right) \\ \sin 0 & \sin\left(\frac{2}{3}\pi\right) & \cos\left(\frac{4}{3}\pi\right) \end{bmatrix} \begin{bmatrix} i_u \\ i_v \\ i_w \end{bmatrix} \cdots\cdots(2)$$

注1：DCブラシレス・モータは一般的に矩形波駆動時の呼び方で，ベクトル制御時は永久磁石同期モータ(Permanent Magnetic Synchronous Motor)と呼びます．ここではPMモータに統一します．

UVW→dq変換　フローチャート

UVW相電流読み込み(シャント抵抗の電位差読み込み)

UVW相→αβ変換(クラーク変換)

$$i_\alpha=\left\{i_u\cos(0)+i_v\cos\left(\frac{2}{3}\pi\right)+i_w\cos\left(\frac{4}{3}\pi\right)\right\}\times\sqrt{\frac{2}{3}}$$

$$i_\beta=\left\{i_u\sin(0)+i_v\sin\left(\frac{2}{3}\pi\right)+i_w\sin\left(\frac{4}{3}\pi\right)\right\}\times\sqrt{\frac{2}{3}}$$

αβ→dq変換(パーク変換)

$$i_d=i_\alpha\cos\theta+i_\beta\sin\theta$$

$$i_q=i_\alpha(-\sin\theta)+i_\beta\cos\theta$$

i_d, i_qフィルタリング

4次のルンゲクッタ法

```
K1=dt*(Xin-Xold)/tau
K2=dt*(Xin-(Xold+k1/2.0))/tau
K3=dt*(Xin-(Xold+k2/2.0))/tau
K4=dt*(Xin-(Xold+k3/2.0))/tau
Xout(id,iq)=xold+(k1+2.0*k2+2.0*k3+k4)/6.0
```

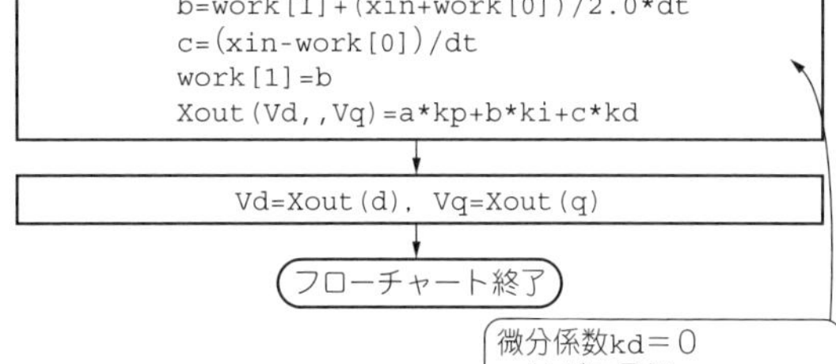

図5　クラーク変換とパーク変換およびフィルタリングとPI制御のフロー

固定座標から回転座標に変換するためには，ロータ磁石の回転角θの値が必要です．つまり，ロータが今までにどれだけ回転したかが分からないと，回転座標への変換ができません．磁束検出には，

- ホール・センサを用いたロータN極検出
- 回転用のセンサであるインクリメンタル・エンコーダなどでロータの回転角，回転速度を見いだす

などが考えられます．

● ステップ2…静止直交αβ系から回転dq系に座標変換

パーク変換は，静止直交2相から回転座標系に座標を変換します．i_α, i_βに対して，回転座標変換$\sin\theta$, $\cos\theta$の行列を左から掛け，ロータの回転基準系にします．

$$\begin{bmatrix} i_d \\ i_q \end{bmatrix}=\begin{bmatrix} \cos\theta & \sin\theta \\ -\sin\theta & \cos\theta \end{bmatrix}\begin{bmatrix} i_\alpha \\ i_\beta \end{bmatrix} \quad\cdots\cdots(3)$$

式(3)によって一方のベクトルはロータ磁極に一致し，

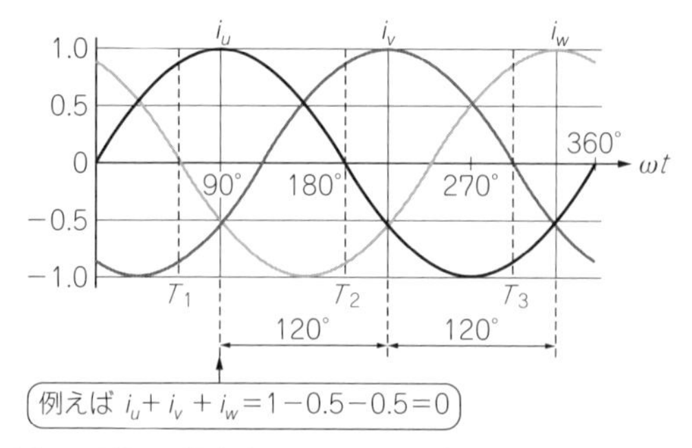

図6　理想の3相交流では3つの正弦波を加えるとゼロになる

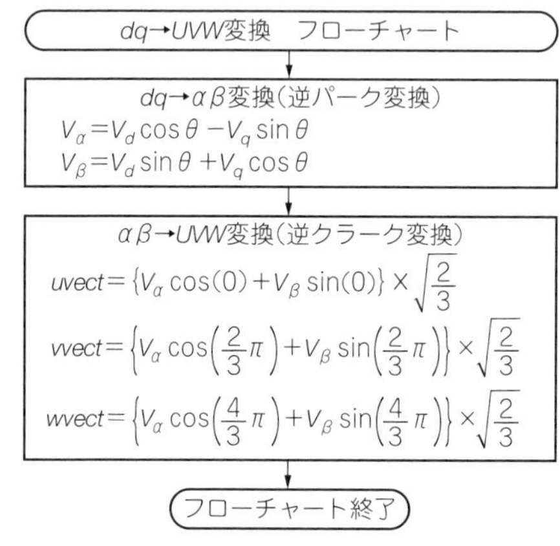

dq→UVW変換　フローチャート
dq→αβ変換(逆パーク変換)
$V_\alpha=V_d\cos\theta-V_q\sin\theta$
$V_\beta=V_d\sin\theta+V_q\cos\theta$
αβ→UVW変換(逆クラーク変換)
$uvect=\{V_\alpha\cos(0)+V_\beta\sin(0)\}\times\sqrt{\frac{2}{3}}$
$vvect=\left\{V_\alpha\cos\left(\frac{2}{3}\pi\right)+V_\beta\sin\left(\frac{2}{3}\pi\right)\right\}\times\sqrt{\frac{2}{3}}$
$wvect=\left\{V_\alpha\cos\left(\frac{4}{3}\pi\right)+V_\beta\sin\left(\frac{4}{3}\pi\right)\right\}\times\sqrt{\frac{2}{3}}$
フローチャート終了

図7　逆パーク変換/逆クラーク変換のフロー

もう一方のベクトルはロータ磁極と直交します．ロータ磁極方向をd軸(direct)，直交軸をq軸(quadratic：2次的)といいます．q軸は電流の制御ですのでロータ回転で派生した電流制御要因が2次的という感じでしょうか．

本書で使っているモータ制御キットP-NUCLEO-IHM001に付属するモータBR2804-1700KVは，表面磁石型のSPMSMです．そこで**図5**のフローチャートでは，dq軸の電流をフィルタリングし，d軸電流のi_d=0制御とq軸電流制御を行います．

● PI制御後は逆変換して戻す

速度制御，電流制御処理以降は，PMモータを駆動するために，逆パーク変換，逆クラーク変換が必要です(**図7**)．

プログラム

リスト1にVector_sin_drive_F302R8_2から座標変換部を抜粋したコードを掲載します．

まず，座標変換に必要な係数を定義し，A-Dコンバータから各相の電流を読み込み，座標変換式に当てはめるだけです．浮動小数点数なので簡単ですね．

リスト1　正弦波駆動ベクトル制御のプログラムVector_sin_drive_F302R8_2から座標変換に関する箇所を抜粋

```
float iuvw[3];
float iab[2],Vab[2];
float idq[2]={0,0},idqi[2]={0,0},idqo[2]={0,0};
float thave,th,thu,thv,thw,Ed,Vd,Vq,Vqi,Wz,Vqo;
float zet=sqrt(2.0f/3.0f),cos23=cos((2.0f/3.0f)*PI);
float cos43=cos((4.0f/3.0f)*PI),sin23=sin(
        (2.0f/3.0f)*PI),sin43=sin((4.0f/3.0f)*PI);

        :
        :  省略

        iuvw[0]=(Curr_ui);
        iuvw[1]=(Curr_vi);
        iuvw[2]=(Curr_wi);

        iab[0]=(iuvw[0]+iuvw[1]*cos23+iuvw[2]*cos43)
                                                *zet;
        iab[1]=(iuvw[1]*sin23+iuvw[2]*sin43)*zet;

        idq[0]=cos(th)*iab[0]+sin(th)*iab[1];
        idq[1]=-sin(th)*iab[0]+cos(th)*iab[1];

        :
        :  省略

    /****Filter Id********/
    float Id1,Id2,Id3,Id4;
    float Idtau= 2.0E-4,Iddt=1.0E-6;
    Id1=Iddt*(idqi[0]-idq[0])/Idtau;
    Id2=Iddt*(idqi[0]-(idq[0]+Id1/2.0))/Idtau;
    Id3=Iddt*(idqi[0]-(idq[0]+Id2/2.0))/Idtau;
    Id4=Iddt*(idqi[0]-(idq[0]+Id3))/Idtau;
    idq[0]=idq[0]+(Id1+2.0*Id2+2.0*Id3+Id4)/6.0;
    /***************************************/

    /****Filter Iq********/
    float Iq1,Iq2,Iq3,Iq4;//0.01
    float Iqtau= 2.0E-4,Iqdt=1.0E-6; //2.0E-2  1.0E-6
    Iq1=Iqdt*(idqi[1]-idq[1])/Iqtau;
    Iq2=Iqdt*(idqi[1]-(idq[1]+Iq1/2.0))/Iqtau;
    Iq3=Iqdt*(idqi[1]-(idq[1]+Iq2/2.0))/Iqtau;
    Iq4=Iqdt*(idqi[1]-(idq[1]+Iq3))/Iqtau;
    idq[1]=idq[1]+(Iq1+2.0*Iq2+2.0*Iq3+Iq4)/6.0;
    /***************************************/
```

```
/*****PID Id *****/
   Idin=0.0-idq[0];      // -0.2
   float adi,bdi,cdi,workdi[2];
   float kpdi=3.0,kidi=1.5,kddi=0.0;
                                        //0.3 0.1 0.0
   float dtdi=10.0E-6;  //1E-5
   adi=Idin;
   bdi=workdi[1]+(Idin+workdi[0])/2.0*dtdi;
   cdi=(Idin-workdi[0])/dtdi;
   workdi[0]=Idin;
   workdi[1]=bdi;
   Vd=adi*kpdi+bdi*kidi+cdi*kddi;
/***********************************/

/*****PID Iq *****/
   Iqin=(Vr_adc)-idq[1];  //kaisha 600  ie 500
   float aqi,bqi,cqi,workqi[2];
   float kpqi=2.0,kiqi=0.7,kdqi=0.0;  // 1.0 0.7
   float dtqi=10.0E-6;  //1E-2
   aqi=Iqin;
   bqi=workqi[1]+(Iqin+workqi[0])/2.0*dtqi;
   cqi=(Iqin-workqi[0])/dtqi;
   workqi[0]=Iqin;
   workdi[1]=bqi;
   Vq=(aqi*kpqi+bqi*kiqi+cqi*kdqi);
/****************************************/
   :  省略

   Vab[0]=cos(th)*Vd-sin(th)*(Vqp);
   Vab[1]=sin(th)*Vd+cos(th)*(Vqp);

   uvect=Vab[0]*zet;
   vvect=(Vab[0]*cos23+Vab[1]*sin23)*zet;
   wvect=(Vab[0]*cos43+Vab[1]*sin43)*zet;

   :
   :  省略
```

α, β軸電流, 電圧変数
d, q軸電流変数
座標変換定数算出
UVW相電流をADCポートから読み込み
αβ→dq変換(パーク変換)
UVW相→αβ変換(クラーク変換)
i_dフィルタリング
i_qフィルタリング
i_d=0のPI制御
i_q電流PI制御
dq→αβ変換(逆パーク変換)
αβ→3相UVW変換(逆クラーク変換)

dq変換をすこし掘り下げてみる

上記のように直流諸量に変換することで，制御を簡素化できる理由は以下になります．

3相交流から$\alpha\beta$変換した2相交流の軌跡i_aは回り続けていますので瞬時時間の振幅，位相の関係がつかみにくい状態です．そこで回転を止めるために座標系も一緒に回転させてしまおうというのがdq座標変換です．

回転を止めるには図8の回転ベクトルi_aに左から回転行列を掛けます．

$$\begin{bmatrix}\cos\theta & \sin\theta \\ -\sin\theta & \cos\theta\end{bmatrix} \cdots\cdots(4)$$

回転行列を掛けたdq変換後の回転ベクトルi_aは直流の一定値になります．具体的に計算を施すと，

$$i_a = a(\cos\theta + j\sin\theta) \cdots\cdots(5)$$

で電流ベクトルは回転していますので複素表示になります($\theta=\omega t$)．

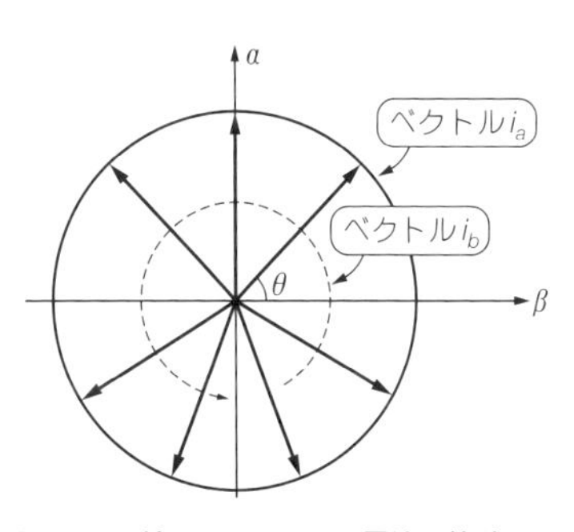

図8　$\alpha\beta$軸上のPMモータ電流の軌跡

この回転を止めるために式(4)の行列を式(5)の電流ベクトル回転式に左から掛け算します．

$$\begin{bmatrix}\cos\theta & \sin\theta \\ -\sin\theta & \cos\theta\end{bmatrix} \times a \begin{bmatrix}\cos\theta \\ \sin\theta\end{bmatrix} = a\begin{bmatrix}\cos^2\theta + \sin^2\theta \\ -\sin\theta\cos\theta + \cos\theta\sin\theta\end{bmatrix}$$

$$= a\begin{bmatrix}1 \\ 0\end{bmatrix} = \begin{bmatrix}a \\ 0\end{bmatrix} \cdots\cdots(6)$$

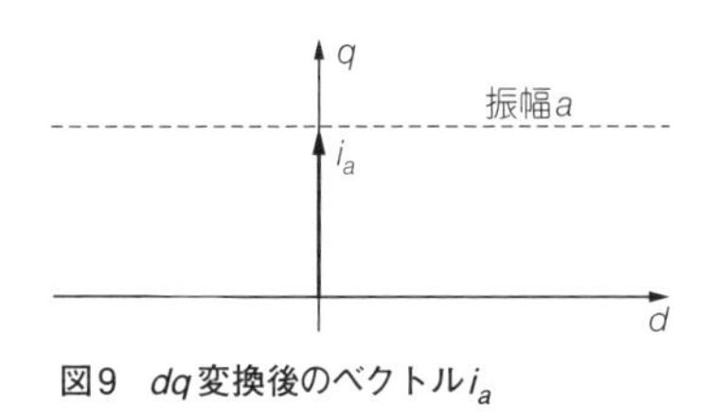

図9　dq変換後のベクトルi_a

▶式(6)が定数になる理由

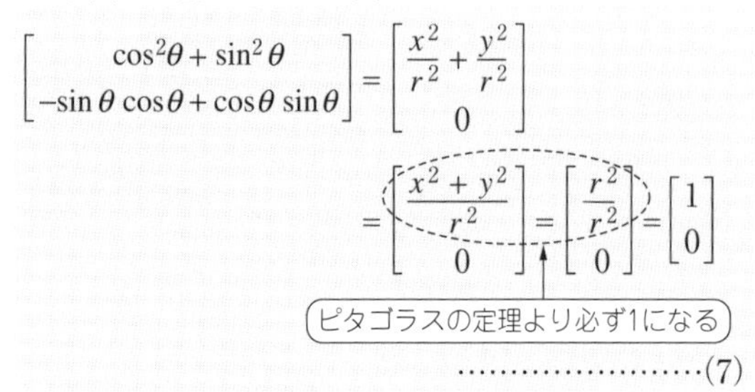

$$\begin{bmatrix} \cos^2\theta + \sin^2\theta \\ -\sin\theta\cos\theta + \cos\theta\sin\theta \end{bmatrix} = \begin{bmatrix} \dfrac{x^2}{r^2} + \dfrac{y^2}{r^2} \\ 0 \end{bmatrix}$$

$$= \begin{bmatrix} \dfrac{x^2 + y^2}{r^2} \\ 0 \end{bmatrix} = \begin{bmatrix} \dfrac{r^2}{r^2} \\ 0 \end{bmatrix} = \begin{bmatrix} 1 \\ 0 \end{bmatrix} \quad \cdots\cdots(7)$$

従ってこの座標変換は，3相交流を直接扱うと，相互の位相や時間，振幅についての面倒な計算が必要です．dq変換で回転を止めることで直流レベルの増減で制御できます．トルク制御などが簡単になります(**図9**)．

直流で制御後は$dq \to \alpha\beta \to$ UVWの逆変換を施すことにより3相交流波形でPMモータが駆動できます．

dq電流でモータが回る様子

図10(a)に正弦波駆動ベクトル制御の駆動波形を示します．**図10**(b)(c)(d)には，キット付属のモータ BR2804-1700KVにおける発生ベクトルのイメージを示します．

付属モータ BR2804-1700KVは14極(7ポール)です．**図10**にはステータUVWと座標変換後のdq軸，ロータ磁石の位置関係を示しています．N極とS極ペアでこの2つの磁石の長さが電気角360°になります．

d軸は常にN極の方向を示しています．特に大事な視点は，d軸に直交するq軸が常にN極とS極の境目にあるということです．これはN極とS極の境目に磁束を発生させると最大効率，最大トルクが得られ，理にかなっています．

このq軸に合成磁束を発生するようUVW相の電流を直流レベルで制御するのが座標変換であり，ベクトル制御のキモになります．

電気角を直観的に理解できるよう，**図10**(e)(f)(g)にインナ・ロータの場合で図解をしています．

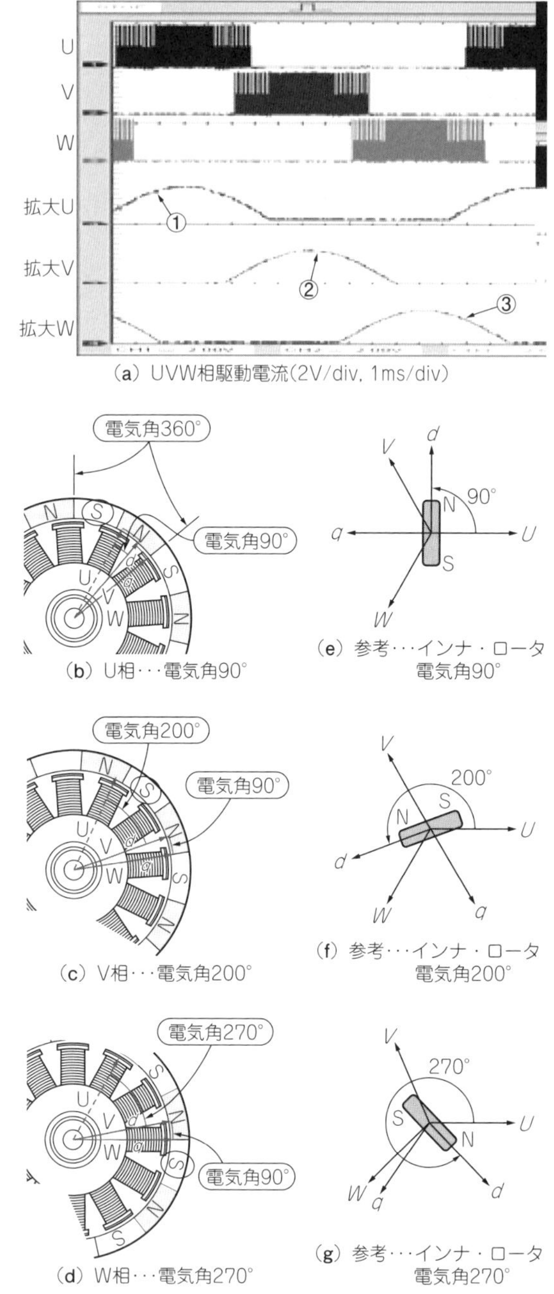

図10　本書で使っているモータ制御キット P-NUCLEO-IHM001に付属するモータ BR2804-1700KVのロータとステータの位置関係

第7章

プログラム詳細3…PI制御

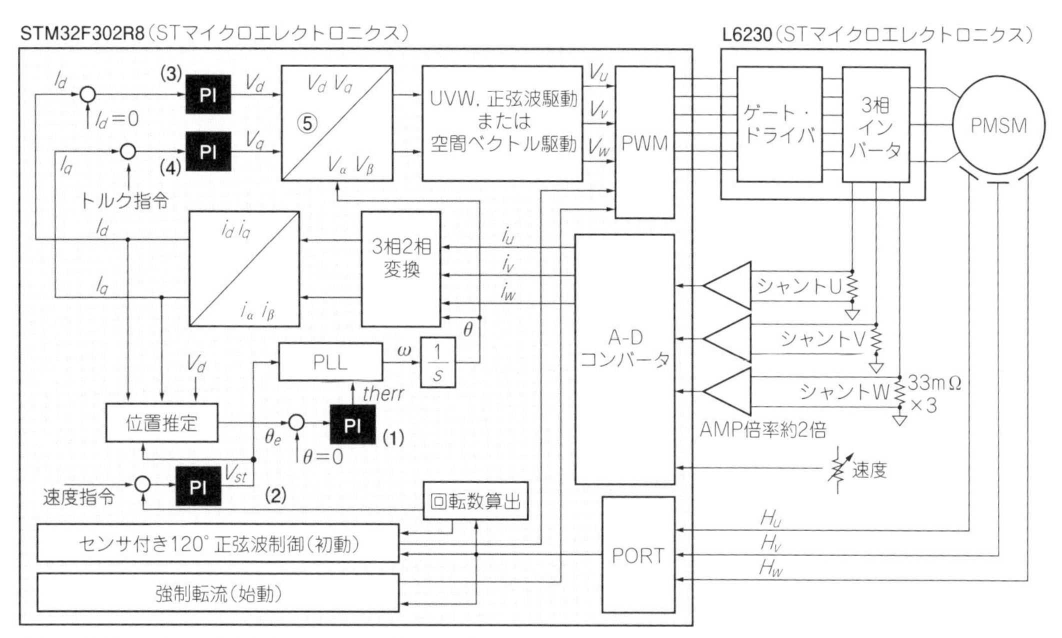

図1　PI制御はベクトル制御処理のいろいろなところで使っている

DCブラシレス・モータのベクトル制御の機能ブロック

ベクトル制御におけるPI制御の位置づけ

DCブラシレス・モータの速度指令，電流指令の制御を指令に追従させるPI制御について解説します(図1)．PI制御は自動制御分野で古典制御と言われています．PはProportional(比例)，IはIntegral(積分)の頭文字です．

DCブラシレス・モータ制御キット P-NUCLEO-IHM001(STマイクロエレクトロニクス)に同梱されるDCブラシレス・モータBR2804-1700KVのセンサレス・ベクトル制御の機能ブロックを見てみましょう．図1の塗りつぶしブロックがPI制御器になります．

PI制御とは，目標値をボリュームなどから与えると，センサで検知した実際値と目標値とを比較して，その差をゼロにする動きのことです．

実際には「PLL」と書かれている箱の中に，この塗りつぶしで示したPI制御器のブロックがあります(図2)．各PI制御器の役割は，

(1) ロータ角度制御(目標：ロータ位置誤差0)

(2) 速度/回転数(目標：速度指令に追従)

(3) d軸電流制御(目標：0)

(4) q軸電流制御(目標：トルク指令に追従)

になります．図1中(1)～(4)のPI制御は，用途が違うだけで動作は同じものになります．

● 基本メカニズム

図2にPI制御の機能ブロックを示します．制御対象からフィードバックをかけ，目標値との差分がゼロになるよう制御します．比例ゲインK_pは，線形に目標値に達する役目を担います．積分ゲインK_iと積分

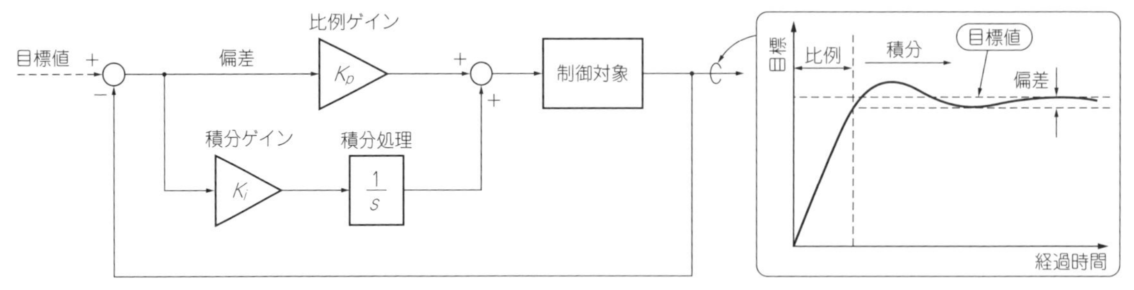

図2　PI制御器の構成

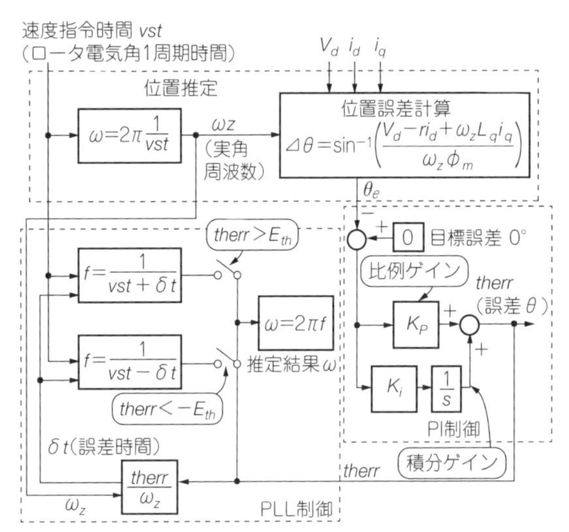

図3　ロータ位置制御(位置推定＋PLL制御＋PI制御)

処理$1/s$は，比例ゲインK_pの偏差をなくす処理を行い，目標値と一致させます．端的に言うと微調整です．

プログラム

● (1) ロータの角度制御

図3はDCブラシレス・モータによるベクトル制御の心臓部とも言える，ロータ位置(角度)制御のブロックです．ロータ位置推定と，ロータ位置誤差をゼロにするPI制御と，実ロータ回転を推定ロータ回転に同期するPLL制御で構成します．

このロータ位置制御のPI制御を詳しく見ていきましょう．ここでの制御対象はPLL制御と位置推定になります．PI制御の入力は位置誤差θであり，目標値は$\theta=0$になります．

ここで位置誤差$\varDelta\theta$の計算最小限界値を±10°とします．すると**図4**のように比例係数K_pだけで計算すると最低±10°の偏差は残ります．

この偏差を補償するのが積分係数K_iと積分処理$1/s$です．通常，比例係数K_pは目標値への追従を良くするため，あまり大きくまたは小さくできません，積分ゲインは比例ゲインで出た偏差の微調整のため，比例ゲインより小さな値を設定します．

リスト1が**図3**のPI制御とPLL制御のプログラムです．PI制御入力は目標値0からθe(eth)を引いた値Xsiになります．テンポラリ変数は比例のas，積分のbs，微分のcsになります．works[0]は前章で使用したXsiを保存します．works[1]は前章の積分($1/s$)結果を保存します．

kps(**図3**のk_p)が比例係数，kis(**図3**のk_i)が積分係数，kdsが微分係数です．今回微分は行わないのでkds＝0です．積分操作は**図5**の台形近似法になります．

dtsは計算時間粒度です．PI制御はマイコン処理

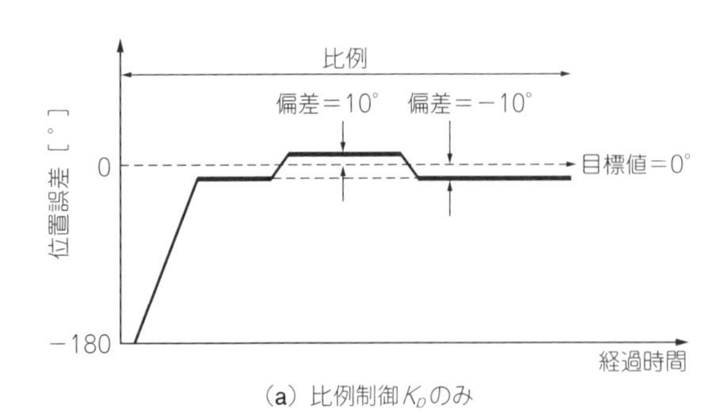

(a) 比例制御K_pのみ

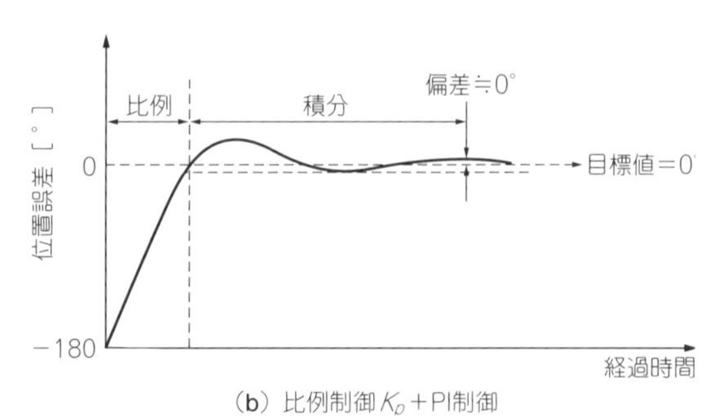

(b) 比例制御K_p＋PI制御

図4　比例制御とPI制御の違い

リスト1　ロータ位置のPI制御プログラム
筆者がmbed.orgで公開するVector_sin_drive_F302R8_2から抜粋

```
While(1) {
:
:
/*****PI  θ  *****/
   //PLL
   float as,bs,cs,works[2];
   float kps=5.0,kis=2.0,kds=0.0;
   float dts=1.0E-3;
   Xsi=0.0-eth;      //ロータ角度誤差目標0
   as=Xsi;
   bs=works[1]+(Xsi+works[0])/2.0*dts;//台形近似法
   cs=(Xsi-works[0])/dts;
   works[0]=Xsi;
   works[1]=bs;
   therr=as*kps+bs*kis+cs*kds;

  /*******PLL W ***********/
  if(therr>0.2){          //角度誤差0.2(rad)以上
   W=(2*PI)/((vst*1E-6)+(therr/Wz));
  }
  if(therr<-0.01){      //角度誤差-0.01(rad)以下
   W=(2*PI)/((vst*1E-6)-(therr/Wz)); //-
  }
     :
     :
}
```
ロータ角度 PI制御
PLL制御

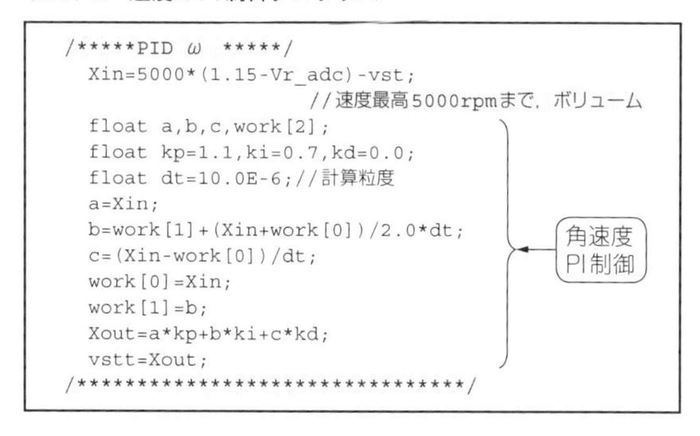
リスト2　速度のPI制御プログラム

```
  /*****PID ω  *****/
    Xin=5000*(1.15-Vr_adc)-vst;
                          //速度最高5000rpmまで，ボリューム
    float a,b,c,work[2];
    float kp=1.1,ki=0.7,kd=0.0;
    float dt=10.0E-6;//計算粒度
    a=Xin;
    b=work[1]+(Xin+work[0])/2.0*dt;
    c=(Xin-work[0])/dt;
    work[0]=Xin;
    work[1]=b;
    Xout=a*kp+b*ki+c*kd;
    vstt=Xout;
  /*********************************/
```
角速度 PI制御

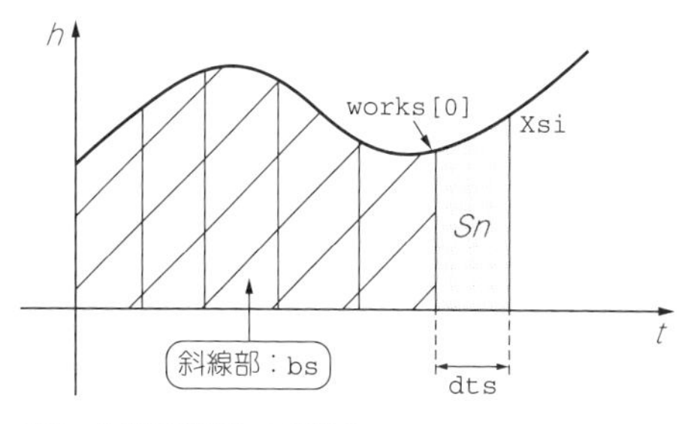

図5　台形近似法による積分

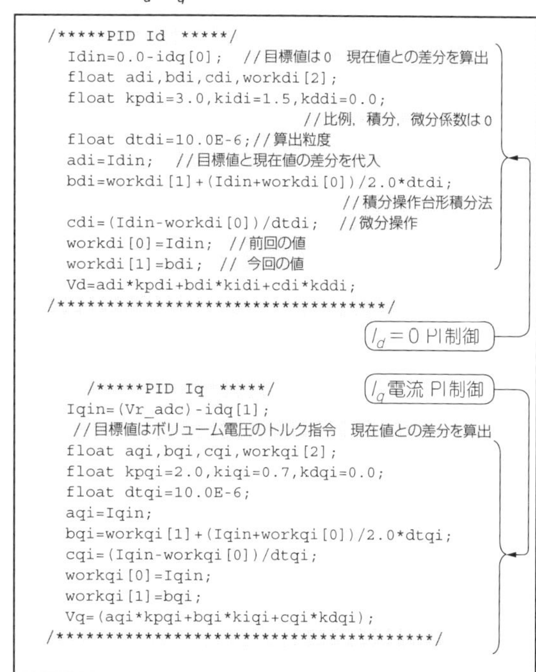
リスト3　電流I_d，I_qのPI制御プログラム

```
/*****PID Id  *****/
   Idin=0.0-idq[0];  //目標値は0  現在値との差分を算出
   float adi,bdi,cdi,workdi[2];
   float kpdi=3.0,kidi=1.5,kddi=0.0;
                              //比例，積分，微分係数は0
   float dtdi=10.0E-6;//算出粒度
   adi=Idin;  //目標値と現在値の差分を代入
   bdi=workdi[1]+(Idin+workdi[0])/2.0*dtdi;
                                  //積分操作台形積分法
   cdi=(Idin-workdi[0])/dtdi;  //微分操作
   workdi[0]=Idin;  //前回の値
   workdi[1]=bdi;  // 今回の値
   Vd=adi*kpdi+bdi*kidi+cdi*kddi;
/**********************************/

     /*****PID Iq  *****/
   Iqin=(Vr_adc)-idq[1];
    //目標値はボリューム電圧のトルク指令  現在値との差分を算出
   float aqi,bqi,cqi,workqi[2];
   float kpqi=2.0,kiqi=0.7,kdqi=0.0;
   float dtqi=10.0E-6;
   aqi=Iqin;
   bqi=workqi[1]+(Iqin+workqi[0])/2.0*dtqi;
   cqi=(Iqin-workqi[0])/dtqi;
   workqi[0]=Iqin;
   workqi[1]=bqi;
   Vq=(aqi*kpqi+bqi*kiqi+cqi*kdqi);
/****************************************/
```
I_d = 0 PI制御
I_q電流 PI制御

ループ動作の一部ですので，1ループで1回の計算を行い，マイコンのループ処理によって出力のtherr(誤差θ)が0に収束するようにこのPI制御が働きます．PLL制御はこのtherrが0でないときロータの実角速度と推定角速度がゼロでないと判断し，therrを実角周波数で割った誤差時間を加減算し，推定角速度ωを実ロータ角速度に近づけるよう計算し直します．プラントであるDCブラシレス・モータへの外乱に対して高速で追従できる武器が，このPI制御とPLL制御になります．

● (2) 速度/回転数制御

リスト2，**リスト3**にベクトル制御プログラムVector_sin_drive_F302R8_2に記述されているその他のPI制御を示します．

リスト2が速度制御のPI制御のプログラムです．速度制御はvstの回転周期時間の制御になります．目標値はボリューム電圧Vr_adcの値(0.0～1.0)を1.0から差し引き，周期時間vst目標値を5750μ～750μsの幅に設定します．

回転周期時間vstが短くなるほど，回転数が上がります．例では比例係数1.1，積分係数0.7にしています．これらの係数の影響は次のようになります．

図6はモータ制御キット P-NUCLEO-IHM001に付属するDCブラシレス・モータをPI制御した様子です．比例ゲインK_pと積分ゲインK_iの設定による挙動を示します．

図6(a)では速度指令の0速から定常までの実速度は比例しています．また定常速度もほぼ誤差なしで制御できている状態です．比例ゲイン，積分ゲインともほぼ適正です．

図6(b)の実速度傾きは，指令速度よりも急峻，か

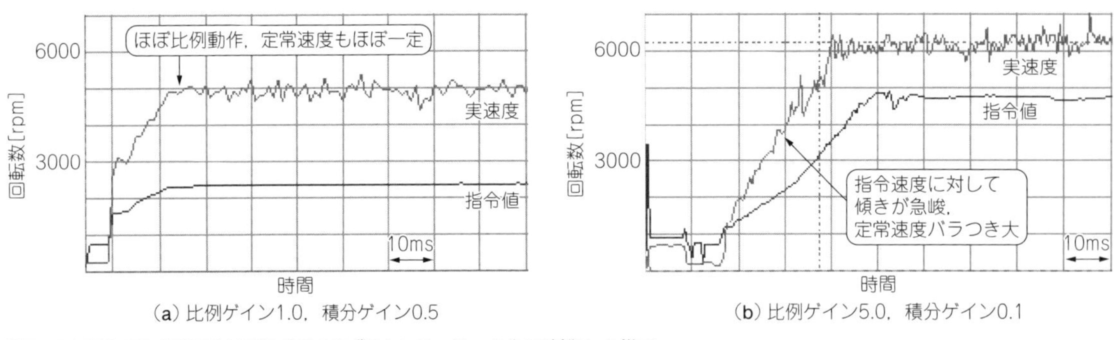

(a) 比例ゲイン1.0，積分ゲイン0.5　(b) 比例ゲイン5.0，積分ゲイン0.1

図6　P-NUCLEO-IHM001に付属するDCブラシレス・モータをPI制御した様子

つ定常速度にもばらつきが見えます．比例ゲイン大，積分ゲイン小と言えるでしょう．例えば**図6**(**a**)に比べて比例ゲイン5倍，積分ゲイン1/5です．

● (3)(4) *d*軸/*q*軸電流制御

リスト3にUVW相電流座標変換後の電流I_d，I_qのPI制御を示します．付属DCブラシレス・モータはSPMSM(Surface Permanent Magnet Synchronous Motor)ですのでI_d=0制御します．従ってトルクに寄与するのはI_qだけとなりますので，ボリュームからの指令電圧に追従するようにPI制御をしています．

`PID Id`の目標値は0です．I_d電流をゼロにするような電圧`Vq`をPI制御により求めています．このPI制御の結果`Vd`が回転座標系でのX軸駆動電圧になります．

`PID Iq`はモータへのトルク指令になります．目標値はボリューム電圧`Vr_adc`のトルク指令とA-Dコンバータから読み込んだ`irq`電流との差分を，PI制御によってボリューム電圧に持って行きます．このPI制御の結果，`Vq`が回転座標系Y軸駆動電圧になります．

`PID Id`，`PID Iq`ともボリューム電圧に対して追従性を良くするため，比例係数は2.0以上にしています．

第5部

第8章

プログラム詳細4…空間ベクトル駆動

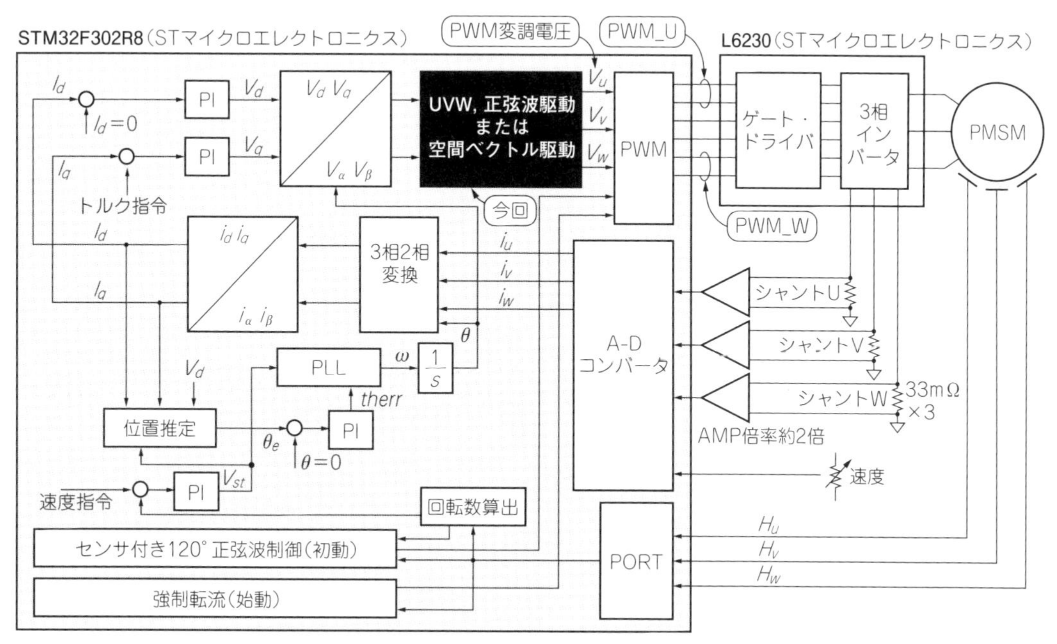

図1　ベクトル制御の最終形態「空間ベクトル駆動」のプログラム
DC ブラシレス・モータのベクトル制御の機能ブロック

● ベクトル制御には2つのPWM駆動方式がある

ベクトル制御の機能ブロックを1つ1つ見てきました．いよいよ大詰め「ベクトル制御における空間ベクトル駆動」を解説します．**図1**においては，中央上側の四角に該当します．これまで，

- 矩形波駆動
- 正弦波駆動
- ベクトル制御★

を見てきました．★のベクトル制御には，**正弦波駆動**と**空間ベクトル駆動**の2通りがあります．これまでは「ベクトル制御-正弦波駆動」を説明しましたが，今回は「ベクトル制御-空間ベクトル駆動」を説明します．

● 空間ベクトル駆動がイイ理由

モータの電力効率を100%に近付けるためには，空間ベクトル駆動を利用することになります．理由を**表1**に示します．ちなみに空間ベクトル駆動は，Space Vector PWM (SVPWM) とも言います．

表1に変調駆動別に含まれる高調波成分と効率を示します．空間ベクトル駆動は騒音の原因となる全高調波ひずみ率と効率が，3方式の中で最も優秀です．またベクトル制御はモータ・トルクを効率良く制御できるのが特徴ですが，同じベクトル制御でも正弦波駆動よりも5～10%も効率が上がるのが空間ベクトル駆動です．この理由は後ほど解説します．

騒音やトルクを主観ですが**表2**で比較します．DCブラシレス・モータの性能を最大限に引き出し，滑らか，かつ高効率，トルク最大であることが，ベクトル制御＋空間ベクトル駆動の特徴です．

図2に各駆動方式における回転数-騒音の関係をグ

表1　駆動方式別のノイズと効率

全高調波ひずみ率：高調波によるひずみ成分と元の信号成分との比を表す値．増幅回路など入力と出力とを持つシステムの特性に非線形性があると，出力に元の信号とは別の高調波成分が発生する．元の信号成分を除いた残りの高調波成分がひずみ成分である

PWM　50%	全高調波ひずみ率	効　率
矩形波	200%以上	70～80%
正弦波(HalfScale)	140%前後	75～85%
正弦波(Fullscale)	130%前後	80～85%
空間ベクトル(SVPWM)	110%前後	80～90%

表2　制御およびPWM駆動方式ごとの比較

制御＋PWM駆動方式	騒　音	トルク	効　率
スカラ制御＋矩形波	×	○	△
スカラ制御＋正弦波(HalfScale)	○	○	○
ベクトル制御＋正弦波(Fullscale)	◎	○	○
ベクトル制御＋空間ベクトル	◎	◎	◎

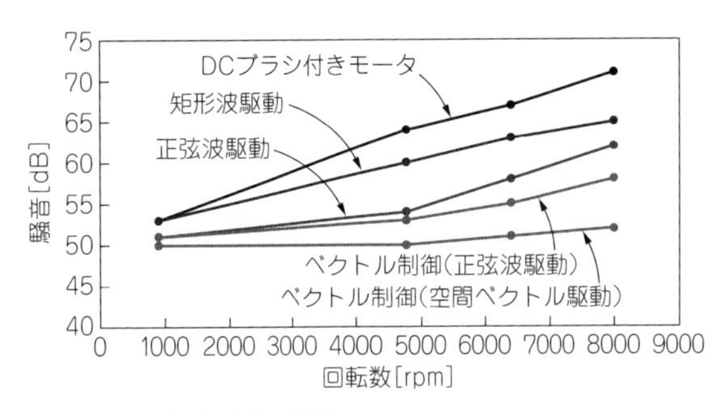

図2　駆動方式別の騒音を比較

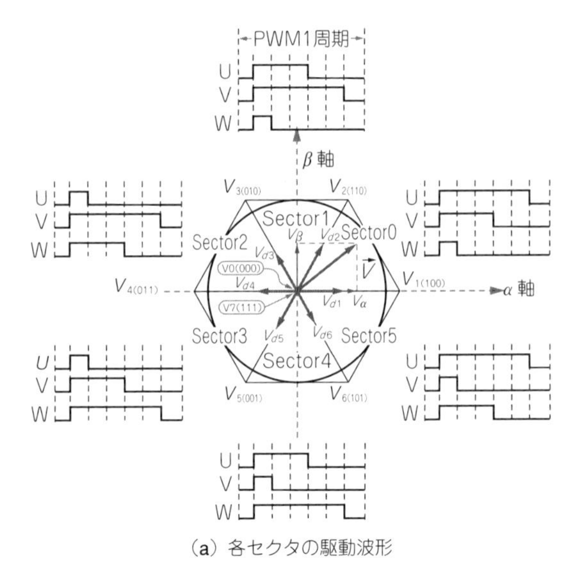

(a) 各セクタの駆動波形

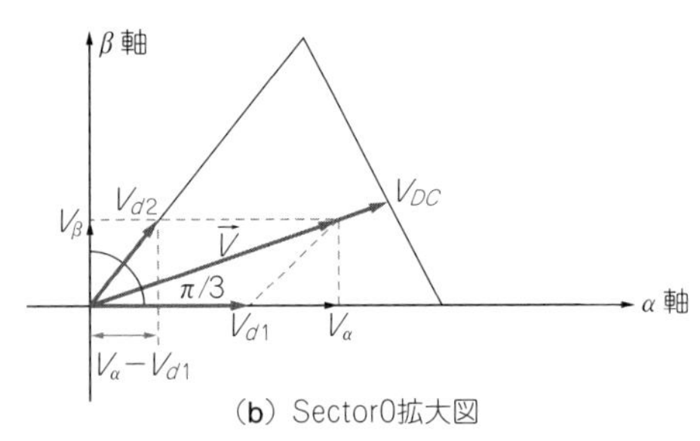

(b) Sector0拡大図

図3　空間ベクトル駆動は3相インバータが発生可能な8つの状態から駆動電圧ベクトルを求める

ラフにしました．**表1**，**表2**，**図2**からも低騒音，高トルク，高効率と3拍子そろっているのが「ベクトル制御＋空間ベクトル駆動」と判断できます．

● 駆動のあらまし

図3が空間ベクトル変調の概要です．$\alpha\beta$軸の座標系を利用して60°間隔のV_{d1} ～ V_{d6}のベクトルの合成で変調ベクトル$\vec{V}$を求めます．V_{d7}はゼロ・ベクトルで，V_{d7}の時間注入でPWMのゼロ期間を決めます．

各Sectorで求められたベクトルVは，UVW3相の軸に振り分けられ，PWMの変調信号になります．**図3**からUVW相PWM出力はこの変調信号を元にPWM出力のデューティ比を決めていきます．各Sector条件で変調情報計算式を変更します．

● 制御プログラム

図4がベクトル制御の全体フローです．灰色の塗りつぶし部分がベクトル制御の座標変換およびロータ位置推定になります．正弦波駆動と空間ベクトル駆動の違いは$\alpha\beta$軸から3相UVW軸への変換になります．

正弦波駆動は**図5**の「ベクトル制御＋正弦波PWM変調のフロー」となり，処理は固定直交座標$\alpha\beta$から固定3相UVW(120°間隔)への変換になります．

一方，空間ベクトル駆動は**図6**の「ベクトル制御＋空間ベクトル駆動のフロー」になります．$\alpha\beta$軸でのSector0の条件下では**図6**よりU(111)，V(011)，W(001)となり，各相駆動デューティは，

$du=d1+d2+d7$
$dv=d2+d7$
$dw=d7$ ($d7$はゼロ・ベクトル)

になります．

リスト1の`d1`～`d6`の計算式は**図3**(**b**)のベクトル図から導き出し，Sector0～Sector5を**図6**の計算フローに反映しています．**リスト1**にMbedプログラム`Vector_SVPWM_drive_F302R8`(Akiyoshi Oguroで検索)の空間ベクトルSector0～Sector5記述を抜粋しています．PWMへの変調デューティである`d1`～`d6`を各Sector条件下で**図6**に基づいて計算

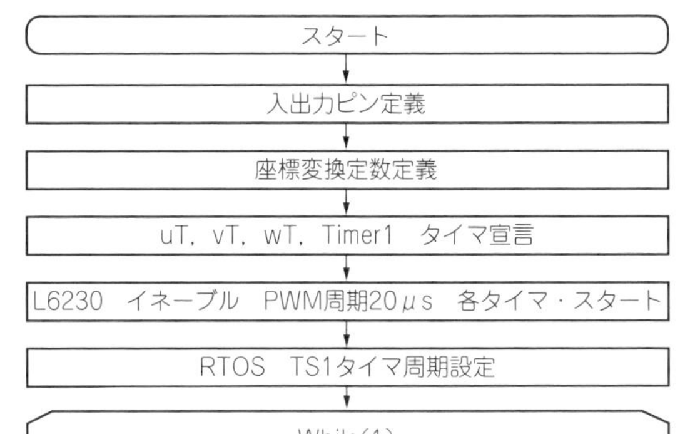
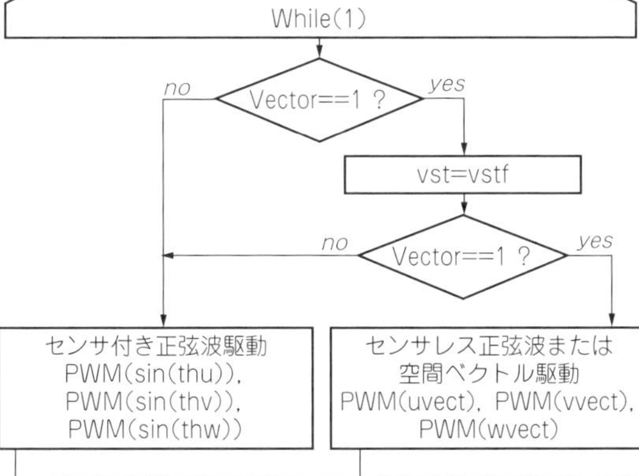
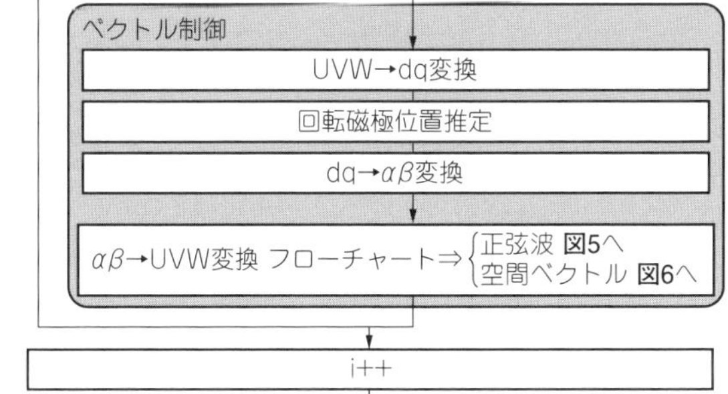

図4　ベクトル制御の全体フロー

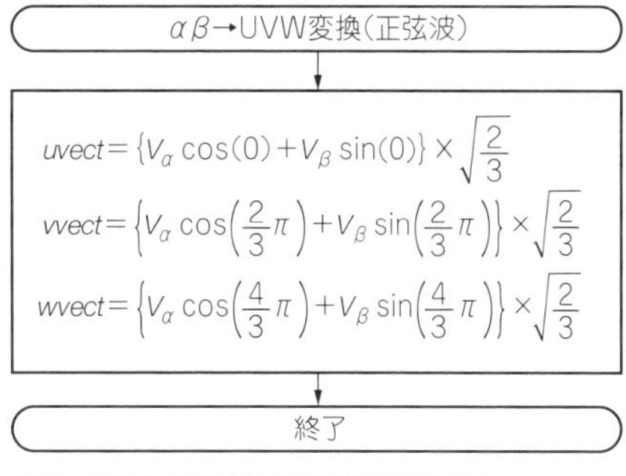

αβ→UVW変換(正弦波)
$uvect = \{V_\alpha \cos(0) + V_\beta \sin(0)\} \times \sqrt{\frac{2}{3}}$
$vvect = \left\{V_\alpha \cos\left(\frac{2}{3}\pi\right) + V_\beta \sin\left(\frac{2}{3}\pi\right)\right\} \times \sqrt{\frac{2}{3}}$
$wvect = \left\{V_\alpha \cos\left(\frac{4}{3}\pi\right) + V_\beta \sin\left(\frac{4}{3}\pi\right)\right\} \times \sqrt{\frac{2}{3}}$
終了

図5　ベクトル制御＋正弦波駆動のフロー

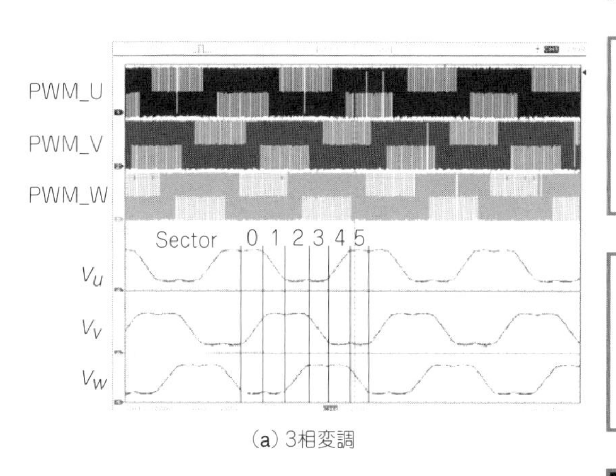

(a) 3相変調

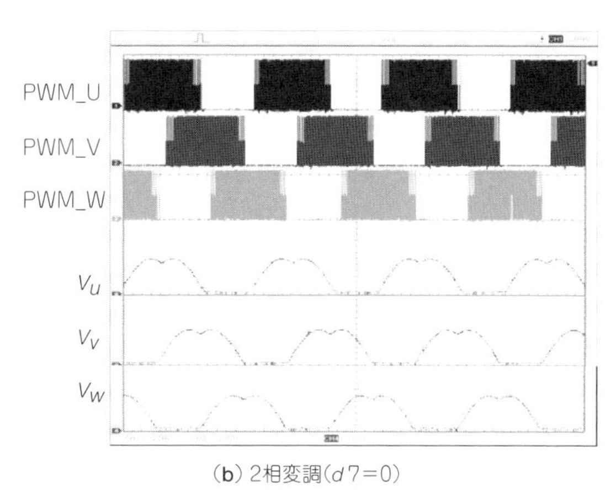

(b) 2相変調($d7=0$)

図7　空間ベクトル駆動波形(2ms/div)

しています．

d7はゼロ・ベクトルと言います．100%デューティから各Sector内の他2ベクトルを引いたものがゼロ・ベクトルd7になります．ベクトル制御に移行すると，得られたdu，dv，dwを，

```
mypwmA.write(du);
mypwmB.write(dv);
mypwmC.write(dw);
```

の記述でPWM変調を実現します．

リスト1では波形と記述とを対比させています．山部は3つのベクトルの合成，“H/L”遷移部は2つのベクトルの合成，谷部はd7ゼロ・ベクトルのみです．

● 駆動波形の評価

図7にd_u，d_v，d_wの3相変調波形V_u，V_v，V_wを示します．モータへの電圧利用効率を上げるために通常正弦波に3次高調波を重畳しますが，**図7(a)**を見ると空間ベクトル法は自然と3次高調波を重畳した状態になっています．電圧利用効率が良いことを示しています．

各Sectorのゼロ・ベクトル $d7$を利用することは，

αβ→UVW変換(空間ベクトル)

Sector	U	V	W	各相デューティ	Sector決定条件と電圧ベクトル・デューティ算出
0	1	0	0	$d_u=d1+d2+d7$ $d_v=d2+d7$ $d_w=d7$	$V_\alpha \geq 0 \cap V_\beta \geq abs\ (V_\alpha) \geq abs\left(\frac{1}{\sqrt{3}}V_\beta\right)$ $d1=\sqrt{\frac{3}{2}}\ \frac{V_\alpha-\frac{1}{\sqrt{3}}V_\beta}{V_{DC}}$, $d2=\sqrt{\frac{3}{2}}\ \frac{\frac{2}{\sqrt{3}}V_\beta}{V_{DC}}$ $d7=\frac{z-(d1+d2)}{2}$
	1	1	0		
	1	1	1		
1	0	1	0	$d_u=d2+d7$ $d_v=d2+d3+d7$ $d_w=d7$	$abs(V_\alpha) \leq \frac{1}{\sqrt{3}}V_\beta$ $d2=\sqrt{\frac{3}{2}}\ \frac{V_\alpha+\frac{1}{\sqrt{3}}V_\beta}{V_{DC}}$, $d3=\sqrt{\frac{3}{2}}\ \frac{-V_\alpha+\frac{1}{\sqrt{3}}V_\beta}{V_{DC}}$ $d7=\frac{z-(d2+d3)}{2}$
	1	1	0		
	1	1	1		
2	0	1	1	$d_u=d7$ $d_v=d3+d4+d7$ $d_w=d4+d7$	$V_\alpha \leq 0 \cap V_\beta \geq \cap abs\ (V_\alpha) \geq abs\left(\frac{1}{\sqrt{3}}V_\beta\right)$ $d3=\sqrt{\frac{3}{2}}\ \frac{\frac{2}{\sqrt{3}}V_\beta}{V_{DC}}$, $d4=\sqrt{\frac{3}{2}}\ \frac{\left(-V_\alpha-\frac{1}{\sqrt{3}}V_\beta\right)}{V_{DC}}$ $d7=\frac{z-(d3+d4)}{2}$
	0	0	1		
	1	1	1		
3	0	0	1	$d_u=d7$ $d_v=d4+d7$ $d_w=d4+d5+d7$	$V_\alpha \leq 0 \cap V_\beta \leq \cap abs\ (V_\alpha) \geq abs\left(\frac{1}{\sqrt{3}}V_\beta\right)$ $d4=\sqrt{\frac{3}{2}}\ \frac{\left(-V_\alpha+\frac{1}{\sqrt{3}}V_\beta\right)}{V_{DC}}$, $d5=-\sqrt{\frac{3}{2}}\ \frac{\frac{2}{\sqrt{3}}V_\beta}{V_{DC}}$ $d7=\frac{z-(d4+d5)}{2}$
	0	1	1		
	1	1	1		
4	0	0	1	$d_u=d6+d7$ $d_v=d7$ $d_w=d5+d6+d7$	$abs(V_\alpha) \leq -\frac{1}{\sqrt{3}}V_\beta$ $d5=\sqrt{\frac{3}{2}}\ \frac{-V_\alpha-\frac{1}{\sqrt{3}}V_\beta}{V_{DC}}$, $d6=\sqrt{\frac{3}{2}}\ \frac{V_\alpha-\frac{1}{\sqrt{3}}V_\beta}{V_{DC}}$ $d7=\frac{z-(d5+d6)}{2}$
	1	0	1		
	1	1	1		
5	1	0	1	$d_u=d1+d6+V_{d7}$ $d_v=d7$ $d_w=d6+d7$	$V_\alpha \geq 0 \cap V_\beta \leq \cap abs\ (V_\alpha) \geq abs\left(\frac{1}{\sqrt{3}}V_\beta\right)$ $d6=-\sqrt{\frac{3}{2}}\ \frac{\frac{2}{\sqrt{3}}V_\beta}{V_{DC}}$, $d1=\sqrt{\frac{3}{2}}\ \frac{V_\alpha+\frac{1}{\sqrt{3}}V_\beta}{V_{DC}}$ $d7=\frac{z-(d6+d1)}{2}$
	1	0	0		
	1	1	1		

終　了

図6　ベクトル制御＋空間ベクトル駆動のフロー

3つのUVW相を変調しますので3相変調と言います．ゼロ・ベクトル$d7$を0にしますと各相の2つしか変調しませんので2相変調といいます[**図7(b)**]．

図8は周波数50kHz(20μs)時のPWM波形になります．空間ベクトル駆動により各UVW相のPWM変調にてデューティ比が変化しています．

リスト1　空間ベクトル駆動のプログラム Vector_SVPWM_drive_F302R8

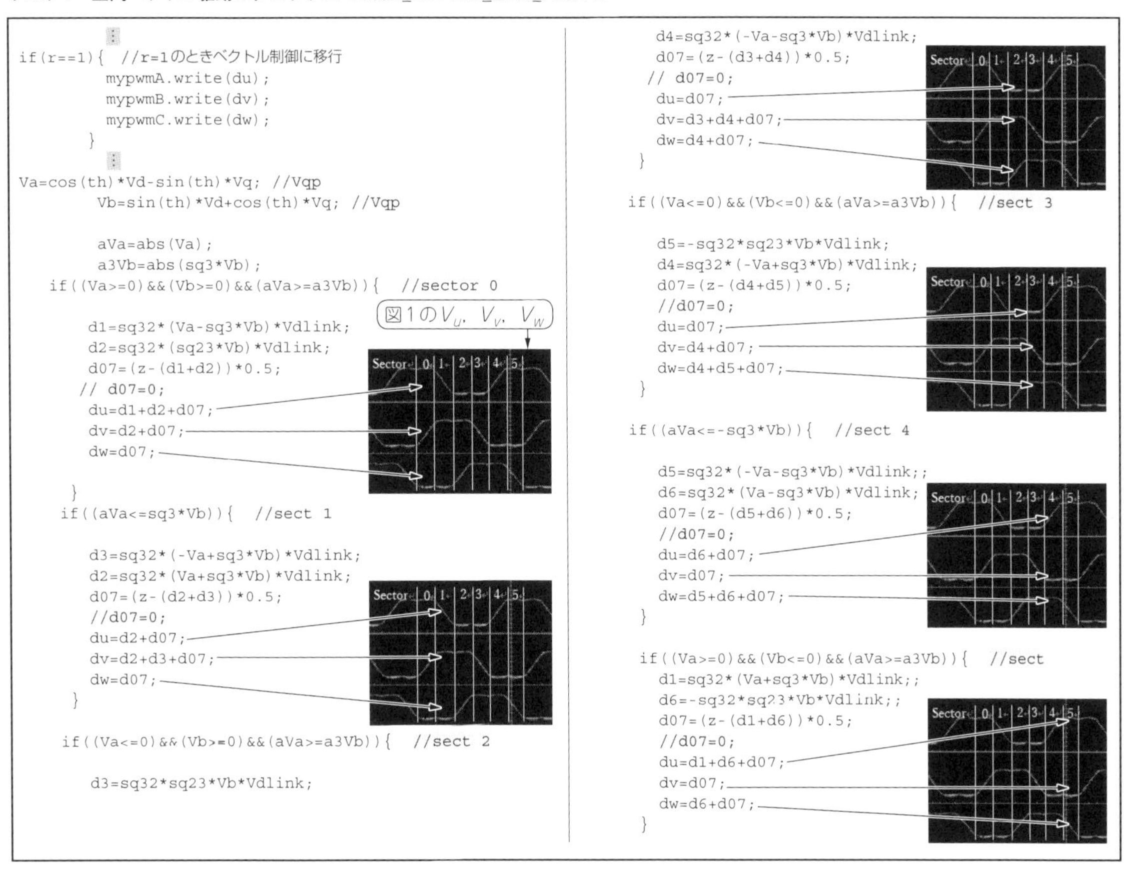

```
        ⋮
if(r==1){ //r=1のときベクトル制御に移行
        mypwmA.write(du);
        mypwmB.write(dv);
        mypwmC.write(dw);
       }
        ⋮
Va=cos(th)*Vd-sin(th)*Vq; //Vqp
        Vb=sin(th)*Vd+cos(th)*Vq; //Vqp

        aVa=abs(Va);
        a3Vb=abs(sq3*Vb);
    if((Va>=0)&&(Vb>=0)&&(aVa>=a3Vb)){  //sector 0

      d1=sq32*(Va-sq3*Vb)*Vdlink;
      d2=sq32*(sq23*Vb)*Vdlink;
      d07=(z-(d1+d2))*0.5;
     // d07=0;
      du=d1+d2+d07;
      dv=d2+d07;
      dw=d07;

    }
   if((aVa<=sq3*Vb)){  //sect 1

      d3=sq32*(-Va+sq3*Vb)*Vdlink;
      d2=sq32*(Va+sq3*Vb)*Vdlink;
      d07=(z-(d2+d3))*0.5;
      //d07=0;
      du=d2+d07;
      dv=d2+d3+d07;
      dw=d07;
    }
   if((Va<=0)&&(Vb>=0)&&(aVa>=a3Vb)){  //sect 2

      d3=sq32*sq23*Vb*Vdlink;
      d4=sq32*(-Va-sq3*Vb)*Vdlink;
      d07=(z-(d3+d4))*0.5;
     // d07=0;
      du=d07;
      dv=d3+d4+d07;
      dw=d4+d07;
    }
   if((Va<=0)&&(Vb<=0)&&(aVa>=a3Vb)){  //sect 3

      d5=-sq32*sq23*Vb*Vdlink;
      d4=sq32*(-Va+sq3*Vb)*Vdlink;
      d07=(z-(d4+d5))*0.5;
      //d07=0;
      du=d07;
      dv=d4+d07;
      dw=d4+d5+d07;
    }
   if((aVa<=-sq3*Vb)){  //sect 4

      d5=sq32*(-Va-sq3*Vb)*Vdlink;;
      d6=sq32*(Va-sq3*Vb)*Vdlink;
      d07=(z-(d5+d6))*0.5;
      //d07=0;
      du=d6+d07;
      dv=d07;
      dw=d5+d6+d07;
    }
    if((Va>=0)&&(Vb<=0)&&(aVa>=a3Vb)){  //sect
      d1=sq32*(Va+sq3*Vb)*Vdlink;;
      d6=-sq32*sq23*Vb*Vdlink;;
      d07=(z-(d1+d6))*0.5;
      //d07=0;
      du=d1+d6+d07;
      dv=d07;
      dw=d6+d07;
    }
```


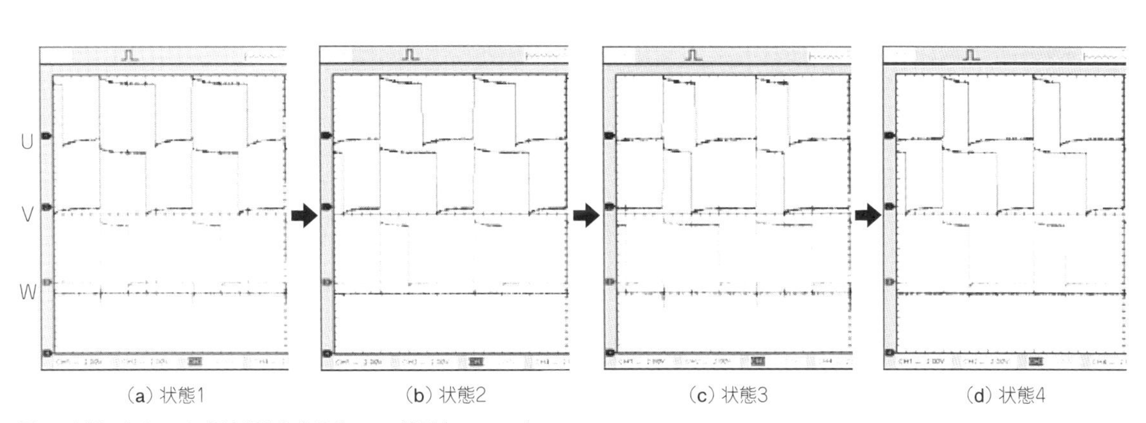

(a) 状態1　(b) 状態2　(c) 状態3　(d) 状態4

図8　空間ベクトルで3相変調された最終PWM波形(10 μs/div)

第5部

第9章

センサ付き制御を勧める理由

センサ付きベクトル制御が重要な理由

● EVで必須のスムーズ発進が得意

前章までは，センサレス・ベクトル制御の，特にロータ位置の推定技術に焦点を当てて説明してきました．実はこれだけでもファンやコンプレッサ，ドローン，扇風機のモータは回せます．これでベクトル制御によるモータ駆動技術の解説は終了！と言いたいところですが，どうしても説明しておきたいのが「センサ付きベクトル制御」です．

これができると，後述しますが，どんなモータでも始動がスムーズになります．また急激なトルク変動に追従でき，極低速での制御が可能になります．「始動が滑らか，極低速可能，急激なトルク変動に強い」…どこで使われるかは，読者諸氏ならもうお分かりでしょう．そうです乗り物（EV）ですね！

● 安価なホール・センサで実現するのが電動乗り物の主流方式

センサ付きベクトル制御は高価（数万円）なエンコーダやレゾルバを使えば，ロータ位置情報は非常に細かく正確に把握できます．従って高価なセンサを使えばベクトル制御をロータ位置推定などしなくても簡単に行えますが，電気自動車，ハイクラス電動バイクに用途は限られます．

問題は数万～十数万円価格帯の電動アシスト自転車や電動スクータ，電動車いすでのセンサ付きベクトル制御を，センサレスに毛が生えた値段で出来ないか？です．

答えはホール・センサを使用することになります．数十円のホール・センサを3つ使います（**写真1**）．しかし，ホール・センサですとロータ位置情報は1回転の6分割しかなく非常に粗い情報です．この6分割の隙間を補うための技術は，オープンループで予測するか，この隙間の間だけセンサレスで行うかになります．ここでは後者についての説明になります．

センサ付きベクトル制御の説明を本書の後ろに持ってきた理由は，低価格乗り物EVのベクトル制御の主流はセンサレス制御＋センサ付き制御のハイブリッド制御ですので，まずセンサレス・ベクトル制御を解説してから，最後にこのハイブリッド（センサレス＋ホール・センサ）ベクトル制御を解説したかったからです．

ベクトル制御では，モータのロータ位置検出が最も重要です．今までの「センサレス・ベクトル制御」は，ドローンや換気ファンでの使用を前提に，始動のムラ（少しの逆回転はOK）や始動トルク不足を許容してきました．

センサレス・ベクトル制御は，モータの速度による起電圧をモニタしてロータ位置を検出するので，モータ回転が中速以上でないと，この電圧がモニタしづらくなります．そこで通常は，低速域ではオープン・ループ（強制転流）制御を行います．低速域のオープン・ループ制御では，始動は微妙に前後に回転をして

表1　センサ付き/センサレス・ベクトル制御の特徴

方 式	用 途	構 造	信頼性	始 動	トルク	速 度
センサレス	ドローン エアコン ファン コンプレッサ ハード・ディスク	センサの配線がなく簡単	熱に強い． センサなしのため過酷条件下で使用できる	もたつきあり． 始動性を良くすると反応が遅れる	急激なトルク変化に弱い	中速以上での用途
センサ付き	電気自動車 電動バイク 電動アシスト自転車 電動車いす 洗濯機	センサ付きのため配線の分複雑になる	センサ故障あり． センサ位置決めによるバラつきあり	ロータ位置を把握できるため確実かつ俊敏	急激なトルク変化に強い	極低速～ 1rpm可能

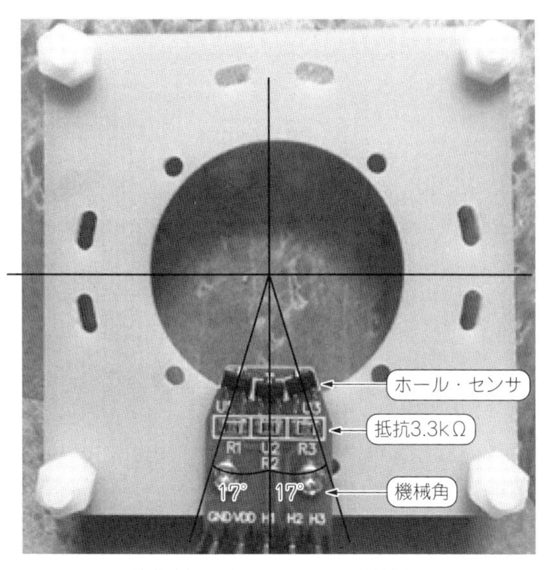

(a) 製作したホール・センサ基板

(b) モータを取り付けた様子

写真1 P-NUCLEO-IHM001付属のDCブラシレス・モータ BR2804-1700KVにロータ位置検出センサを取り付けた

から，目的の回転方向に回り始めます．これでは人を乗せる移動体に使うのは難しいですね．

本章では電動カート，電動アシスト自転車など，乗り物向けの制御について解説します．人を乗せて運ぶ電動乗り物は，始動時のもたつきやモータの逆回転はご法度です．また，経験的にスタート操作で0.1s以上遅れてモータが駆動すると，感覚的に「遅い，もたついている」と感じます．

センサ付きとセンサレス制御の違いを整理する

表1にセンサ付き制御とセンサレス制御の特徴を挙げます．センサレスではとにかく，中速～高速で急激なトルク変化なしで安定して回る用途に，センサ付きはゼロ速から高速まで急激なトルク変動に対しても確実に回せる用途に向きます．

センサレス制御で全ての用途に利用できればよいのですが，今回紹介するセンサ付き制御(**図1**)でないと，実現できない用途(主に電動乗り物，**写真2**)がありますので，センサ付き制御も重要な技術であり，習得しなければなりません．

電気自動車ではセンサ付き制御が必須であり，分解能が高い光学式のエンコーダや検出コイルを用いたレゾルバなどでロータ位置を検出します．ところが10万円前後の電動バイク，電動アシスト自転車，電動車いす，洗濯機などは，高価なエンコーダやレゾルバは使えないため，安価なホール・センサ(分解能が劣る)を利用するケースが大半です．

本章のテーマであるホール・センサ付きベクトル制御は，各社のホール・センサでのベクトル制御とコス

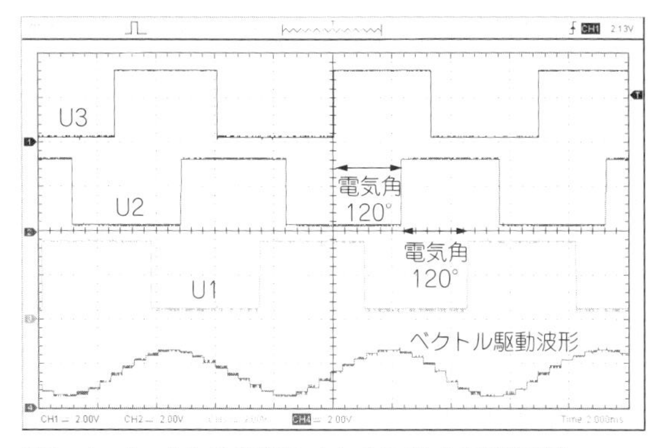

図1 ホール・センサを利用したときのベクトル制御波形

写真2 EVカートや電動自転車のモータにはホール・センサが必須

表2　ロータの位置検出方法あれこれ

機　器	ホール・センサ	エンコーダ	レゾルバ
検出方式	ホール素子からの立ち上がり/立ち下がり信号で位置を検出. 電気角120°間隔で3個設置する	モータ軸に設置した円盤の穴にて光学的にカウントを行い，そのカウント数にてロータ位置を検出する	励磁コイルによる界磁を発生し，正弦波と余弦波を発生する受信コイルを設置し，ロータ位置による位相の変化を見る
特　徴	ロータ位置は6段階の低分解能	ロータ位置分解能は256以上と高い	ロータ位置分解能はアナログ値なので無限小
搭載する用途	安価な乗り物	中価な乗り物	高価な乗り物

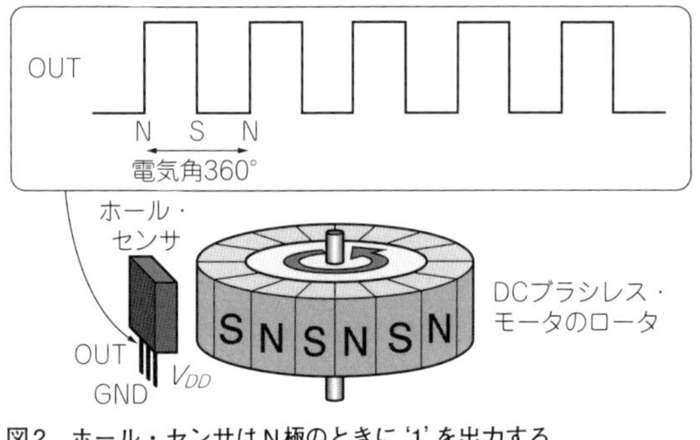

図2　ホール・センサはN極のときに‘1’を出力する

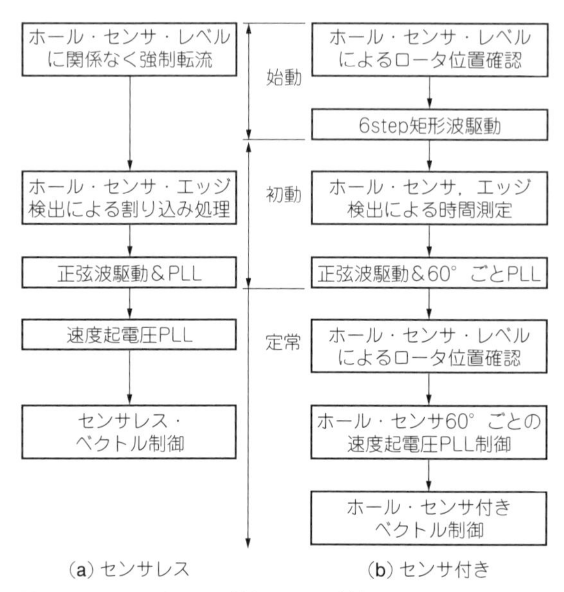

図3　センサレスとセンサ付きベクトル制御のフロー

ト・ダウンを命題に，しのぎを削って開発しています．このホール・センサ付きベクトル制御は，実現のためのアプローチが多々ありますが，本章は筆者独自の方法で展開していきます．

モータ制御の基本

● 位置検出センサあれこれ

ロータの位置検出に使われる機器にエンコーダ(encoder)，ホール・センサ(hall sensor)，レゾルバ(resolver)があります．**表2**に各方式と特徴を示します．

ロータ位置の検出に最も使われているのがホール・センサです．主に矩形波駆動(6step)に利用されています．ホール・センサはモータのロータ(マグネット)に数mm程度の間隔を空けて設置します．本書では電気角120°で3個使っています．

ホール・センサにはホール効果を利用したホール素子が使われています．DCブラシレス・モータのロータは磁石でできていますのでこのホール・センサに対してモータ・ロータの磁石N極が横切るとき‘1’，S極が横切るとき‘0’が出力されます(**図2**)．

● ホール・センサ付きベクトル制御でのモータ始動方法

前章までのセンサレス・ベクトル制御では，モータの始動時，UVW相の転流で強制的に回していました[**図3(a)**]．始動時のモータは前後に振動しながら，目的の方向に落ち着きます．この振動は人を乗せる電動乗り物では不快に感じるでしょうし，人によっては怖くて乗れなくなります．

本章のホール・センサ付きベクトル制御での始動は，ホール・センサによるロータ位置の検出を行い，6step矩形波駆動でモータを回し始めます[**図3(b)**]．つまり，確実にゼロ速からの発進を補償できます．

センサレス・ベクトル制御では，初動を正弦波駆動で行いつつ，速度起電力によるロータ位置確認PLLにて同期が取れたことを確認してベクトル制御に移行しますが，速度起電力を利用していますので低速になると速度起電力があいまいになり回転が不安定になる欠点があります．

一方，センサ付きベクトル制御でのロータ位置検出は，ホール・センサの立ち上がりおよび立ち下がりエッジ間隔60°ごとに正確にできます．ホール・センサのエッジ間隔60°の間はセンサレスと同様に速度起電力によるロータ位置確認PLLになります．低速の場合はホール・センサのエッジ間隔60°で正確なロータ位置が再確認できますのでセンサレス制御よりも低速運転が可能になります．

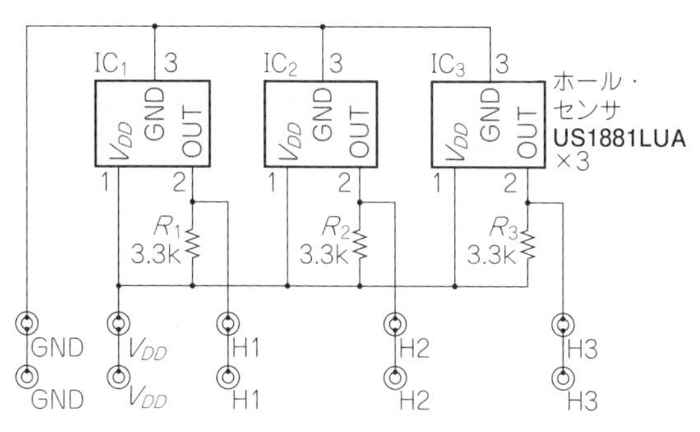

図4　ホール・センサ基板の回路

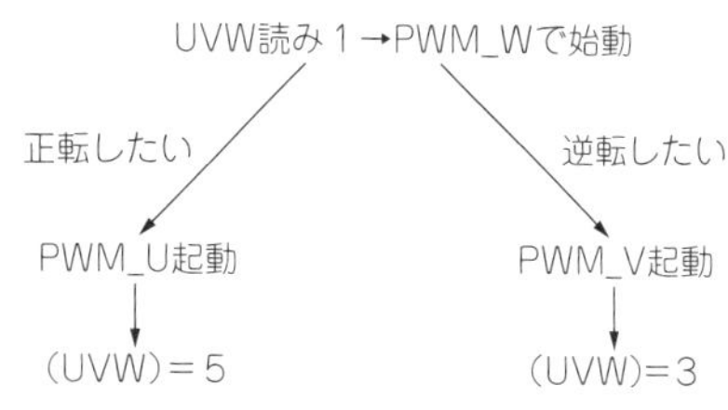

図6　PWM_Uを起動するかPWM_Vを起動するかで回転方向が定まる

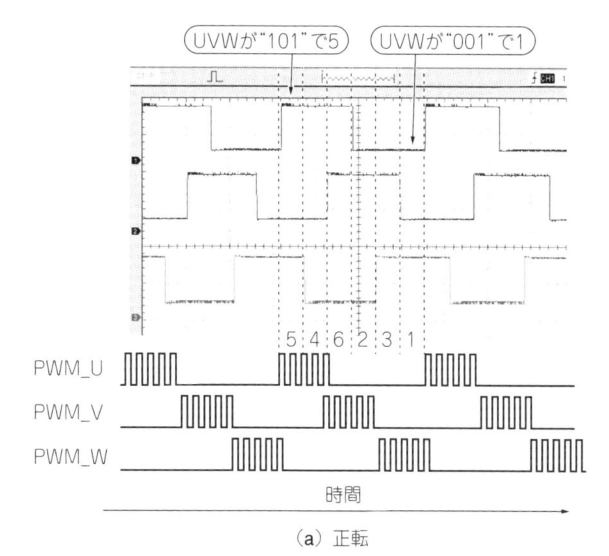

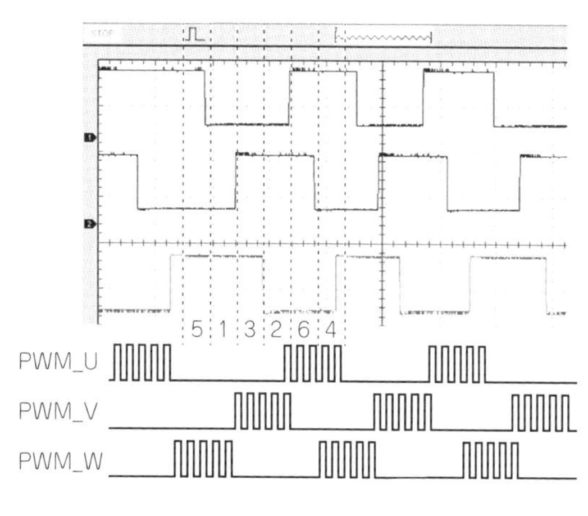

図5　正転/逆転のホール・センサ出力とPWM駆動の様子

● モータへの取り付け

キット付属のDCブラシレス・モータの巻き線は14極の7ペアです．1ペアで電気角360°ですので，ホール・センサ基板に設置するセンサの機械角[°]は，

360°÷7ペア÷3センサ＝約17°

になります．従って機械角17°間隔[**写真1(a)**]で3つのホール・センサを設置します．設置後の波形(**図1**)を確認すると，UVW相電圧が電気角120°ごとに出力され，きれいにベクトル駆動できています．**図4**にホール・センサ基板の回路を示します．

● 正転/逆転制御の方針

図5にDCブラシレス・モータの正転，逆転の様子を示します．正転，逆転は相対的なものですので，今回は時間軸でU→V→Wの進みを正転，W→V→Uの進みを逆転とします．**図5**から，正転ではUVWの"H"レベルの組が5→4→6→2→3→1，逆転では5→1→3→2→6→4になります．このホール・センサ・レベルが"H"になっている状態をマイコンで読み取ると，ロータ位置が分かりますので，番号に対応したPWM駆動を順次仕掛けていくことで正転/逆転を制御できるようになります．

例えば**図5**にて，ロータ静止状態でマイコンが読み取ったホール・センサUVWの値が'001'であったとすると**図6**のようになります．

図5に従って順次，PWM駆動パターンを変えて行きます．ソフトウェア・コーディングができるように，皆さん自身で追ってください．

ホール・センサを使ったベクトル制御

● センサの接続

図7がホール・センサ付きベクトル制御のブロック構成です．ホール・センサからの信号を時間計測のためのInterrupt Inと，信号のレベルを見るDigital Inとに分けています．信号のレベルのHU，HV，HWの組み合わせで確実に始動をします．またHU，HV，HWを利用して正転，逆転の制御も行います．

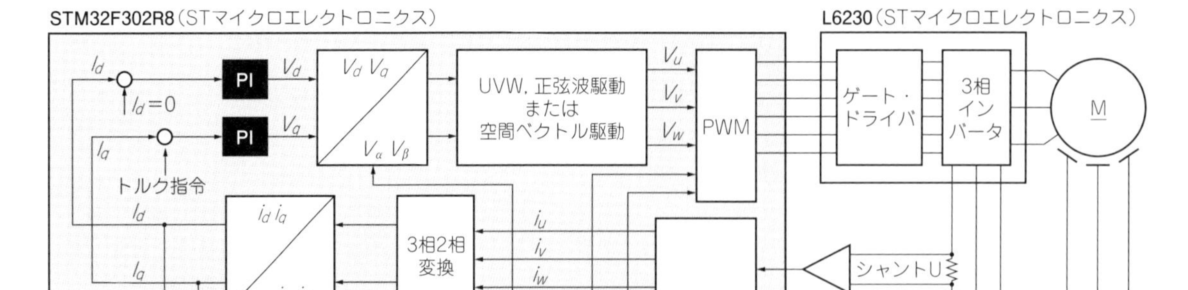
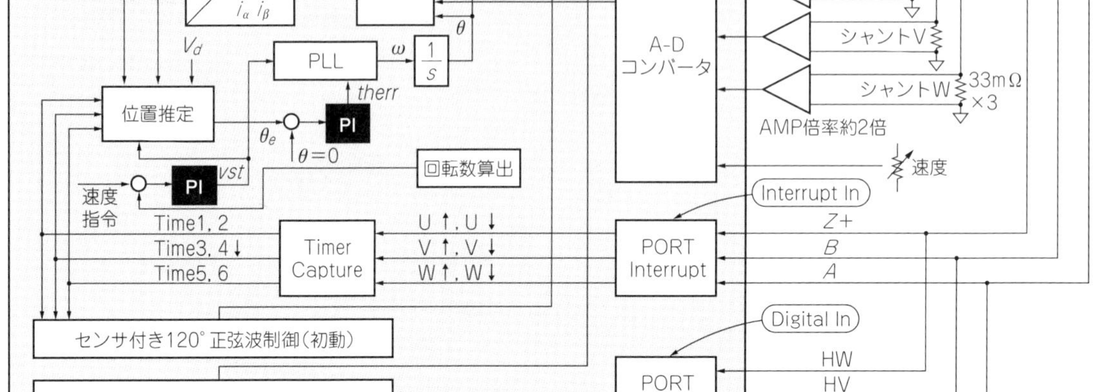

図7　ホール・センサ付きベクトル制御ブロック

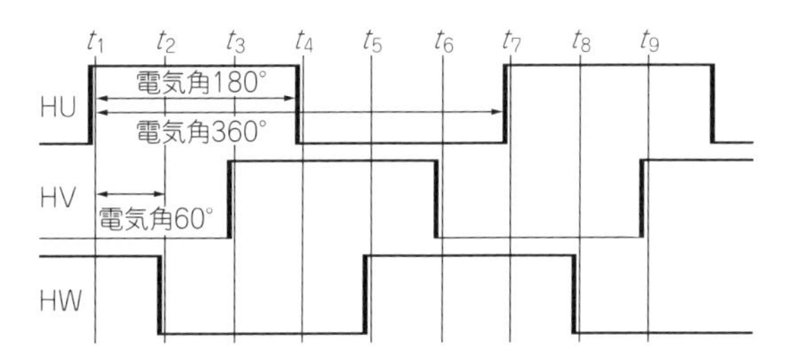

図8　ホール・センサ信号とタイマ時間

一方，Interrupt In信号はDCブラシレス・モータ・キット P-NUCLEO-IHM001では，A，B，Zと書かれています．これはエンコーダをつないだときの信号名になります．エンコーダはA相，B相，Z相の出力を持っており，A相とB相はエンコーダ分解能に即したパルスが出て，Z相は1回転に1回パルスが出ます．今回はホール・センサの出力（6分解能）をエンコーダ代わりにしていますので，Z相はAB相と同じ意味になります．

● センサ信号の取り込み

ホール・センサからのHU，HV，HWの立ち上がり，立ち下がりエッジごとにタイマで時間をキャプチャします（**図8**）．そして知りたい時間間隔を計算できます．

電気角180°，時間 $= t_4 - t_1$

電気角360°，時間 $= t_7 - t_1$

電気角360°，時間 $= t_2 - t_1$

ドローン・モータのように数千rpmで利用する際には，時間単位はμsオーダで計測するとよいでしょう．

● 初動の正弦波駆動

図7のTimer Captureの出力は，電気角60°のホール・センサHU，HV，HWのエッジ間隔の6個の測定時間結果になります．この測定時間結果を利用して初動の正弦波駆動に利用します．具体的には測定時間結果の選択によって，

$$\sin \omega t = \sin(2\pi f)t = \sin\left(2\pi \frac{1}{6(t_2 - t_1)}\right)t$$

$$\sin \omega t = \sin(2\pi f)t = \sin\left(2\pi \frac{1}{2(t_4 - t_1)}\right)t$$

$$\sin \omega t = \sin(2\pi f)t = \sin\left(2\pi \frac{1}{(t_7 - t_1)}\right)t$$

で同じ正弦波を生成できます．

● PLLのロータ位置検出…粗い位置はホール・センサで補完は誘起電圧誤差E_dを利用

ロータの位置は，ホール・センサHU，HV，HW

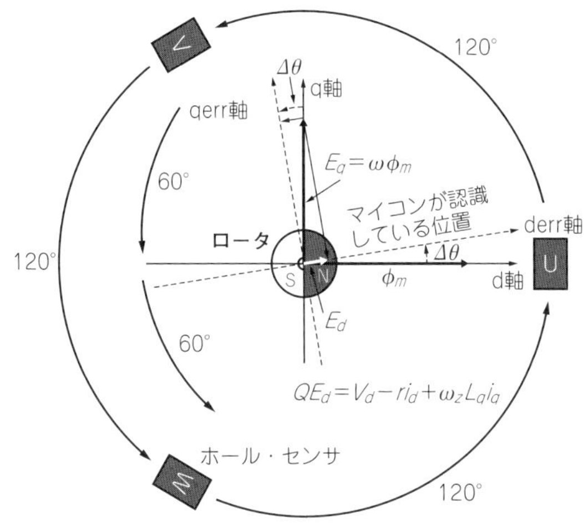

(a) ホール・センサの最小分解能60°間では
マイコンで位置補正をかける

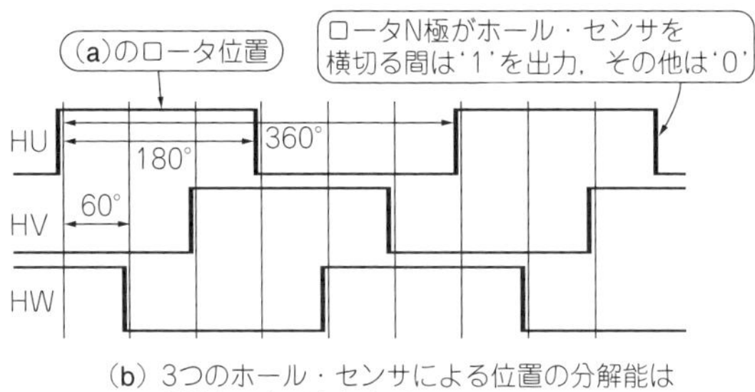

(b) 3つのホール・センサによる位置の分解能は
60°ということになる

図9　ホール・センサおよび誘起電圧誤差E_dでのロータ位置検出

のエッジによって6つの位置は正確に特定できますが，ホール・センサ・エッジ間の60°内は推定するしかありません．推定は実ロータ位置と推定ロータ位置がずれた場合に発生する誘起電圧誤差E_dを監視し，ホール・センサ・エッジ間60°内の補完を行います．

図9はホール・センサとロータNS極の関係と誘起電圧誤差E_dの発生原理を図にしたものです．ロータN極がホール・センサを横切っている間は各ホール・センサの出力は'1'を保ちます．S極が横切っている間はホール・センサの出力は'0'になります．従って**図9(b)**の波形から6分解能でロータ位置は正確に特定できます．ただし各ホール・センサのエッジの間(60°)は推定するしかありません．今回の推定はマイコンの位置推定と実際のロータ位置のズレが生じた場合に発生する誘起電圧誤差E_dを利用します．このE_dの発生がゼロになるようにすることで，マイコンの位置推定がOKという判断になります．

ロータN極をd軸に定め，N極に垂直の側をq軸と定めます．**図9(a)**のように実回転軸d，q軸とマイコンが判断しているderr，qerr軸に誤差があると式(1)

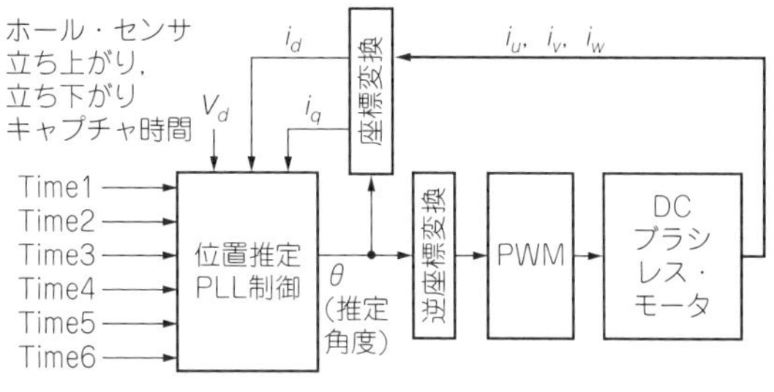

図10　ホール・センサの立ち上がり/立ち下がりキャプチャ時間Time1～6を位置推定器に入力

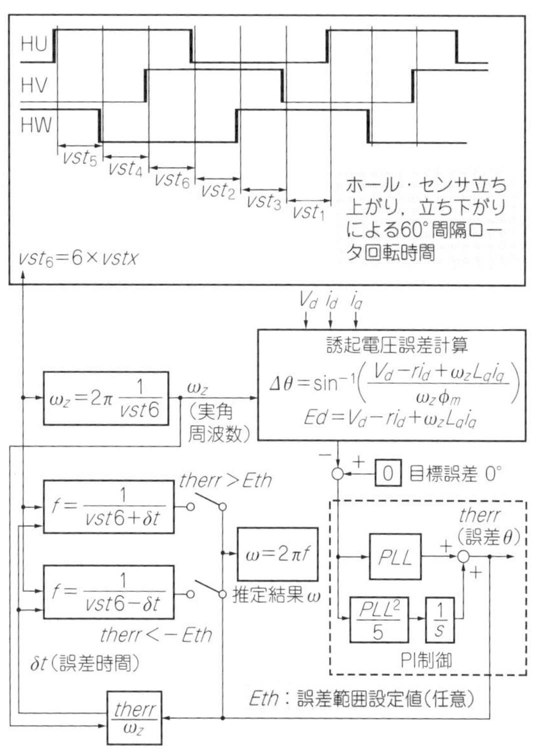

図11　ソフトウェアによるロータ位置推定PLL制御

の誘起電圧誤差E_dが発生します．

$$E_d=V_d-ri_d+\omega_zL_qi_q \cdots\cdots(1)$$

この誤差を各ホール・センサ・エッジ間が60°の間は，PLLでE_d=0になるよう調整します．**図10**がロータ位置推定のブロックです．ホール・センサの各立ち上がり，立ち下がりキャプチャ時間であるTime1～Time6を，位置推定&PLL制御器に入力し，キャプチャ時間からU軸方向からの角度を割り出します．この角度から指令電圧をdq軸→$\alpha\beta$軸→3相UVW軸に変換しPWM駆動のデューティ比を決定します．

● ソフトウェア設計の準備…ロータ位置推定とPLL制御の構成

図11がロータ位置推定およびPLL制御の詳細ブロックになります．キャプチャ時間を$vst1$～$vst6$とします．キャプチャ時間は電気角60°になりますので，ロータ電気角1周期の時間を60°×6＝360°なので$vst1$～$vst6$を6倍の時間にします．このキャプチャ時間から算出した角周波数ω_zはロータの実角周波数になります．

図9(a)から誤差角度$\Delta\theta$は，

$$\sin(\Delta\theta) = \left(\frac{V_d - ri_d + \omega_z L_q i_q}{\omega_z \phi_m}\right) \cdots\cdots(2)$$

となりますので，

$$\Delta\theta = \sin^{-1}\left(\frac{V_d - ri_d + \omega_z L_q i_q}{\omega_z \phi_m}\right) \cdots\cdots(3)$$

を直接C言語などでコーディングし，誤差角度を算出します．この場合は浮動小数点演算器を持っていないマイコンですと苦しくなります．この誤差角度の目標値を0にするようPI制御にかけます．この誤差角度θ（$therr$）を実角周波数ω_zで割ると誤差時間δ_tが算出されます．

例えば誤差範囲設定E_{tn} = ±0.01としますと，E_{tn}より$therr$が大きい場合は実時間$vst1$～$vst6$に加算し，周波数を落とし回転を減速します．E_{tn}より$therr$が小さい場合は実時間$vst1$～$vst6$から減算し周波数を上げ回転を加速します．

以上のパターンをホール・センサ・エッジが来るたびにロータ位置を初期化（正確な位置）して繰り返します．これはホール・センサとロータの位置が正確に設置できてないと，きれいなベクトル制御ができないことを意味しています．

図1が今回作成したホール・センサ基板を利用してセンサ付きベクトル制御を評価した波形です．ホール・センサを理論的にロータに対して設置しましたので，きれいなPWM変調波形が見て取れます．

第5部

第10章

センサ付きベクトル制御移行前の滑らかモータ始動プログラム

センサ付きDCブラシレス・モータの，矩形波制御，正弦波制御，ベクトル制御の3つをまとめて最終的に1つのソフトウェアにします．

理由は各制御の長所をつなぎ合わせて，モータの起動/始動/安定状態を制御したいためです．

全体像

ソフトウェアの全体構成を**図1**に示します．この章では矩形波駆動からZ変換正弦波に移行するNucleo_Hall_rect_sinを使います．

● 起動

モータ静止時のホール・センサ信号を読み取り，ロータ位置に応じてUVW相をPWM駆動します．起動時はトルクを大きくしたいのでPWMのデューティ比は50％以上で行います．1サイクル～10サイクルで設定します．

● 起動～定常

起動はある程度トルクのPWMデューティ比を高くする必要があり，ボリューム値に関係なく，一定の高さとしました．回り始めたら，トルクはボリュームに応じたデューティ比にします．初動の2000rpmまでは，矩形波で駆動します．

▶ 2000rpm以上

2000rpm以上では，正弦波駆動に移行します．正弦波駆動ではホール・センサの立ち上がり/立ち下がりエッジで各相の1/2周期の時間を計測します．処理はZ変換で正弦波を生成します．

▶ 3000rpm以上

3000rpm以上では，ベクトル制御に移行します．ホール・センサからの信号を60°ごとの周期に分け，60°ごとにロータ位置とのPLL制御で同調させ，PWM駆動は空間ベクトル駆動になります．

また，速度ボリュームは最小と最大の中間位置にセット後に電源投入またはリセットしてください．中間位置から右に回すと正転，左に回すと逆転になります．

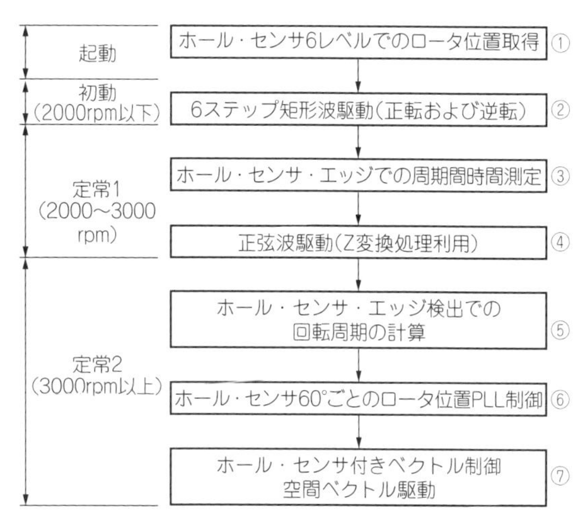

図1　センサ付き駆動のソフトウェア構成

正転/逆転の回転数どちらかを大きくしたい場合は，中間位置をずらして電源投入またはリセットしてください．

以上の全体構成の各ソフトウェアを順に説明していきます．

図2はホール・センサによる矩形波駆動～ベクトル制御ができる全体図になります．ホール・センサ信号を，

- 矩形波駆動で利用するためのロータ位置取得のPORT Digital
- 正弦波およびベクトル制御でホール・センサ周期(ロータ位置確認)を測定するPORT Interrupt

に入力します．以降，詳しく説明します．

図3に今回のプログラムの構成を示します．5つのファイルからなります．

- メイン・ルーチン：main.cpp
- 入出力および変数定義：IO_define.h
- 矩形波駆動関数群：kukei.h
- 正弦波駆動関数群：sin.h
- ベクトル制御関数群：vector.h

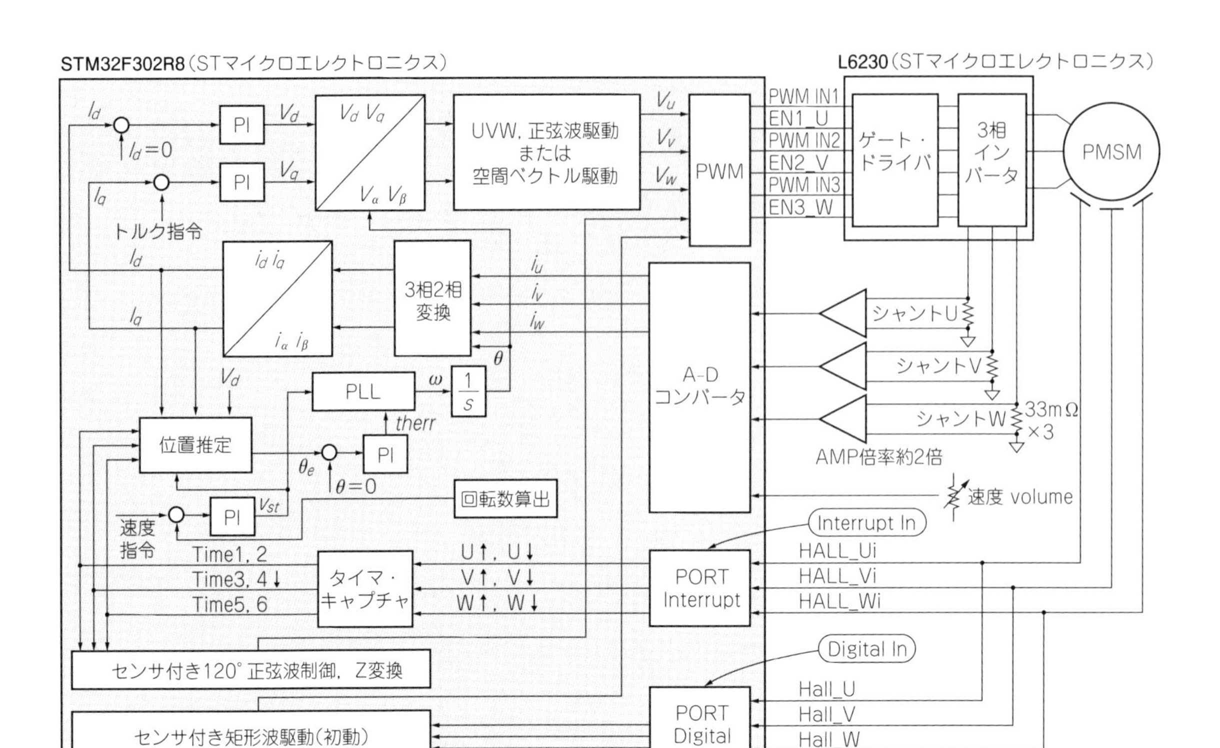

図2　Nucleo DCブラシレス・モータ駆動ダイヤグラム

各動作状態

● 起動

▶ホール・センサ論理レベルでのロータ位置取得

まず，ロータ位置を把握するために，**図2**のホール・センサからの信号をPORT Digitalに‘1’または‘0’の論理レベルで読み込みます．3つのホール・センサのHall_Uを2ビット左シフト，Hall_Vを1ビット左シフト，Hall_Wはそのままで読み込みます．

```
SH=HALL_U<<2|HALL_V<<1|HALL_W;
```

従って3つのホール・センサによって0～7の8通りの状態を表現できます．0と7はオール‘0’，オール‘1’であり，この状態は存在しえないので，1～6の状態によってロータ位置を360°/6＝60°の電気角で特定します．

DCブラシレス・モータ静止時のホール・センサを読み込み，1～6の状態に応じたPWM駆動を開始します．ここでは正転/逆転は相対的なものですが，DCブラシレス・モータを上から見てForwardを左回転，Revaersalを右回転とします．

リスト1が起動プログラムです．静止時のホール・センサ状態からPWMを起動します．起動は1回だけです．起動トルクは`kido`変数で設定します（0～1.0）．2回目以降の駆動は始動に移ります．起動Speedは`START`変数にてms単位で設定します．スーと起動できるように設定してみてください．

図4と**図5**に示すように，Forward（**リスト1**）とReversal（**リスト2**）で，ホール・センサとPWM駆動の順番が異なるので2通りを記述します．リスト中の`frd=1`でForward，`frd=0`でReversalになります．

これで以前より起動がスムーズに，かつ正逆転ができるようになったと思います．読者自身で電流，速度制御などを付加して，より滑らかに回るようにしてください．

● 初動

2回目のPWM駆動から矩形波駆動に移ります．**図4**はForward（正転）インバータ信号タイミング，**図5**がReversal（逆転）インバータ信号タイミングになります．

Forwardはホール・センサ信号`SH`に従って`PWM_IN1_U`⇒`PWM_IN2_V`⇒`PWM_IN3_W`の順にPWM駆動します．下側の駆動はL6230内での自動生成にて`EN1_U`⇒`EN2_V`⇒`EN3_W`で電流パスを作るべく矩形波駆動していきます．

Reversalはホール・センサ信号`SH`に従って`PWM_IN1_W`⇒`PWM_IN2_V`⇒`PWM_IN1_U`の順にPWM

メイン・ルーチン：main.cpp

```
int main(){
    pc.baud(128000);

    uT.start();
    vT.start();
    wT.start();

    PWM_IN1_U.period_us(20);
    PWM_IN2_V.period_us(20);
    PWM_IN3_W.period_us(20);

    zt.attach_us(&ztr, tau);

    Vr_adc_i=V_adc.read();
    wait_ms(100);
    SH=HALL_U<<2|HALL_V<<1|HALL_W;
    EN1_U=1;
    EN2_V=1;
    EN3_W=1;

    while(1){

        SH=HALL_U<<2|HALL_V<<1|HALL_W;
          ⋮
```

入出力および変数定義：IO_define.h

```
PwmOut PWM_IN1_U(PA_8);
PwmOut PWM_IN2_V(PA_9);
PwmOut PWM_IN3_W(PA_10);

DigitalOut EN1_U(PC_10);
DigitalOut EN2_V(PC_11);
DigitalOut EN3_W(PC_12);
```

矩形波駆動関数群：kukei.h

```
/********* 矩形反 Drive *******************/
void PWM_U(){
   PWM_IN1_U.write(STOP*power);
   PWM_IN2_V.write(0);
   PWM_IN3_W.write(0);
   ut1=uT.read_us();
}
```

正弦波駆動関数群：sin.h

```
/********* sin Drive *******************/
void PWM_sinU(){
     ut1=uT.read_us();
     f1=(sin(2*3.14159*(1/(usi*1E-6))*zint)*16384);
     a1=(2*cos(2*3.14159*(1/(usi*1E-6))*zint)*16384);
     uz[0]=a1;uz[1]=0xC000;uz[2]=0; uz[3]=f1; uz[4]=0;
}
void EN_sinU(){
         ut2=uT.read_us();
         uT.reset();
}
```

ベクトル制御関数群：vector.h

```
Va=cos(th)*Vd-sin(th)*Vq;
Vb=sin(th)*Vd+cos(th)*Vq;
aVa=abs(Va);
a3Vb=abs(sq3*Vb);
    if((Va>=0)&&(Vb>=0)&&(aVa>=a3Vb)){
    d1=sq32*(Va-sq3*Vb)*Vdlink;
    d2=sq32*(sq23*Vb)*Vdlink;
    d07=(z-(d1+d2))*0.5;
    du=d1+d2+d07;
    dv=d2+d07;
    dw=d07
    }
```

図3
センサ付きベクトル制御プログラムの構成
Nucleo_Hall_rect_sin_vector

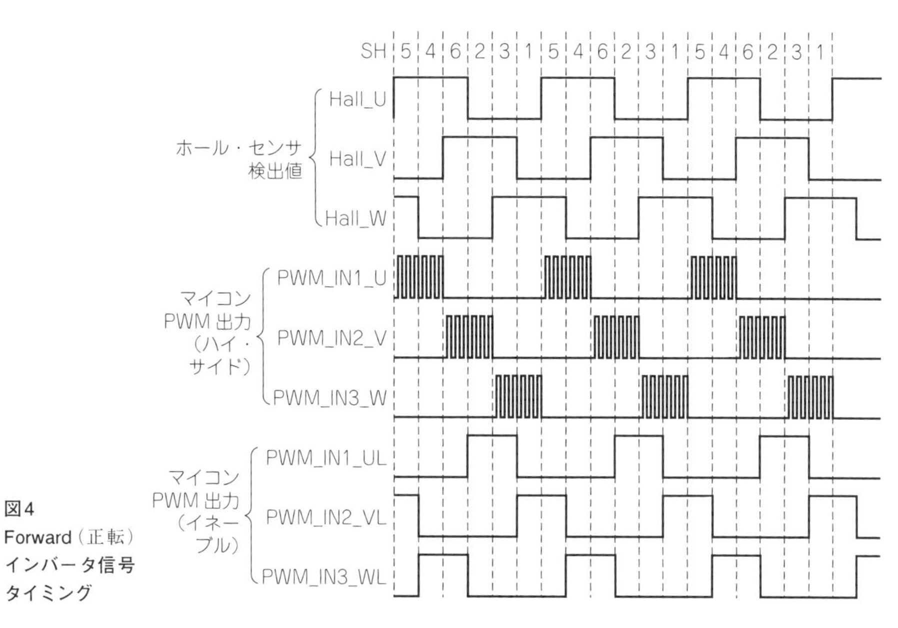

図4
Forward（正転）インバータ信号タイミング

リスト1　Forward起動プログラム

```
/*********Forward 起動 FNC
          ********************/
void start_F5(){
    PWM_IN1_U.write(0);
    PWM_IN2_V.write(0);
    PWM_IN3_W.write(kido);
    wait_ms(START);
}
void start_F4(){
    PWM_IN1_U.write(0);
    PWM_IN2_V.write(0);
    PWM_IN3_W.write(kido);
    wait_ms(START);
}
void start_F6(){
    PWM_IN1_U.write(kido);
    PWM_IN2_V.write(0);
    PWM_IN3_W.write(0);
    wait_ms(START);
}
void start_F2(){
    PWM_IN1_U.write(kido);
    PWM_IN2_V.write(0);
    PWM_IN3_W.write(0);
    wait_ms(START);
}
void start_F3(){
    PWM_IN1_U.write(0);
    PWM_IN2_V.write(kido);
    PWM_IN3_W.write(0);
    wait_ms(START);
}
void start_F1(){
    PWM_IN1_U.write(0);
    PWM_IN2_V.write(kido);
    PWM_IN3_W.write(0);
    wait_ms(START);
     ⋮
```

（a）メインから呼ばれる関数（kukei.hの一部）

```
if((frd==0)){
   if(SH==5){
     start_F5();
   }
   if(SH==4){
     start_F4();
   }
   if(SH==6){
     start_F6();
   }
   if(SH==2){
     start_F2();
   }
   if(SH==3){
     start_F3();
   }
   if(SH==1){
     start_F1();
   }
}
```

（b）メイン・ルーチン（main.cpp）

リスト2　Reversal起動プログラム

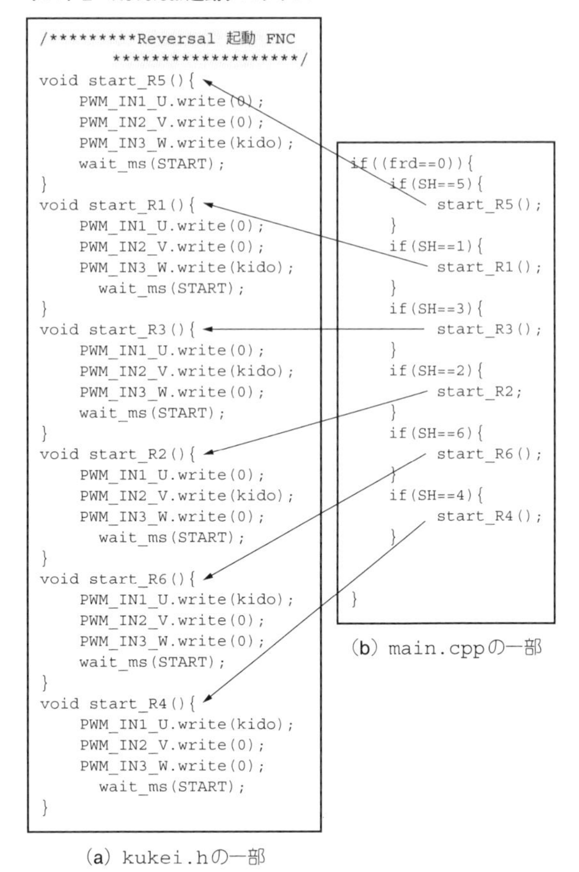

```
/*********Reversal 起動 FNC
          ********************/
void start_R5(){
    PWM_IN1_U.write(0);
    PWM_IN2_V.write(0);
    PWM_IN3_W.write(kido);
    wait_ms(START);
}
void start_R1(){
    PWM_IN1_U.write(0);
    PWM_IN2_V.write(0);
    PWM_IN3_W.write(kido);
      wait_ms(START);
}
void start_R3(){
    PWM_IN1_U.write(0);
    PWM_IN2_V.write(kido);
    PWM_IN3_W.write(0);
    wait_ms(START);
}
void start_R2(){
    PWM_IN1_U.write(0);
    PWM_IN2_V.write(kido);
    PWM_IN3_W.write(0);
      wait_ms(START);
}
void start_R6(){
    PWM_IN1_U.write(kido);
    PWM_IN2_V.write(0);
    PWM_IN3_W.write(0);
    wait_ms(START);
}
void start_R4(){
    PWM_IN1_U.write(kido);
    PWM_IN2_V.write(0);
    PWM_IN3_W.write(0);
      wait_ms(START);
}
```

（a）kukei.hの一部

```
if((frd==0)){
   if(SH==5){
     start_R5();
   }
   if(SH==1){
     start_R1();
   }
   if(SH==3){
     start_R3();
   }
   if(SH==2){
     start_R2;
   }
   if(SH==6){
     start_R6();
   }
   if(SH==4){
     start_R4();
   }

}
```

（b）main.cppの一部

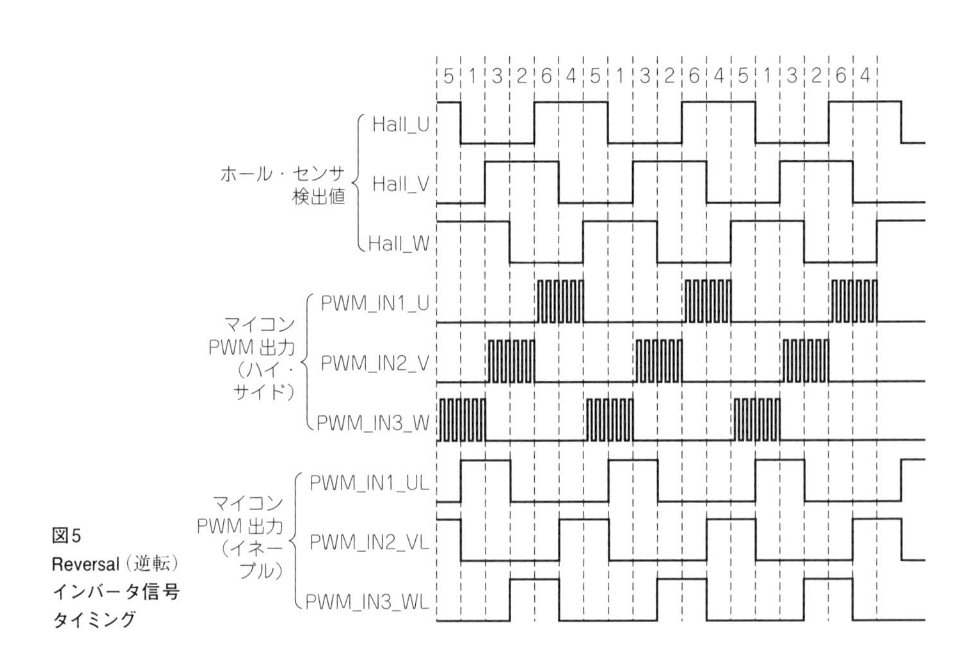

図5　Reversal（逆転）インバータ信号タイミング

リスト3 始動…矩形波駆動

```
/********* 矩形反 Drive *******************/
void PWM_U(){
   PWM_IN1_U.write(STOP*power);
   PWM_IN2_V.write(0);
   PWM_IN3_W.write(0);
   ut1=uT.read_us();
}
void EN_U(){
   PWM_IN1_U.write(STOP*power);
   PWM_IN2_V.write(0);
   PWM_IN3_W.write(0);
}
void PWM_V(){
    PWM_IN1_U.write(0);
    PWM_IN2_V.write(STOP*power);
    PWM_IN3_W.write(0);
}
void EN_V(){
    PWM_IN1_U.write(0);
    PWM_IN2_V.write(STOP*power);
    PWM_IN3_W.write(0);
}
void PWM_W(){
     PWM_IN1_U.write(0);
     PWM_IN2_V.write(0);
     PWM_IN3_W.write(STOP*power);
}
void EN_W(){
     PWM_IN1_U.write(0);
     PWM_IN2_V.write(0);
     PWM_IN3_W.write(STOP*power);
}
```

(a) kukei.hの一部

```
/**************矩形波駆動始動***************/
 /*******Forward*****************/
 if(frd==0){
        switch(SH){
            case 5: PWM_W();
            break;
            case 4:  EN_W();
            break;
            case 6: PWM_U();
            break;
            case 2:  EN_U();
            break;
            case 3: PWM_V();
            break;
            case 1:  EN_V();
            break;
            default :PWM_W();
            break;
        }
              ⋮
 }
/*******Reversal*****************/
  if(frd==1){
        switch(SH){
            case 5: PWM_W();
            break;
            case 1:  EN_W();
            break;
            case 3: PWM_V();
            break;
            case 2:  EN_V();
            break;
            case 6: PWM_U();
            break;
            case 4:  EN_U();
            break;
            default :PWM_W();
               ⋮
```

(b) main.cppの一部

リスト4 *Z*変換による正弦波発生プログラム

```
/******************z transfer******************************/
void ztr(){

            uz[2] = ((uz[1]*uz[4])>>14) + ((uz[0]*uz[3])>>14);
            uz[4] = uz[3];
            uz[3] = uz[2];

            vz[2] = ((vz[1]*vz[4])>>14) + ((vz[0]*vz[3])>>14);
            vz[4] = vz[3];
            vz[3] = vz[2];

            wz[2] = ((wz[1]*wz[4])>>14) + ((wz[0]*wz[3])>>14);
            wz[4] = wz[3];
            wz[3] = wz[2];
}
```

(a) sin.hの一部

```
Ticker zt;
float tau=60;
float zint=tau*1E-6;
zt.attach_us(&ztr, tau);
```

(b) main.cppの一部

駆動します．下側のPWM駆動はEN3_W⇒EN2_V⇒EN1_Uで矩形波駆動していきます．

起動および初動にて矩形波駆動を施します(**リスト3**)．これ以降，正弦波駆動，ベクトル制御に移行していきます．

● 定常1(正弦波駆動)

▶ホール・センサ・エッジでのエッジ間時間測定

図6にホール・センサによる周期時間の取得方法を示します．**リスト4**がホール・センサ立ち上がり/立ち下がりエッジでの時間取得プログラムです．Interrupt宣言したホール・センサ入力ポートがXXX.riseで立ち上がり，XXX.fallで立ち下がり

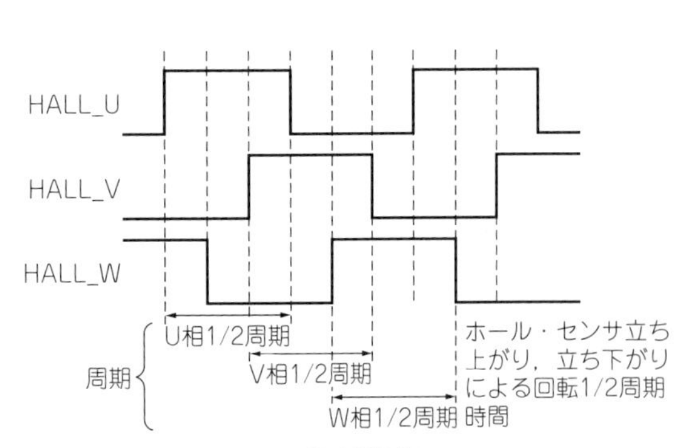

図6　ホール・センサから周期時間取得

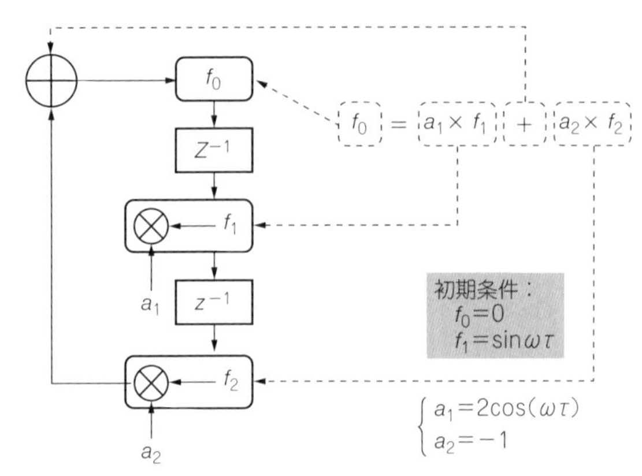

図7　Z変換による正弦波計算アルゴリズム

リスト5　Z変換による正弦波発生60°ごとの初期設定および各相1/2周期時間測定

```
//********* sin Drive *******************/
void PWM_sinU(){
      ut1=uT.read_us();
      f1=(sin(2*3.14159*(1/(usi*1E-6))*zint)*16384);
      a1=(2*cos(2*3.14159*(1/(usi*1E-6))*zint)*16384);
      uz[0]=a1;uz[1]=0xC000;uz[2]=0; uz[3]=f1; uz[4]=0;
}
void EN_sinU(){
      ut2=uT.read_us();
      uT.reset();
}

void PWM_sinV(){
      vt1=vT.read_us();
      f1=(sin(2*3.14159*(1/(vsi*1E-6))*zint)*16384);
      a1=(2*cos(2*3.14159*(1/(vsi*1E-6))*zint)*16384);
      vz[0]=a1;vz[1]=0xC000;vz[2]=0; vz[3]=f1; vz[4]=0;

}
void EN_sinV(){
      vt2=vT.read_us();
      vT.reset();
}

void PWM_sinW(){
      wt1=wT.read_us();
      f1=(sin(2*3.14159*(1/(wsi*1E-6))*zint)*16384);
      a1=(2*cos(2*3.14159*(1/(wsi*1E-6))*zint)*16384);
      wz[0]=a1;wz[1]=0xC000;wz[2]=0; wz[3]=f1; wz[4]=0;

}
void EN_sinW(){
      wt2=wT.read_us();
      wT.reset();
}
```

U相立ち上がり，立ち下がりエッジ検出および1/2周期時間測定

(a) sin.hの一部

```
/************sin drive Forward************/
if(frd==0){
        HALL_Ui.rise(&PWM_sinU);
        HALL_Wi.fall(&EN_sinW);
        HALL_Vi.rise(&PWM_sinV);
        HALL_Ui.fall(&EN_sinU);
        HALL_Wi.rise(&PWM_sinW);
        HALL_Vi.fall(&EN_sinV);

        }

/*******sin drive Reversal*****************/
if(frd==1){
        HALL_Ui.rise(&PWM_sinW);
        HALL_Wi.fall(&EN_sinV);
        HALL_Vi.rise(&PWM_sinU);
        HALL_Ui.fall(&EN_sinW);
        HALL_Wi.rise(&PWM_sinV);
        HALL_Vi.fall(&EN_sinU);

 }
 /*****************************/

        usi=2*(ut2-ut1);
        vsi=2*(vt2-vt1);
        wsi=2*(wt2-wt1);
```

各相1周期時間

(b) main.cppの一部

の瞬間に時間測定関数を呼び出します．従って各相の1/2周期が計算されますので，2倍の値から正弦波の角周波数が1/2周期ごとに計算されます．

▶正弦波駆動

算出された周期から各配列の初期値(uz[], vz[], wz[])を決定します．次に正弦波算出プログラム(**リスト5**)のZtransferの関数で，各配列初期値を元に60μsec粒度の計算によって正弦波を発生させます．60μsec計算粒度とはTicker zt宣言で繰り返し時間を設定し，zt.attach_usでZ変換関数を呼び出すことです．

図7は**リスト4**「Z変換による正弦波発生アルゴリズム」を図示したものです．

図8に実行結果を示します．設定によりDAC出力のaoutをモニタするとV相のPWM変調波形が正弦波状に変化して，矩形波駆動よりも滑らかに回りま

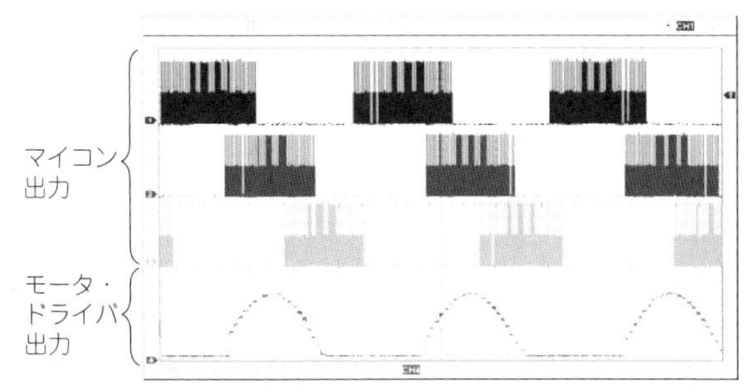


```
PWM_IN1_U.write(((float(uz[2])/(16383*2))*(
power*STOP)));
PWM_IN2_V.write(((float(vz[2])/(16383*2))*(
power*STOP)));
PWM_IN3_W.write(((float(wz[2])/(16383*2))*(
power*STOP)));
```

のとき

(a) 正弦波HalfScale

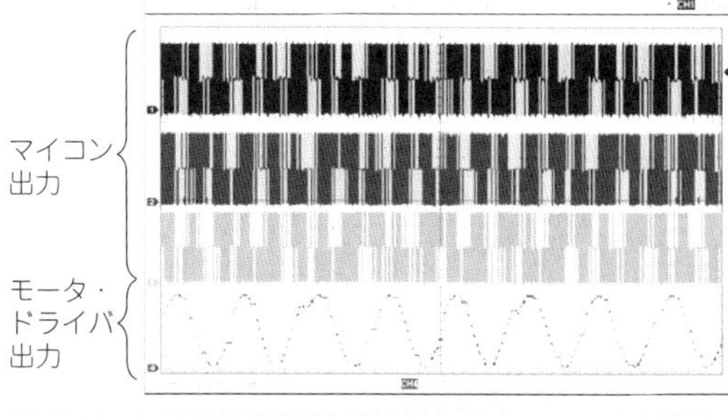


```
PWM_IN1_U.write(((float(uz[2])/(16383*2))*(
power*STOP))+0.5);
PWM_IN2_V.write(((float(vz[2])/(16383*2))*(
power*STOP))+0.5);
PWM_IN3_W.write(((float(wz[2])/(16383*2))*(
power*STOP))+0.5);
```

のとき

(b) 正弦波FullScale

図8　*Z*変換による正弦波駆動の様子

す．定常2(ベクトル制御)については次章で解説します．

第5部

第11章

センサ付きベクトル制御による高速回転域の駆動

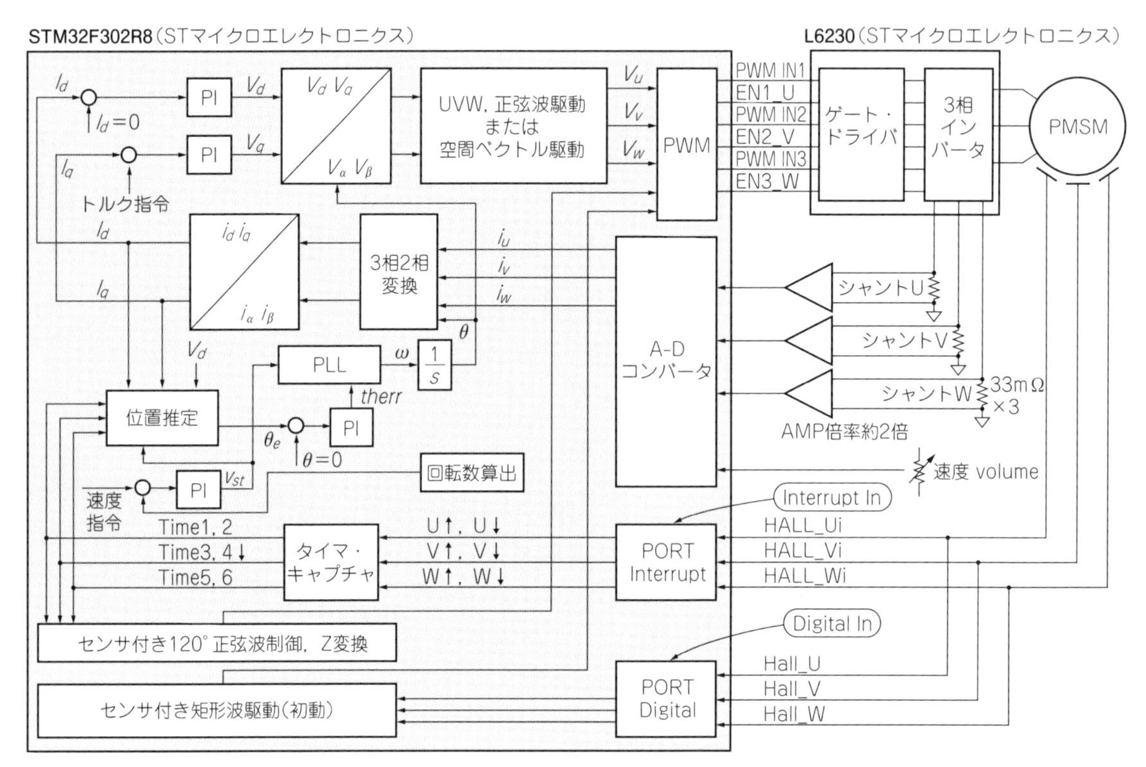

図1　DCブラシレス・モータの回路構成

センサ付きDCブラシレス・モータの制御ソフトウェアを解説しています．以下の3つの制御をまとめて1つのプログラムにしています．

- 矩形波制御(前章)
- 正弦波制御(前章)
- ベクトル制御(本章)

本章のセンサ付きベクトル制御では，`Nucleo_Hall_rect_sin_vector`を使います．

● ベクトル制御の流れ

図1にDCブラシレス・モータの駆動ダイヤグラムを示します(前章の再掲)．**図2**にセンサ付きベクトル制御のソフトウェア構成を示します(再掲)．前章は「定常1」までを説明しました．本章は「定常2」について説明します．

ちょっと復習…ベクトル制御の流れ

図1に示すセンサ付きベクトル制御のダイヤグラムは，過去に解説したセンサレス・ベクトル制御のダイヤグラムとほぼ同じです．ベクトル制御の流れについて，簡単に復習しつつ解説を進めます．

● コイルはUWV 3相の磁束の強弱で回す

ベクトル制御は，モータに流した電流を最大限にトルクに変換することができる制御です．DCブラシレ

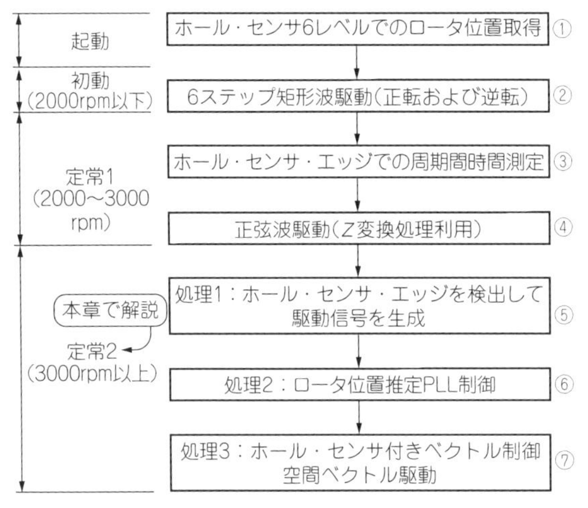

図2　センサ付きベクトル制御 起動から高速安定状態までのフロー

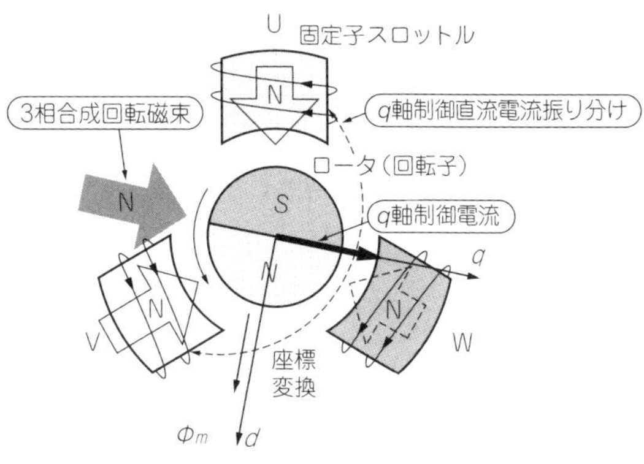

図3　ベクトル制御ではロータのN極と同一方向にd軸があり，それと90°異なる方向に制御電流を流す

ス・モータの固定子スロットルにまずUVW相に巻かれたコイルに電流を流すことによって磁束が発生します．

UVW相電流で磁極Nを発生させ，このUVW相の3つの磁界の合成で，ロータである永久磁石を回転します(**図3**)．この合成回転磁束Nを回転子磁石のN極とS極の間に発生するよう制御することで，最大効率，最大トルクを発生できます．

● 3相→2相変換

N極とS極の境界に合成磁束Nをどう発生させるか見ていきましょう．まず，合成回転磁束を回転子磁石のN極とS極の間に発生するよう制御するためには，ロータの磁極Nの方向をd軸と定めると，直交するq軸は自然と電気角の90°のN極とS極の境界に定まります．従ってd軸上のi_dを0にすることによって，q軸上のi_q電流ベクトルを最大効率でトルク制御できます．

このdq座標軸はロータ磁石のN極S極と同時に回っていますので回転座標系といいます．座標変換の過程を**図4**に示します．まず，固定UVW相を固定直交$\alpha\beta$の3相→2相変換を行い，回転座標変換から固定直交軸$\alpha\beta$→回転軸d，qに変換します．こうすることで制御するマイコン側から見ると回転座標軸上のi_d，i_qは直流成分で制御できるようになります(**図4**)．

● 電流PI制御

$\alpha\beta$固定座標→dq回転座標系に変換した実電流i_d，i_qの取得直後に，電流PI制御を行います．表面永久磁石同期モータSPMSM(Surface Permanent Magnet Synchronous Motor)の場合でのi_d=0制御になりますので，iq_pがトルクに寄与する電流になり，マイコンからの指令になります．電流のPI制御を施した後は電圧V_d，V_qになります(**リスト1**)．

● 2相→3相変換

この回転座標系q軸の直流電圧(マイコンから見て)は，座標逆変換(2相→3相)を利用して固定座標系であるUVW相に振り分けます．振り分けられた電流が

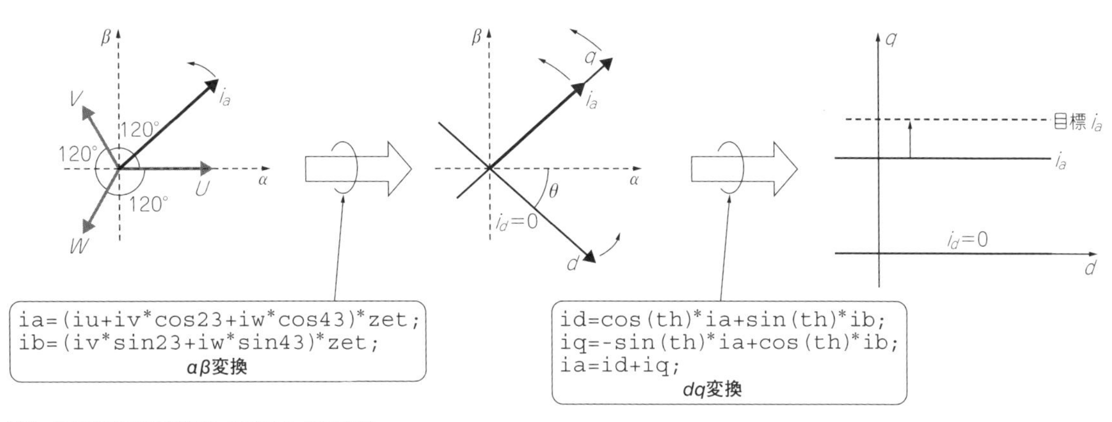

図4　固定UVW3相電流から回転dq座標変換

リスト1　電流PI制御…マイコンからの指令はここで挿入する

```
id=costh*ia+sinth*ib;
iq=-sinth*ia+costh*ib;

id_p=0;          //id=0目標
iq_p=Vr_trque    //トルク目標指令
id_diff=id_p-id;
iq_diff=iq_p-iq;

/********PI Control id,iq********************/
 s_ki_id += ki_id*id_diff;
 Vd = s_ki_id + kp_id*id_diff;

 s_ki_iq += ki_iq*(iq_diff+Vr_adc);
 Vq = s_ki_iq + kp_iq*(iq_diff+Vr_adc);
/*******************************************/
```

dq回転座標変換 実電流読み込み

実電流と目標 電流の差分

d軸電流I（積分）操作

d軸電流P（比例）操作

q軸電流P（比例）操作

q軸電流I（積分）操作

リスト2　z変換による余弦波生成プログラム（cos.h）

```
void cosU(){
 f1c=1-(cos(2*3.14159*(1/(usi*1E-6))*zint)*16384);
 a1c=(2*cos(2*3.14159*(1/(usi*1E-6))*zint)*16384);
 uc[0]=a1;uc[1]=0xC000;uc[2]=0; uc[3]=f1c; uc[4]=0;
}
/**************z transfer************************/
void ztrc(){
 uc[2] = ((uc[1]*uc[4])>>14) + ((uc[0]*uc[3])>>14);
 uc[4] = uc[3];
 uc[3] = uc[2];
 ⋮
```

リスト3　UVW電流フィルタリング記述4次のルンゲクッタ法

```
/*************Current Filter *********************/
void filterCurrent(){
 float Itau=0.1,Idt=0.1;  // Itau=1.0E-6,Idt=1.0E-6;
  /****Filter Iu********/
  float Iu1,Iu2,Iu3,Iu4;//0.01
  Iu1=Idt*(Curr_ui-Curr_u)/Itau;
  Iu2=Idt*(Curr_ui-(Curr_u+Iu1/2.0))/Itau;
  Iu3=Idt*(Curr_ui-(Curr_u+Iu2/2.0))/Itau;
  Iu4=Idt*(Curr_ui-(Curr_u+Iu3/2.0))/Itau;
  Curr_u=Curr_u+(Iu1+2.0*Iu2+2.0*Iu3+Iu4)/6.0;
  Curr_uf +=(Curr_u-Curr_uf)*0.2;
  /****Filter Iv********/
  float Iv1,Iv2,Iv3,Iv4;//0.01
  Iv1=Idt*(Curr_vi-Curr_v)/Itau;
  Iv2=Idt*(Curr_vi-(Curr_v+Iv1/2.0))/Itau;
  Iv3=Idt*(Curr_vi-(Curr_v+Iv2/2.0))/Itau;
  Iv4=Idt*(Curr_vi-(Curr_v+Iv3/2.0))/Itau;
  Curr_v=Curr_v+(Iv1+2.0*Iv2+2.0*Iv3+Iv4)/6.0;
  Curr_vf +=(Curr_v-Curr_vf)*0.2;
  /****Filter Iw********/
  float Iw1,Iw2,Iw3,Iw4;//0.01
  Iw1=Idt*(Curr_wi-Curr_w)/Itau;
  Iw2=Idt*(Curr_wi-(Curr_w+Iw1/2.0))/Itau;
  Iw3=Idt*(Curr_wi-(Curr_w+Iw2/2.0))/Itau;
  Iw4=Idt*(Curr_wi-(Curr_w+Iw3/2.0))/Itau;
  Curr_w=Curr_w+(Iw1+2.0*Iw2+2.0*Iw3+Iw4)/6.0;
  Curr_wf +=(Curr_w-Curr_wf)*0.2;
  /*************************************/
  iu = -(Curr_uf - 0.5)/0.1 - 0.5;
  iv = -(Curr_vf - 0.5)/0.1 - 0.5;
  iw = -(Curr_wf - 0.5)/0.1 - 0.5;
}
```

3相交流となり，各UVW相のスロットル磁極の強弱を制御します．

● センサレスとの違い

図4のように座標変換については，センサレス・ベクトル制御とほぼ同じ処理となります．センサレスとの違いは「ホール・センサによって60°ごとの正確なロータ位置が分かる」ことです．60°ごとのホール・センサによるエッジ・トリガにて計算をスタートさせ，ここではホール・センサによって60°ごとのz変換で作成した正弦波を利用します．また，正弦波駆動→ベクトル制御移行タイミングにも都合がよいです．

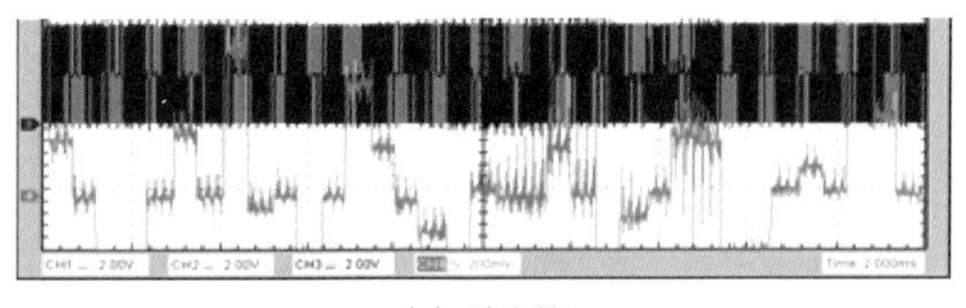

（a）除去前

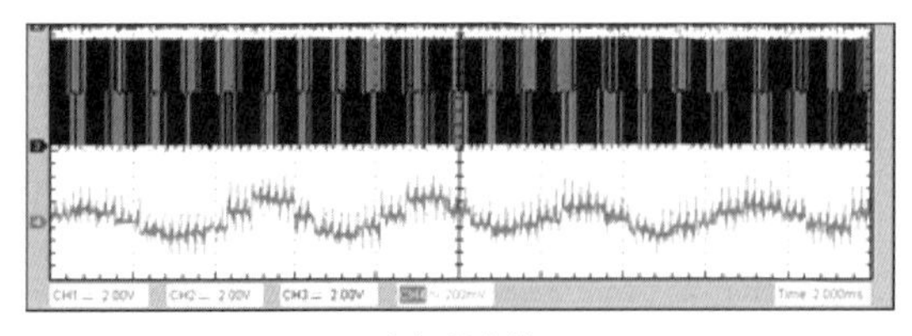

（b）除去後

図5　ノイズ除去前後のW相電流

● 余弦波の生成プログラム

dq座標変換には余弦波の計算が必要です．そこで新たに**リスト2**の余弦波生成プログラムを追加します．これで60°ごとの静止座標から回転座標d，qへの変換に必要な手順ができました．

● シャント電流にはフィルタをかける

ここで重要なのは，UVW相のシャント抵抗から読み込んだ電流の良し悪しが，ベクトル制御の成否にかかっていることです．A-Dコンバータから読み込んだ電流はノイズだらけです．ノイズ除去のためのフィルタが必要です．**リスト3**に4次のルンゲクッタ法の記述を示します．**図5**がノイズ除去前後のW相波形になります．

処理1：ホール・センサ・エッジを検出して駆動信号を生成

図2の「定常2」の最初の計算について解説します．

d軸の回転はU相を基準とした回転になりますのでホール・センサ・エッジによる回転周期から正弦波と余弦波を生成します．つまり，U相ホール・センサ・

リスト4　z変換を利用したU相基準の回転座標系dqへの変換

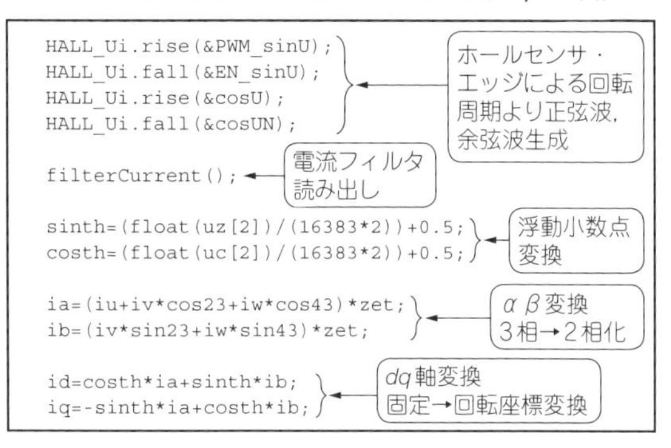

```
HALL_Ui.rise(&PWM_sinU);
HALL_Ui.fall(&EN_sinU);
HALL_Ui.rise(&cosU);
HALL_Ui.fall(&cosUN);

filterCurrent();

sinth=(float(uz[2])/(16383*2))+0.5;
costh=(float(uc[2])/(16383*2))+0.5;

ia=(iu+iv*cos23+iw*cos43)*zet;
ib=(iv*sin23+iw*sin43)*zet;

id=costh*ia+sinth*ib;
iq=-sinth*ia+costh*ib;
```


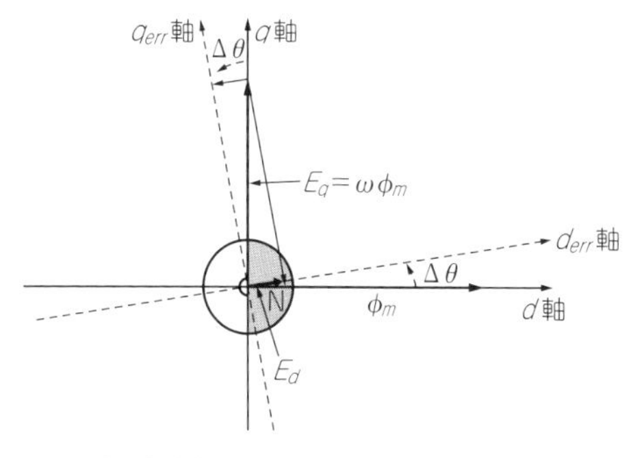

図6　実回転座標軸dqと制御誤差による推定回転座標軸d_{err}，q_{err}

エッジから正弦波(sin.h)と余弦波(cos.h)を求め(**図2**中の③と④，前章)，回転座標dq軸に変換します(**図4**，**リスト4**)．

正弦波駆動からベクトル制御に移行しても，回転周期からの正弦波生成プログラム(sin.h)は前章のリスト5を，余弦波生成プログラム(cos.h)は**リスト2**を利用します．

処理2：ロータ位置推定PLL制御

● 誤差角を推定する

次はロータ位置を精度よく推定します．ロータ永久磁石N極からの磁束Φ_mと，回転d軸とを同期させ，かつ，電気角90°のq軸に3相合成磁束を発生させると，最大トルクが引き出せます．

また，式(1)からq軸に磁束Φ_mによる誘起電圧$\omega\Phi_m$が発生します．

$$\begin{aligned} v_d &= ri_d - \omega L_q i_q \\ v_q &= ri_q + \omega L_d i_d + \omega\,\phi_m \end{aligned} \quad\cdots\cdots(1)$$

この誘起電圧$\omega\Phi_m$は理想の位置推定の場合q軸だけに現れますが，位置推定d軸の同期ズレが発生しますと**図6**のように$derr$軸に新たに誘起電圧誤差E_dが発生します．

このE_dが実ロータ位置とのズレのパラメータになります．誘起電圧誤差E_dは式(1) V_dに加算され，

$$v_d = ri_d - \omega L_q i_q + E_d \quad\cdots\cdots(2)$$

になります．またE_dは，

$$E_d = E_q \sin(\Delta\theta) = \omega\,\phi_m \sin(\Delta\theta) \quad\cdots\cdots(3)$$

になりますので，式(2)と式(3)から，

$$\sin(\Delta\theta) = \frac{v_d - ri_d + \omega L_q i_q}{\omega\,\phi_m} \quad\cdots\cdots(4)$$

になり，推定誤差角度$\Delta\theta$は，

$$\Delta\theta = \sin^{-1}\left(\frac{v_d - ri_d + \omega L_q i_q}{\omega\,\phi_m}\right) \quad\cdots\cdots(5)$$

になります．この$\Delta\theta$をゼロにするようにPI制御およびPLLで決定します．

● 誤差角を0°にするようにPLL制御を行う

ホール・センサにて60°ごとのロータ位置は正確に把握できますが，60°間隔では粗すぎます．補完はロータの誘起電圧から誤差角度θを算出し，目標誤差角度0になるようPLL制御を行います(**図7**)．

図8のようにホール・センサからロータ半周期の時間vstを求めます．この半周期時間vstからロータの実角周波数を求めます．この角周波数から誤差角度θをゼロにするようPI制御を施し，ゼロに対する誤差$therr$を算出し，実角周波数ω_zで割ると誤差時間になります．

誤差範囲設定，例えば角度0.01rad以内に収めたい場合，ロータ半周期時間vstに対してデルタ時間δtによって加減算を行い，ロータ角周波数を調整し，結果，誤差角が0°になるようにします．

● プログラム

以上の一連の操作がソフトウェアでのPLL制御になります．**リスト5**にロータ位置推定からdq座標→α

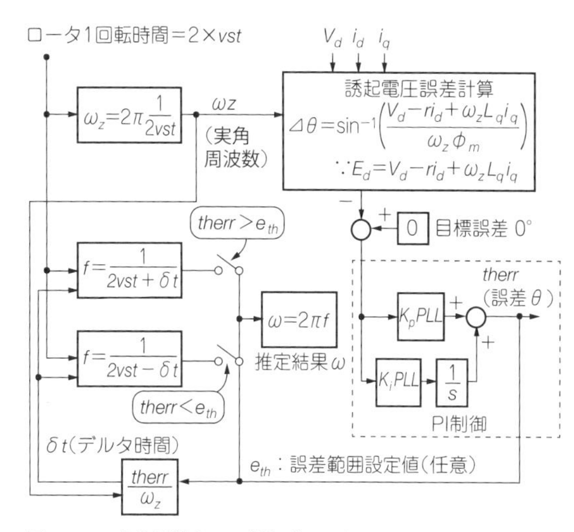

図7　ロータ位置推定PLL制御ブロック

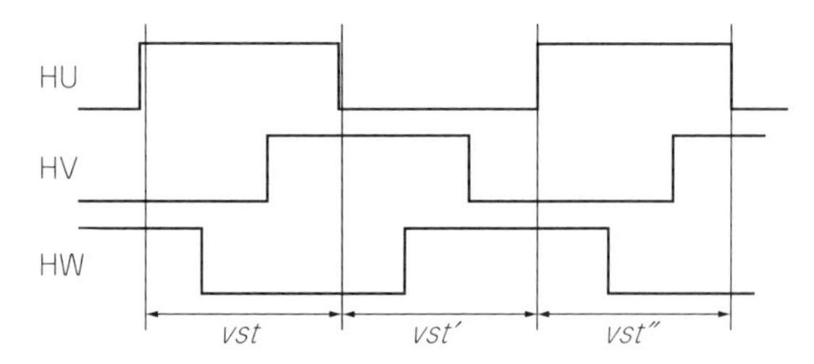

図8　ロータ半周期時間 vstの定義

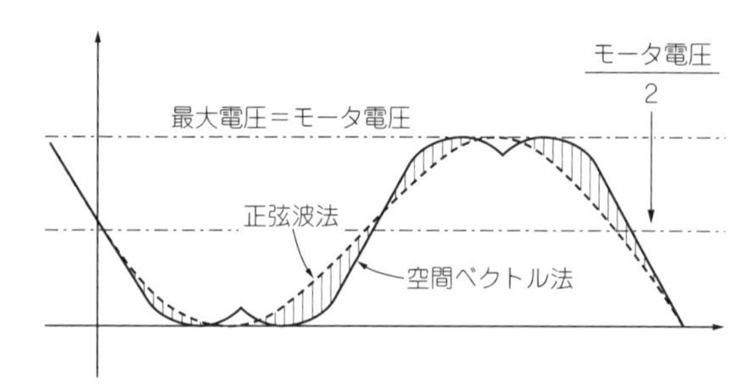

図9　PWM変調波形…正弦波法と空間ベクトル法による違い

リスト5　ロータ位置推定からdq座標→$\alpha\beta$変換→空間ベクトル駆動処理呼び出しまで

```
/****** detect rotor position*************/
  Wz=(2*PI)/(2*vst*1E-6);
  Ed= (Vq)-0.11f*iq-Wz*0.018E-3*id;
  phm=Ed/(Wz);
  dth=(Vd-0.11f*(id)+Wz*0.018E-3*(iq))/(Wz*phm);
  derrth=asin(dth);              //誤差角度

 /*****PID error θ  *****/
  float ki_PLL=0.01;         //積分係数
  float kp_PLL=0.2;          //比例係数
  s_ki_errth += ki_PLL*derrth;
  therr = s_ki_errth + kp_PLL*errth;

 /*******PLL W ***********/
  if(therr>0.01){  //誤差角度0.01以上の場合は現時間vstに加算
  W=(2*PI)/((2*vst*1E-6)+(therr/Wz));
  }
  if(therr<-0.01){ //誤差角度0.01以下の場合は現時間vst
                                                    から減算
  W=(2*PI)/((2*vst*1E-6)-(therr/Wz));
    }
 /**************************************/
  th += W*zint;         //PLL制御後の角度算出
:
  Va=cos(th)*Vd-sin(th)*Vq;      //dq⇒αβ  変換
  Vb=sin(th)*Vd+cos(th)*Vq;

  SVPWM();    //空間ベクトル駆動処理呼び出し
```

β変換のプログラムを示します．PLL位置検出で算出されたθ(th)で$dq \Rightarrow \alpha\beta$変換を施し，空間ベクトルPWM駆動(SVPWM)駆動のモータ駆動で，常にd軸(ロータN極方向)に対して90°のトルクがかかるようになります．

処理3：空間ベクトルPWM駆動(SVPWM)

ロータの位置を推定でき，マイコンからの指令もPIブロックによって挿入したら，次は回転座標dq→固定座標逆変換$\alpha\beta$→3相UVW座標の変換を行います．これによりPWM変調電圧であるV_U，V_V，V_Wを生成します(**図1**)．

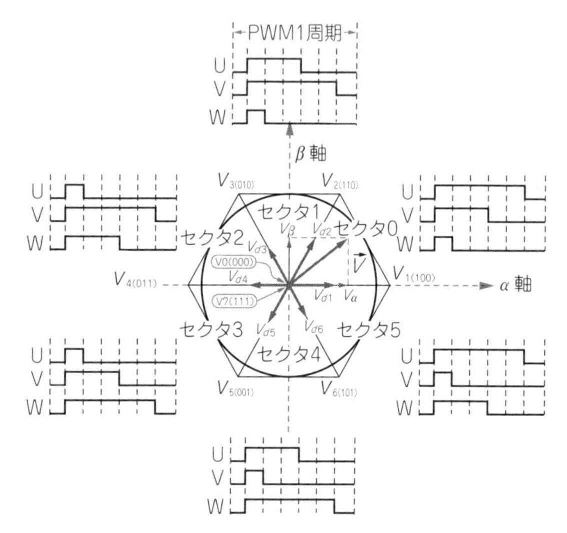

図10　空間ベクトル法を用いてPWM変調波形を生成するステップ

● 駆動方式には2つ…選んだのは「空間ベクトル駆動」

ベクトル制御の駆動方式には大きく2つあります．

1, 正弦波駆動
2, 空間ベクトル駆動

3相UVW座標逆変換で得られる変調波は正弦波で，正弦波法と呼ばれます．

2の空間ベクトル駆動はSpace Vector PWM (SVPWM)と言います．固定座標逆変換$\alpha\beta$から直接変調波を生成するのが空間ベクトル法です．

図9が正弦波変調と空間ベクトル法のPWMへの変調波形です．電圧最大値に対して，空間ベクトル法は正弦波法より斜線部において電圧を有効利用しています．

● PWM波形の作り方

図10がベクトル制御での空間ベクトルPWMになります．360°を6つに分け，UVWを同時に駆動します．駆動波形は正弦波の頭を平らにしたような形になります．駆動処理は複雑ですが，駆動電圧の利用効率は，正弦波のときの80数%から100%に上げることが

リスト6　空間ベクトルPWM駆動（SVPWM）

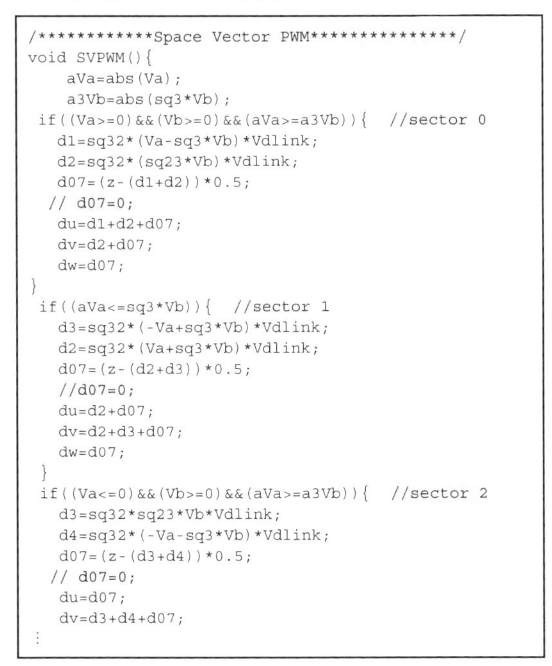

```
/************Space Vector PWM***************/
void SVPWM(){
    aVa=abs(Va);
    a3Vb=abs(sq3*Vb);
 if((Va>=0)&&(Vb>=0)&&(aVa>=a3Vb)){  //sector 0
   d1=sq32*(Va-sq3*Vb)*Vdlink;
   d2=sq32*(sq23*Vb)*Vdlink;
   d07=(z-(d1+d2))*0.5;
  // d07=0;
   du=d1+d2+d07;
   dv=d2+d07;
   dw=d07;
}
 if((aVa<=sq3*Vb)){  //sector 1
   d3=sq32*(-Va+sq3*Vb)*Vdlink;
   d2=sq32*(Va+sq3*Vb)*Vdlink;
   d07=(z-(d2+d3))*0.5;
   //d07=0;
   du=d2+d07;
   dv=d2+d3+d07;
   dw=d07;
 }
 if((Va<=0)&&(Vb>=0)&&(aVa>=a3Vb)){  //sector 2
   d3=sq32*sq23*Vb*Vdlink;
   d4=sq32*(-Va-sq3*Vb)*Vdlink;
   d07=(z-(d3+d4))*0.5;
  // d07=0;
   du=d07;
   dv=d3+d4+d07;
 ⋮
```

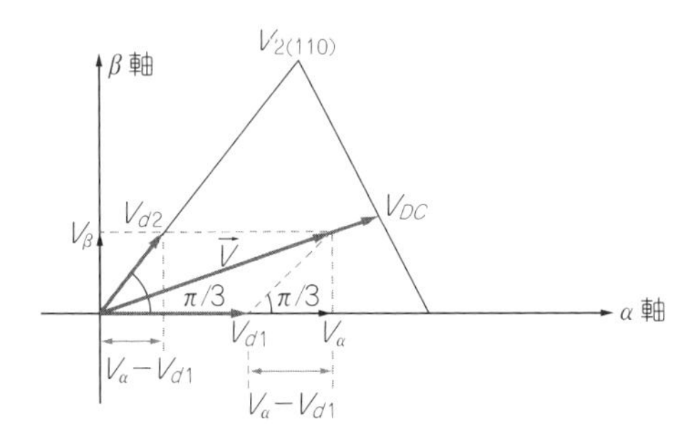

図11　空間ベクトル駆動は3相インバータが発生可能な8つの状態から駆動電圧ベクトルを作る

できる，また，効率も正弦波よりも5%以上向上します．

リスト6が**図10**のセクタ0～2のプログラムです．$\alpha\beta$座標逆変換から直接空間ベクトル駆動計算に移行します．正弦波駆動のベクトル制御では$\alpha\beta$座標逆変換→UVW座標変換までを行います．**図10**のセクタ2の例では，ゼロ・ベクトル$d7$の注入により各UVW相のPWMデューティ比を変えています．

● 算出式

具体的にセクタ0での空間ベクトルを計算します．**図11**のV_{d1}とV_{d2}はPWMを変調するためのデューティ比になります．**図11**から，

$$\tan\frac{\pi}{3} = \frac{V_\beta}{V_\alpha - V_{d1}}$$

より，

$$\vec{V}_{d1} = \vec{V}_\alpha - \frac{\vec{V}_\beta}{\tan\frac{\pi}{3}} = \vec{V}_\alpha - \frac{1}{\sqrt{3}}\vec{V}_\beta$$

$$\sin\frac{\pi}{3} = \frac{V_\beta}{V_{d2}}$$

より，

表2　セクタごとの空間ベクトル計算結果

各相デューティ比	セクタ決定条件と電圧ベクトル・デューティ比算出
セクタ0 $d_u=d1+d2+d7$ $d_v=d2+d7$ $d_w=d7$	$V_\alpha \geq 0 \cap V_\beta \geq abs(V_\alpha) \geq abs\left(\frac{1}{\sqrt{3}}V_\beta\right)$ $d1=\sqrt{\frac{3}{2}}\frac{V_\alpha-\frac{1}{\sqrt{3}}V_\beta}{V_{DC}}$, $d2=\sqrt{\frac{3}{2}}\frac{\frac{2}{\sqrt{3}}V_\beta}{V_{DC}}$ $d7=\frac{z-(d1+d2)}{2}$
セクタ1 $d_u=d2+d7$ $d_v=d2+d3+d7$ $d_w=d7$	$abs(V_\alpha) \leq \frac{1}{\sqrt{3}}V_\beta$ $d2=\sqrt{\frac{3}{2}}\frac{V_\alpha+\frac{1}{\sqrt{3}}V_\beta}{V_{DC}}$, $d3=\sqrt{\frac{3}{2}}\frac{-V_\alpha+\frac{1}{\sqrt{3}}V_\beta}{V_{DC}}$ $d7=\frac{z-(d2+d3)}{2}$
セクタ2 $d_u=d7$ $d_v=d3+d4+d7$ $d_w=d4+d7$	$V_\alpha \leq 0 \cap V_\beta \geq \cap abs(V_\alpha) \geq abs\left(\frac{1}{\sqrt{3}}V_\beta\right)$ $d3=\sqrt{\frac{3}{2}}\frac{\frac{2}{\sqrt{3}}V_\beta}{V_{DC}}$, $d4=\sqrt{\frac{3}{2}}\frac{\left(-V_\alpha-\frac{1}{\sqrt{3}}V_\beta\right)}{V_{DC}}$ $d7=\frac{z-(d3+d4)}{2}$
セクタ3 $d_u=d7$ $d_v=d4+d7$ $d_w=d4+d5+d7$	$V_\alpha \leq 0 \cap V_\beta \leq \cap abs(V_\alpha) \geq abs\left(\frac{1}{\sqrt{3}}V_\beta\right)$ $d4=\sqrt{\frac{3}{2}}\frac{\left(-V_\alpha+\frac{1}{\sqrt{3}}V_\beta\right)}{V_{DC}}$, $d5=-\sqrt{\frac{3}{2}}\frac{\frac{2}{\sqrt{3}}V_\beta}{V_{DC}}$ $d7=\frac{z-(d4+d5)}{2}$
セクタ4 $d_u=d6+d7$ $d_v=d7$ $d_w=d5+d6+d7$	$abs(V_\alpha) \leq -\frac{1}{\sqrt{3}}V_\beta$ $d5=\sqrt{\frac{3}{2}}\frac{-V_\alpha-\frac{1}{\sqrt{3}}V_\beta}{V_{DC}}$, $d6=\sqrt{\frac{3}{2}}\frac{V_\alpha-\frac{1}{\sqrt{3}}V_\beta}{V_{DC}}$ $d7=\frac{z-(d5+d6)}{2}$
セクタ5 $d_u=d1+d6+V_{d7}$ $d_v=d7$ $d_w=d6+d7$	$V_\alpha \geq 0 \cap V_\beta \leq \cap abs(V_\alpha) \geq abs\left(\frac{1}{\sqrt{3}}V_\beta\right)$ $d6=-\sqrt{\frac{3}{2}}\frac{\frac{2}{\sqrt{3}}V_\beta}{V_{DC}}$, $d1=\sqrt{\frac{3}{2}}\frac{V_\alpha+\frac{1}{\sqrt{3}}V_\beta}{V_{DC}}$ $d7=\frac{z-(d6+d1)}{2}$

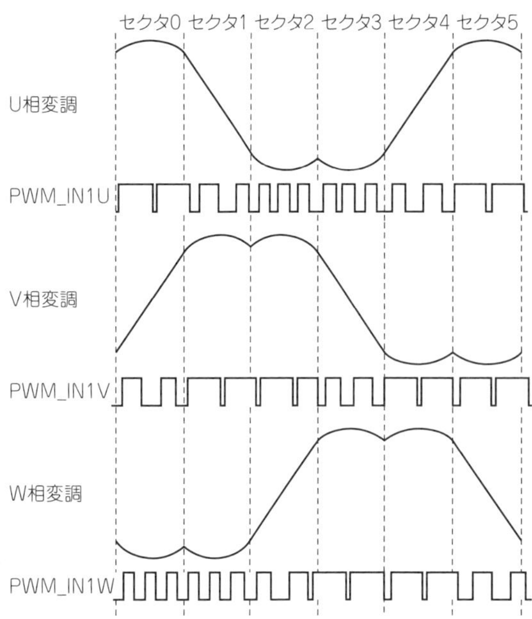

図12　空間ベクトル法によるPWMデューティのパターンと生成波形のイメージ

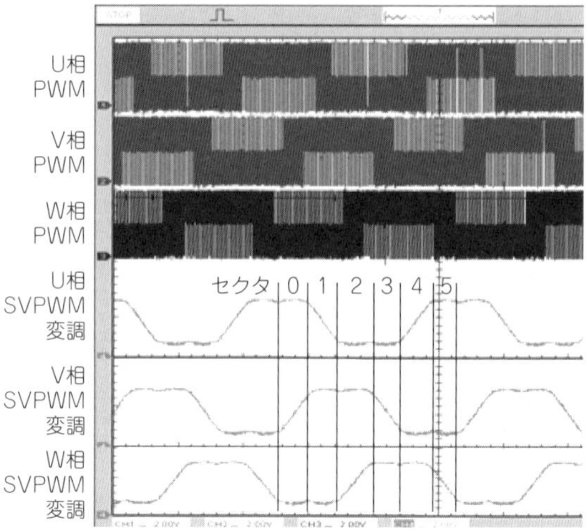

図13　空間ベクトル法によるベクトル制御の実波形

$$\vec{V}_{d2}=\frac{\vec{V}_{\beta}}{\sin\frac{\pi}{3}}=\frac{2}{\sqrt{3}}\vec{V}_{\beta}$$

となり，空間ベクトル$\vec{V}$は，

$$\vec{V}=\vec{V}_{d1}+\vec{V}_{d2}+\vec{V}_{7}$$

になります．セクタ0のベクトル$\vec{V}$は$\vec{V}_{d1}$と$\vec{V}_{d2}$の合成で決まります．ゼロ・ベクトル$\vec{V}_{7}$は，(100％－$(\vec{V}_{d1}+\vec{V}_{d2})$)/2になります．セクタ0において発生する電圧ベクトルは$V_{1(100)}$，$V_{2(110)}$，$V_{7(111)}$になりますので，この3つのデューティ比からUVW相のデューティ比を決めます．

```
Duty_U=Vd1+Vd2+V7
Duty_V=Vd2+V7
Duty_w=V7
```

になります．**表2**にセクタ別ベクトル空間法計算結果を示します．デューティ比U，V，Wはd_u，d_v，d_wとしています．$\vec{V}_{d1}$，$\vec{V}_{d2}$，$\vec{V}_{7}$は$d1$，$d2$，$d7$としています．zは1.0になります．$d1$，$d2$には3相座標系と$\alpha\beta$直交座標変換係数$\sqrt{\frac{2}{3}}$を掛けています．**表2**をプログラムに落とし込んだものが**リスト6**です．

● 実際の波形

空間ベクトル法の実機波形をデフォルメしたものが**図12**です．空間ベクトル法のUVW相の変調波形に従ってデューティ比が変化しています．**図13**が今回記述したプログラムによる実波形です．

＊　＊　＊

紹介した技術は電動アシスト自転車，EVカート，電動車いす，EVスクータなどに使われています．

サポート・ページのご案内

最後までご覧いただきましてありがとうございました．記事内容について質問があれば，お手数ですが，まず該当個所について訂正記事や補足記事が出ていないかどうかをご確認ください．

● 質問はお手紙で

記事内容に関するご質問は，84円切手を貼った返信用封筒を同封してInterface編集部宛てに郵送してくださるようお願いいたします．筆者に回送してお答えいたします．質問にあたっては，以下の事項を明記してください．

- ページ数，記事名，図表番号
- 質問内容（図表などを使い，主旨が明確な質問を心がけてください）
- 動作条件，動作環境．その他，質問内容に関係しそうな周辺情報
- 住所，氏名，メール・アドレス

https://interface.cqpub.co.jp/motor01/

● 送付先

〒112-0011
東京都文京区千石4-29-14
CQ出版社
Interface編集部

● 質問と回答内容はウェブで公開します

読者からの質問，筆者の回答はウェブで公開させていただきます．読者の名前は出しません．

● 回答に時間がかかることもあります

筆者の都合により回答できなかったり，回答が遅れる場合があります．ご了承ください．

索引

数字

アルファベット

あ・ア行

か・カ行

さ・サ行

た・タ行

は・ハ行

ま・マ行

や・ヤ行

ら・ラ行

著者略歴

大黒 昭宜　（おおぐろ・あきよし）

1980年より4ビット・マイクロコンピュータの設計に携わる．以降8，16ビット・マイクロコンピュータの設計（主にディジタル回路設計）に携わる．

1993年からVHSビデオ・デッキのコスト・ダウン計画に参画，マイクロコンピュータとアナログ回路（映像アンプ，各種モータ制御アンプ）のデジアナ混載1チップLSI開発を担当し，部品点数を従来の10分の1にした．この成果によって当時のVHSビデオ・デッキの相場15～25万円を3～10万円とした．開発したデジアナ混載1チップLSIはサード・パーティにも使われ，ほぼ全メーカが参戦した．

1997年よりDCブラシレス・モータのベクトル制御専用16ビットDSPの開発に携わる．命令セット（ISA），1クロック演算回路（ALU，高速乗算器，高速バレル・シフタ）をゼロから開発する．

2003年より動作合成ツールを利用して固有値分解ハードウェア・システムの開発に従事する．固有値分解をソフトウェアよりも大幅に高速処理するためにFPGAで開発する．固有値分解は機械学習 主成分分析の心臓部であり，この開発したハードウェアでSVM（サポート・ベクトル・マシン）を実現した．その後，音声分離，物体認識，人物検知の研究に従事する．

2012年より電動アシスト自転車のDCブラシレス・モータ制御開発に参画，ペダル踏み力トルク・センサ開発およびベクトル制御に携わる．

2018年より電動車いすの1CPUでの2モータ同時ベクトル制御を手がける．

STマイコンで始めるブラシレス・モータ制御

2020年9月1日　初版発行
2021年1月1日　第2版発行

著　者　大　黒　昭　宜
発行人　小　澤　拓　治
発行所　CQ出版株式会社
〒112-8619　東京都文京区千石4-29-14
電話　編集　03-5395-2122
販売　03-5395-2141

定価は裏表紙に表示してあります
無断転載を禁じます
乱丁，落丁本はお取り替えします
ISBN978-4-7898-4801-5
Printed in Japan

編集担当　野村 英樹
表紙　西澤 賢一郎
DTP　クニメディア株式会社
印刷・製本　三共グラフィック株式会社